"十四五"职业教育国家规划教材

新编高等职业教育电子信息、机电类精品教材

过程控制仪表及装置

（第4版）

丁　炜　主　编

陈　琛　付春仙　副主编

电子工业出版社

Publishing House of Electronics Industry

北京·BEIJING

内 容 简 介

本书立足高等职业教育的应用特色和能力本位，突出人才应用能力和创新素质的培养，融理论教学与实践训练于一体，系统地介绍了过程控制仪表与装置的构成原理、使用、安装和调试技术。全书编写采用"目标驱动法"，共 8 章，涵盖了生产现场的变送器、控制器、执行器、辅助仪表、DCS、智能式现场仪表和过程控制仪表与装置的应用案例分析。为适应不同行业的需要，应用案例分析涉及石油、化工、冶金、电力、医药等行业。

本书理论联系实际，工学结合，内容丰富，实用性强，可作为职业本科、高职高专自动化类相关专业教材，也可作为五年制高职、成人教育工业生产自动化及相关专业的教材，还可供从事生产自动化技术工作的人员参考。

图书在版编目（CIP）数据

过程控制仪表及装置 / 丁炜主编. —4 版. —北京：电子工业出版社，2022.11

ISBN 978-7-121-38052-5

Ⅰ. ①过… Ⅱ. ①丁… Ⅲ. ①过程控制仪表－高等职业教育－教材②过程控制－控制设备－高等职业教育－教材 Ⅳ. ①TP273

中国版本图书馆 CIP 数据核字（2019）第 271620 号

责任编辑：王昭松

印　　刷：北京七彩京通数码快印有限公司

装　　订：北京七彩京通数码快印有限公司

出版发行：电子工业出版社

　　　　　北京市海淀区万寿路 173 信箱　邮编　100036

开　　本：787×1 092　1/16　印张：15.25　字数：390.4 千字

版　　次：2007 年 8 月第 1 版

　　　　　2022 年 11 月第 4 版

印　　次：2025 年 2 月第 7 次印刷

定　　价：54.00 元

凡所购买电子工业出版社图书有缺损问题，请向购买书店调换。若书店售缺，请与本社发行部联系，联系及邮购电话：（010）88254888，88258888。

质量投诉请发邮件至 zlts@phei.com.cn，盗版侵权举报请发邮件至 dbqq@phei.com.cn。

本书咨询联系方式：（010）88254015，wangzs@phei.com.cn，83169290（QQ）。

第4版前言

尺寸课本、国之大者。教材是人才培养的重要支撑、引领创新发展的重要基础，必须紧密对接国家发展重大战略需求，不断更新升级，更好服务于高水平科技自立自强、拔尖创新人才培养。为贯彻落实党的二十大对教材工作提出的新要求，本书编者认真学习党的二十大报告和党章，深挖课程中的思政元素，在教材各章节提出了素质目标，确保教材发挥铸魂育人实效。

本书作为工业生产自动化专业必修课程的"十二五""十四五"国家规划教材，在章节规划、内容编写、案例编排等方面全面落实"立德树人"根本任务，把思想政治工作贯穿教育教学的整个过程，持续深化"三全育人"改革实践，在潜移默化中培养学生的家国情怀、工匠精神、安全意识、劳动精神。

《过程控制仪表及装置》（第4版）教材延续了第3版的整体风格特点，立足高职高专人才教育培养目标，遵循主动适应社会发展需要、突出应用性和针对性、加强实践能力培养的原则，融入国内著名学校先进的教学成果，借鉴国外职业教育思想以及教材建设思路，从高职院校的实际出发，精选内容，突出重点，力求体现教材的实用性和教材对高职学生的适用性。

过程控制仪表与装置作为对流程工业进行测量、控制的主要方式和设备，是生产过程高效运行的保障，是制造业实现数字化转型的基石。在信息化的大背景下，全球制造业正朝着智能制造方向迈进，智能仪表已成为工业测控的主角。

为了更好地满足广大师生及有关技术人员学习本课程的需要，在编写第4版时，编者从以下几个方面进行修订。

（1）提炼有用的，将模拟式控制器和数字式控制器整合成一章，重点突出面板、操作方式和PID参数，虽然在大型流程工业中，单体控制器应用不多，但这些内容在目前的流程工业DCS系统监控"软控制器"中经常要用。

（2）加强有效的，将MACS集散控制系统置换为流程工业中更广泛使用的JX-300XP集散控制系统。

（3）引入先进的，将智能手操器HART275升级为现场流行使用的HART475，并给出典型仪表设置的"菜单树"，方便读者使用。

本书采用校企共建的"双元制"模式编写，内容上按能力本位、按需进行工作过程系统化设置，具有如下特色。

（1）校企深度融合。教材编写时聘请了同行业的企业技术专家进行研讨，完成了对过程自动化、仪表检维修岗位的分析，参考了化工自动化控制仪表作业标准和企业职业教育的框架计划，从行动领域提炼典型的工作任务，经过教学化处理成为教材主要内容。

（2）"教"与"学"互动。每章以知识目标和技能目标为主线，以仪表"安装""接线""参数设置""运行调试"为核心，以仪表"性能"和"外特性"剖析为手段，以单体仪表的项目训练为抓手，以实际工程应用案例分析为示范，以思维导图为浓缩，结构清晰，深入浅出，便于教师组织教学和学生自主学习。

（3）技术和技能融合。将仪表的使用方法（技术）和人的操作行为（技能）相融合，将专项能力中难度高的项目（如气动薄膜控制阀的安装与调校项目）用图给出关键步骤的"手法"，注重经验技能的总结和隐性技能的显化。

（4）教材结构优化，知识点呈颗粒化结构，提供微课、动画、仪表维修工自测题库、精品课程网站等课程资源，便于教师开展信息化教学。教材和课程资源由校企共建，借助互联网平台，使资源共享，通过学生、老师和企业员工的使用，使学校和企业形成"共同体"，使学生和技术人员能"同频共振"，反哺教学。

（5）案例分析内容覆盖面宽，选择性强，可满足不同行业的需求。

全书共分为 8 章，建议按 76 学时讲授（含实训 24 学时），其中，绪论、第 1、第 6、第 7 章、第 5 章第 5.3～5.4 节、第 8 章第 8.1～8.4 节、实训 1～8 由兰州石化职业技术大学丁炜教授编写；第 2 章由河北化工医药职业技术学院刘慧敏编写；第 3 章由兰州石化职业技术大学陈琛编写；第 4 章由兰州石化职业技术大学杜青青编写；第 5 章的 5.1～5.2 节由洛阳理工学院付春仙编写；第 8 章的 8.5～8.6 节由兰州石化设备维修公司魏宗宪编写。丁炜任主编，陈琛、付春仙任副主编，丁炜负责全书统稿工作。

本书由兰州石化职业技术大学马应魁教授主审。马教授对本书提出了许多宝贵意见，在此表示衷心的感谢！

由于编者水平有限，书中错漏在所难免，恳请广大读者批评指正。

编　者

目　录

绪　论

1. 过程控制仪表与过程控制系统

自动控制是指在没有人直接参与的情况下，利用外加的设备或装置（称为过程控制仪表或装置），使被控对象的工作状态或参数（压力、物位、流量、温度、pH 值等）自动地按照预定的程序运行。自动控制技术是生产过程高效运行的技术保障，对企业生产过程起着显著的提升作用，有助于提高生产效率；能够保证产品质量；减少生产过程的原材料、能源损耗；提高生产过程的安全性。

过程控制系统是实现生产过程自动化的平台，而过程控制仪表及装置是过程控制系统不可缺少的重要组成部分，从图 1 中可以看出其重要性。图 1 为某储罐液位自动控制系统。要求储罐液位保持一定，以满足生产需要；图中液位变送器、控制器和执行器构成了一个单回路控制系统。储罐液位由液位变送器转换成相应的标准信号传送到控制器，与给定值相比较，控制器按比较得到的偏差，以一定的控制规律发出控制信号，控制执行器动作，通过改变储罐液体出料的流量，使储罐液位保持在与给定值基本相等的数值上。

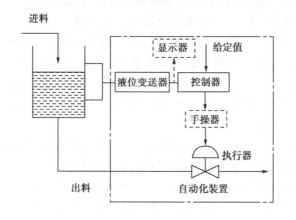

动画：储罐液位
自动控制系统

图 1　储罐液位自动控制系统

为提高控制系统的性能，还可增加一些仪表，如手操器、显示器等。这些仪表可以是电动仪表、气动仪表等各种类型的仪表，也可以是各种控制装置，所有这些仪表及装置都属于控制仪表及装置的范畴。如果没有这些仪表及装置，就不可能实现自动控制。

2. 过程控制仪表的发展和分类

1）过程控制仪表的发展

过程控制仪表的主体是气动控制仪表和电动控制仪表，它们的产生和发展经历了基地式、单元组合式（Ⅰ型、Ⅱ型、Ⅲ型）、组装式及数字智能式等几个阶段。

在 20 世纪 60 年代初，当时国内使用的单元组合式仪表是采用气动放大元件的 QDZ-Ⅰ

型仪表和以电子管为放大元件的 DDZ-Ⅰ 型仪表。70 年代中期，采用集成运算放大器为主要放大元件，具有国际标准信号制（4～20 mA DC，1～5 V DC）和安全防爆功能的 DDZ-Ⅲ 型仪表研制成功，并开始投入使用。同时 QDZ-Ⅰ 型仪表也发展到 Ⅱ 型、Ⅲ 型阶段。所以，DDZ-Ⅱ型、Ⅲ型仪表和 QDZ-Ⅱ 型、Ⅲ型仪表同时并存了二十几年，它们为我国工业生产自动化的发展起到了促进作用。

20 世纪 80 年代以来，由于各种高新技术的飞速发展，我国开始引进和生产以微型计算机为核心，控制功能分散，显示与操作集中的集散控制系统（DCS），从而将过程控制仪表及装置推向高级阶段。此外，现场变送器也有了突飞猛进的发展，它经历了双杠杆式、矢量机构式、微位移式（电容式、扩散硅式、电感式、振弦式）、现场总线式几个阶段，使过程检测的稳定性、可靠性、精度都有了很大的提高，为过程控制提供了可靠的保证。

可以断定，以现场总线技术为基础的数字式智能仪表及装置代表着过程控制仪表的发展方向。

2）过程控制仪表的分类

过程控制仪表可按应用能源、信号类型和结构形式来分类。

（1）按应用能源分类：可分为气动、电动、液动等几类。工业上通常使用气动控制仪表和电动控制仪表。气动控制仪表的发展和应用已有数十年的历史，电动控制仪表的出现要晚一些，但这类仪表的应用更为广泛。由于采取了安全火花防爆措施，电动控制仪表的防爆问题也得到了很好的解决，它同样能应用于易燃易爆等危险场所。

（2）按信号类型分类：可分为模拟式和数字式两大类。模拟式控制仪表的传输信号通常为连续变化的模拟量。这类仪表线路比较简单，操作方便，价格较低，在我国已经历多次升级换代，在设计、制造、使用上均有较成熟的经验。长期以来，它广泛地应用于各种工业部门。数字式控制仪表的传输信号通常为断续变化的数字量。这些仪表和装置以微型计算机为核心，其功能完善，性能优越，能解决模拟式控制仪表难以解决的问题，满足现代化生产过程的高质量控制要求。

（3）按结构形式分类：可分为基地式控制仪表、单元组合式控制仪表、组装式综合控制装置、数字式控制仪表、集散控制系统和现场总线控制系统。

① 基地式控制仪表是以指示、记录为主体，附加控制机构组成的。它不仅能对某变量进行指示或记录，还具有控制功能。由于基地式控制仪表的结构比较简单，价格便宜，又能一机多用，常用于单机自动化系统。我国生产的 XCT 系列控制仪表和 TA 系列电子控制器均属于基地式控制仪表。

② 单元组合式控制仪表根据控制系统中各个组成环节的不同功能和使用要求，将系统划分成能独立地完成某种功能的若干单元，各单元之间用统一的标准信号来联络。将这些单元进行不同的组合，可构成多种多样、复杂程度各异的自动检测和控制系统。

我国生产的电动单元组合仪表（DDZ）和气动单元组合仪表（QDZ）经历了Ⅰ型、Ⅱ型、Ⅲ型三个发展阶段，此后又推出了较为先进的数字化的 DDZ-S 系列仪表。这类仪表使用灵活，通用性强，适用于中、小型企业的自动化系统。

③ 组装式综合控制装置是在单元组合式控制仪表的基础上发展起来的一种功能分离、结构组件化的成套仪表装置。目前组装式综合控制装置在实际工程中已很少使用。

④ 数字式控制仪表是以数字计算机为核心的控制仪表。其外形结构、面板布置保留了模拟式仪表的一些特征，但其运算、控制功能更为丰富，通过组态可完成各种运算处理和复杂控制。可和计算机配合使用，以构成不同规模的分级控制系统。

⑤ 集散控制系统是将集中于一台计算机完成的任务分派给各个微型过程控制计算机，再配上数字总线以及上一级过程控制计算机，组成各种各样的、能适应不同过程的、积木式分级分布式计算机控制系统。它将生产过程分成许多小系统，以专用微型计算机进行现场或设备的各种有效控制，实现了"控制分散"或"危险分散"，但整个控制系统的管理高度集中，因此被称为集中分散型控制系统，简称集散控制系统。

⑥ 现场总线控制系统是 20 世纪 90 年代发展起来的新一代工业控制系统。它是计算机网络技术、通信技术、控制技术和现代仪器仪表技术的最新发展成果。现场总线控制系统的出现引起了传统控制系统结构和设备的根本性变革，它将具有数字通信能力的现场智能仪表连成网络系统，并同上一层监控级、管理级连接起来，成为全分布式的新型控制网络。

3. 本课程的任务和学习方法

1）本课程的任务

过程控制仪表及装置是自动化类专业的一门专业课。其任务是将生产过程控制中常用仪表的结构、工作原理、选用方法、安装与使用方法、校验方法传授给学生。使学生从中学到利用过程控制仪表构成控制系统的方法和实现手段，理解各控制仪表的工作原理与结构，获得控制仪表的安装、使用、校验、维护方面的基本知识和技能。

2）本课程的学习方法

本课程实践性很强，在学习过程中，要认真听课，注意老师对问题的分析，通过案例分析和实训环节习得过程控制仪表的使用、校验和维护方法；理论联系实际，带着问题学，在学习理论的同时还要多动手；对所学的仪表，要做到"面熟""手熟"；学习某一块仪表不是最终目的，而是通过某一部分内容的学习，总结出共性的知识，举一反三；最终学会应用学过的仪表知识完成实际的控制系统解决方案。

第1章

过程控制仪表的基本知识

知识目标：

（1）掌握过程控制仪表的信号标准及使用方法。

（2）掌握过程控制仪表的防爆知识。

（3）理解 DDZ-Ⅲ型仪表的型号含义和命名方法。

（4）掌握 DDZ-Ⅲ型仪表的分析方法。

技能目标：

（1）能够对典型的控制仪表进行简单连接。

（2）能识别控制仪表铭牌上关于型号、防爆等级的含义。

素质目标：

（1）培养良好的学习习惯，提高自主学习能力。

（2）养成使用仪表前认真识读防爆等级的习惯。

过程控制仪表是实现生产过程自动控制的基础，在冶金、石油、化工、电力等各种工业生产中应用极为广泛。过程控制仪表种类多种多样，生产控制仪表的厂家更是成百上千，但它们都遵守国际信号的标准，故不同厂家生产的控制仪表可以组合在同一控制系统中。只是处于不同工业现场的仪表，防爆等级的要求是不同的。功能相同的仪表，其内部的核心部分往往是相似的，因此学习控制仪表主要学习其共性的基础知识。本章主要介绍控制仪表的信号标准、防爆知识、分类方法、型号命名和分析方法。

1.1　过程控制仪表的信号制式

1.1.1　信号制式

信号制式即信号标准，是指仪表之间采用的传输信号的类型和数值。控制仪表及装置在设计时，应力求做到具有通用性和兼容性，以便不同系列或不同厂家生产的仪表能够共同使用在同一控制系统中，彼此相互配合，共同实现系统的功能。要实现通用性和兼容性，首先必须统一仪表的信号制式。在现场总线控制系统中，现场仪表与控制室仪表或装置之间采用双向数字通信方式，其标准将在第 9 章中介绍，这里仅介绍模拟信号标准。

1.1.2　信号标准

1. 气动仪表的信号标准

国家标准 GB/T 777—2008《工业自动化仪表用模拟气动信号》规定了气动仪表信号范围为 20～100 kPa，该标准与国际标准 IEC 60382 是一致的。

2. 电动仪表的信号标准

国家标准 GB/T 3369.1—2008《过程控制系统用模拟信号　第 1 部分：直流电流信号》规定了电动仪表的信号范围为 4～20 mA DC，负载电阻为 250～750 Ω，该标准与国际标准 IEC 381A 是一致的。DDZ-Ⅱ系列单元组合式仪表的信号范围为 0～10 mA DC，负载电阻为 0～1 000 Ω 或 0～3 000 Ω，目前随着 DDZ-Ⅱ系列单元组合式仪表的逐渐淘汰，这种信号标准已很少使用。

1.2　电动仪表信号标准的使用

1.2.1　采用 4～20 mA DC 电流信号传送

1. 采用直流电流信号的优点

（1）直流电流信号比交流电流信号的干扰小。交流电流信号容易产生交变的电磁场干扰，对附近仪表和电路有影响，并且如果混入的外界交流干扰信号和有用信号形式相同，将难以滤除，直流电流信号则克服了这个缺点。

（2）直流电流信号对负载的要求简单。交流电流信号有频率和相位问题，对负载的感抗或容抗敏感，使得影响因素增多，计算复杂，而直流电流信号只需要考虑负载电阻。

（3）电流比电压更利于远传信息。如果采用电压形式传送信息，当负载电阻较小且进行远距离传送时，导线上的电压降会引起误差；采用电流传送就不会出现这个问题，只要沿途没有漏电流，电流的数值始终一样。在低电压的电路中，即使只采用一般的绝缘措施，漏电流也可以忽略不计，所以接收信号的一端能保证和发送端有同样的电流。由于信号发送仪表的输出具有恒流特性，所以导线电阻在规定的范围内变化时对信号电流不会有明显的影响。

2. 采用 4～20 mA DC 电流信号的理由

（1）仪表的电气零点为 4 mA，不与机械零点重合。这种"活零点"的安排有利于识别仪表断电、断线等故障，且为现场变送器实现两线制提供了可能。所谓两线制的变送器就是将供电的电源线与信号的输出线合并为两根导线。由于信号为零时变送器仍要处于工作状态，总要消耗一定的电流，所以零电流表示零信号时是无法实现两线制的。

（2）在现场使用两线制变送器不仅节省电缆，布线方便，而且便于使用安全栅，有利于安全防爆。

3. 采用直流电流信号要注意的问题

（1）采用电流传送信息，接收端的仪表必须是低阻抗的。如果有多个仪表接收同一电流信息，则它们必须是串联的。

（2）串联连接的任何一个仪表在拆离信号回路之前首先要把该仪表的两端短接，否则其他仪表将会因电流中断而失去信号。

（3）各个接收仪表一般应悬空工作，否则会引起信号混乱。若要使各个仪表有自己的接地点，则应在仪表的输入、输出之间采取直流隔离措施。

1.2.2　采用 1～5 V DC 电压信号实现控制室内部仪表间联络

（1）用电压信号传送的信息可以采用并联连接方式，使同一个电压信号为多个仪表所接收。在控制室内部，各仪表之间的距离不远，适合采用 1～5 V DC 电压作为仪表之间的联络信号。

（2）任何一个仪表拆离信号回路都不会影响其他仪表的运行。

（3）各个仪表既然并联在同一信号线上，当信号源负极接地时，各仪表内部电路对地有同样的电位，这不仅解决了接地问题，而且各仪表可以共用一个直流电源。

但需要注意：用电压传送信息的并联方式要求各个接收仪表的输入阻抗要足够高，否则将会引起误差，其误差大小与接收仪表输入电阻高低及接收仪表的个数有关。

1.2.3　控制系统仪表之间的典型连接方式

电流传送适用于远距离对单个仪表传送信息，电压传送适用于把同一信息传送到并联的多个仪表。在实际应用中，4～20 mA DC 电流信号主要在现场仪表与控制室仪表相连时应用；在控制室内，各仪表的互相联络采用 1～5 V DC 电压信号。控制系统仪表之间的典型连接方式如图 1.1 所示。图中 I_o 为发送仪表的输出电流；R 为电流/电压转换电阻，通常情况下，当 I_o 为 4～20 mA DC 时，R 取 250 Ω。

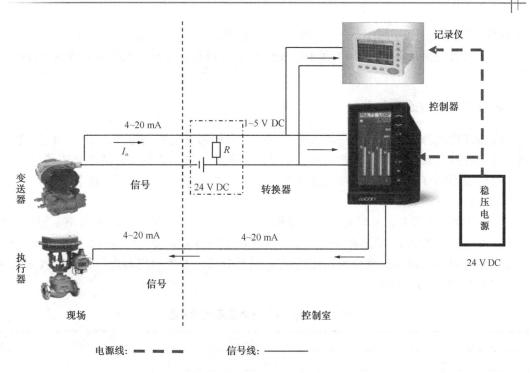

图 1.1　控制系统仪表之间的典型连接方式

1.3　过程控制仪表防爆的基本知识

在石油、化工等工业部门中，某些生产场所存在着易燃易爆的固体粉尘、气体或蒸气，它们与空气混合成为具有火灾或爆炸危险的混合物，使其周围空间成为具有不同程度爆炸危险的场所。安装在这些场所的仪表和执行器，如果产生的火花或热效应能量点燃危险混合物，则会引起火灾或爆炸。因此，用于这些危险场所的仪表和控制系统，必须具有防爆性能。

气动仪表的能源是 140 kPa 的压缩空气，本质上是防爆的。电动仪表只有采取必要的防爆措施才具有防爆性能，下面主要介绍电动仪表的防爆性能。

1.3.1　防爆仪表的标准

防爆仪表必须符合国家标准 GB 3836.1—2000《爆炸性气体环境用电气设备　第一部分：通用要求》的规定。

1. 防爆仪表的分类

按照国家标准 GB 3836.1—2000 规定，防爆电气设备分为两大类。

Ⅰ类：煤矿用电气设备。

Ⅱ类：除煤矿外的其他爆炸性气体环境用电气设备。

其中Ⅱ类电气设备又分为 8 种类型。这 8 种类型及其标志为：d—隔爆型；e—增安全型；

i—本质安全型；p—正压型；o—充油型；q—充沙型；n—无火花型；s—特殊型。

电动仪表主要有隔爆型（d）和本质安全型（i）两种。本质安全型又分为两个等级：ia和ib。

2. 防爆仪表的分级和分组

在爆炸性气体或蒸气中使用的仪表，有两方面原因可能引起爆炸：①仪表产生能量过高的电火花或仪表内部因故障产生的火焰通过表壳的缝隙引燃仪表外的气体或蒸气；②仪表过高的表面温度。因此，根据上述两个方面对Ⅱ类防爆仪表进行了分级和分组，规定其适用范围。

对隔爆型电气设备，易燃易爆气体或蒸气按最大试验安全间隙（MESG）δ_{max}进行分级；对本质安全型电气设备，易燃易爆气体或蒸气按 IEC 79-3 规定测得的其最小点燃电流（MIC）与实验室用甲烷的最小点燃电流的比值 R_{MIC} 进行分级。Ⅱ类易燃易爆气体或蒸气分为 A、B、C 三级，如表 1.1 所示。

表 1.1 易燃易爆气体或蒸气的分级

级 别	δ_{max}/mm	R_{MIC}
Ⅱ A	$\delta_{max} \geq 0.9$	$R_{MIC} > 0.8$
Ⅱ B	$0.5 < \delta_{max} < 0.9$	$0.45 \leq R_{MIC} \leq 0.8$
Ⅱ C	$\delta_{max} \leq 0.5$	$R_{MIC} < 0.45$

根据最高表面温度，防爆仪表的最高表面温度分为 $T_1 \sim T_6$ 六组，如表 1.2 所示。

表 1.2 防爆仪表的最高表面温度分组

温度组别	T_1	T_2	T_3	T_4	T_5	T_6
最高表面温度/℃	450	300	200	135	100	85

仪表的最高表面温度＝实测最高表面温度－实测时环境温度＋规定最高环境温度

防爆仪表的分级和分组，是与易燃易爆气体或蒸气的分级和分组相对应的。易燃易爆气体或蒸气的分级和分组如表 1.3 所示。仪表的防爆级别和组别，就是仪表能适应的某种爆炸性气体混合物的级别和组别，即对于表 1.3 中相应级、组的上方和左方的气体或蒸气的混合物均可以防爆。

表 1.3 易燃易爆气体或蒸气的分级和分组

组别 级别	T_1	T_2	T_3	T_4	T_5	T_6
Ⅱ A	甲烷、氨、乙烷、丙烷、丙酮、苯、甲苯、一氧化碳、丙烯酸甲酯、苯乙烯、醋酸、氯苯、醋酸甲酯	乙醇、丁醇、丁烷、醋酸乙酯、醋酸丁酯、醋酸戊酯、环戊烷、丙烯、乙苯、甲醇、丙醇	环己烷、戊烷、己烷、庚烷、辛烷、汽油、煤油、柴油、戊醇、己醇、环己醇	乙醛、三甲胺		亚硝酸乙酯

续表

级别 \ 组别	T_1	T_2	T_3	T_4	T_5	T_6
II B	丙烯酯、二甲醚、环丙烷、焦炉煤气	环氧丙烷、丁二烯、乙烯	二甲醚、丙烯醛、碳化氢	乙醚、二乙醚		
II C	氢	乙炔		二硫化碳	硝酸乙酯	

3. 防爆仪表的标志

防爆仪表的防爆标志为"Ex";仪表的防爆等级标志的顺序为:防爆型式、类别、级别、温度组别。

控制仪表常见的防爆等级有 ia II CT$_5$ 和 d II BT$_3$ 两种。前者表示 II 类本质安全型 ia 等级 C 级 T$_5$ 组,由表 1.3 可见,它适用于 II C 级别 T$_5$ 温度组别及其左边的所有爆炸性气体或蒸气的场合;后者表示 II 类隔爆型 B 级 T$_3$ 组,由表 1.3 可见,它适用于级别和组别为 II AT$_1$、II AT$_2$、II AT$_3$、II BT$_1$、II BT$_2$ 和 II BT$_3$ 的爆炸性气体或蒸气的场合。

1.3.2 控制仪表防爆措施

防爆型控制仪表主要有隔爆型和本质安全型。

1. 隔爆型防爆仪表

采用隔爆型防爆措施的仪表称为隔爆型防爆仪表,其特点是仪表的电路和接线端子全部置于防爆壳体内,其表壳强度足够大,接合面间隙深度足够大,最大的间隙宽度又足够小。这样,即使仪表因事故在表壳内部产生燃烧或爆炸,在火焰穿过缝隙过程中,受缝隙壁吸热及阻滞作用,将大大降低其外传能量和温度,从而不会引起仪表外部规定的易爆性气体混合物的爆炸。

隔爆型防爆结构的具体防爆措施是采用耐压 800~1000 kPa 以上的表壳;表壳外部的温升不得超过由易爆性气体或蒸气的引燃温度所规定的数值;表壳接合面的缝隙宽度及深度,应根据它的容积和易爆性气体的级别采用规定的数值等。

隔爆型防爆仪表在安装及维护正常时能达到规定的防爆要求,但是在揭开仪表表壳后,它就失去了防爆性能,因此不能在通电运行的情况下打开表壳进行检修或调整。此外,这种防爆结构长期使用后,由于表壳接合面的磨损,缝隙宽度将会增大,因而长期使用会逐渐降低防爆性能。

2. 本质安全型防爆仪表

采用本质安全型防爆措施的仪表称为本质安全型防爆仪表,简称本安仪表,也称安全火花型防爆仪表。所谓"安全火花"是指这种火花的能量很低,它不能使爆炸性气体混合物发生爆炸。采用这种防爆结构的仪表,在正常状态下或规定的故障状态下产生的电火花和热效应能量均不会引起规定的易爆性气体混合物爆炸。正常状态是指在设计规定条件下的工作状态；故障状态是指电路中非保护性元件损坏或产生短路、断路、接地及电源故障等情况。本质安全型防爆仪表有 ia 和 ib 两个等级，ia 级在正常工作、一个和两个故障状态时均不能点燃爆炸性气体混合物；ib 级在正常工作和一个故障状态时不能点燃爆炸性气体混合物。

本质安全型防爆仪表在电路设计上采用低工作电压和小工作电流。通常采用不大于 24 V DC 的工作电压和不大于 20 mA 的工作电流。对处于危险场所的电路，适当选择电阻、电容和电感的参数值，用来限制火花能量，使其只产生安全火花；在较大电容和电感回路中并联双二极管，以消除不安全火花。

常用本质安全型防爆仪表有电动单元Ⅲ型的差压变送器、温度变送器、电/气阀门定位器以及安全栅等。

必须指出，将本质安全型防爆仪表在其所适用的危险场所中使用，还必须考虑与其配合的仪表及信号线可能对危险场所的影响，应使整个测量或控制系统具有安全火花防爆性能。

1.3.3 安全火花防爆系统的构成

对安全火花防爆系统的要求有：①在危险场所使用本安仪表；②在控制室仪表与危险场所仪表之间设置安全栅。这样构成的系统就能实现安全火花防爆，如图 1.2 所示。

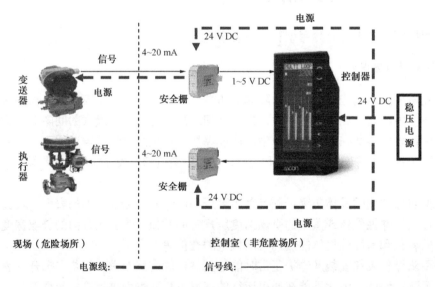

图 1.2 安全火花防爆系统

如果上述系统中不采用安全栅，而由分电盘代替，由于分电盘只能起信号隔离作用，不能限压、限流，故该系统就不再是安全火花防爆系统了；同样，有了安全栅，但若某个现场仪表不是本安仪表，则该系统也不能保证本质安全的防爆要求。

1.4 过程控制仪表的型号及命名

按照过程控制仪表在系统中的作用和特点可分为 8 类。

（1）变送单元：温度变送器、差压变送器、液位变送器、压力变送器等。

（2）调节单元：基型控制器、特种控制器。

（3）给定单元：恒流给定器、比值给定器。

（4）转换单元：电/气转换器、电流转换器。

（5）计算单元：加减器、乘除器、开方器等。

（6）显示单元：积算器、记录仪等。

（7）辅助单元：安全栅、配电器、操作器等。

（8）执行单元：气动执行器、电/气阀门定位器等。

下面就以现代生产过程中常用的电动控制仪表和气动控制仪表为例介绍过程控制仪表的命名方法。

1.4.1　DDZ-Ⅲ型仪表的型号及命名

DDZ-Ⅲ型仪表各单元的型号由 3 部分组成，各部分之间用短横线隔开，格式如下：

$$D\square\square\text{-}\square\square\square\square\text{-}\square$$

（1）第一部分由 3 个汉语拼音大写字母组成。

第一个字母均为 D，表示属于电动单元组合仪表。

第二个字母代表仪表大类，字母含义如下：

B—变送单元；T—调节单元；X—显示单元；J—计算单元；

Z—转换单元；K—执行单元；G—给定单元；F—辅助单元。

第三个字母代表各大类中的产品小类，同一字母在不同大类中有不同的含义，如：

在变送单元中：W—温度和温差；Y—压力；C—差压。

在调节单元中：L—连续；D—断续。

在计算单元中：J—加减；S—乘除；K—开方。

在显示单元中：Z—指示；J—记录；B—报警；S—积算。

在执行单元中：Z—直行程；J—角行程。

（2）第二部分由 4 位阿拉伯数字组成，这 4 位数字代表产品的种类、规格和结构特征。

（3）第三部分由一个或数个汉语拼音大写字母组成，标志产品的特殊用途。例如，安全火花防爆（A）、隔离防爆（B）、防腐（F）、船用（C）等。当具备一个以上特殊用途时，按字母顺序排列。

例如，DBC-2310 为一台差压变送器的型号规格。其中第一位数字"2"表示工作压力为 400 kPa，第二位数字"3"表示测量信号的上限范围为 600 Pa～4 kPa，第三位数字"1"表示带单平法兰，第四位数字"0"表示序号。

1.4.2　QDZ 型仪表的型号及命名

QDZ 型仪表型号格式为 Q□□-□。第一个字母 Q 表示属于气动单元组合仪表；第二个字母代表仪表大类，字母含义同 DDZ-Ⅲ型仪表；第三个字母表示测量参数或仪表品种；最后一个部分是阿拉伯数字，用以表示产品系列、规格、结构特征等编号。

1.5 过程控制仪表的分析方法

过程控制仪表品种繁多，如何在学习几种典型仪表之后，能够自行对其他仪表进行分析，关键在于掌握过程控制仪表的分析方法。

1.5.1 过程控制仪表的总体分析思路

对于模拟式控制仪表，要用框图的形式分析其结构功能，掌握仪表的外部特性，内部电路要根据功能的要求分析其"核心"；对于数字式仪表，要熟悉其硬件和软件资源，掌握其编程方法和操作方法，通过工程案例分析，掌握工程方案实现和功能分配方法。本节主要介绍模拟式控制仪表的分析方法。

从仪表的整体结构看，模拟式控制仪表有两种构成形式。

（1）仪表整机采用单个放大器，其放大器可由若干级放大电路或不同的放大器串联而成，如 DDZ-Ⅱ型仪表、大部分的变送器及气动仪表等。

（2）仪表整机由数目不等的运算放大器电路以不同形式组装而成，如 DDZ-Ⅲ型系列、A 系列和 EK 系列仪表等。

1.5.2 采用单个放大器的仪表的分析方法

1. 采用单个放大器的仪表特点

采用单个放大器的仪表一般具有如图 1.3 所示的典型结构，即整个仪表可以划分为 3 部分：输入转换部分、放大部分和反馈部分。

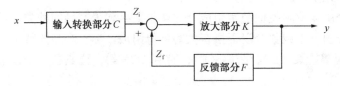

图 1.3 采用单个放大器的仪表结构

输入转换部分把输入信号 x 转换为某一中间变量 Z_i，可以是电压、电流、位移、力和力矩等物理量；反馈部分把仪表的输出信号转换为反馈信号 Z_f，Z_i 和 Z_f 是同一类型的物理量。放大部分把 Z_i 和 Z_f 的差值放大，并转换成标准输出信号 y。由图 1.3 可以求得整个仪表的输出与输入关系为：

$$y = \frac{K}{1+KF}Cx \tag{1-1}$$

式中，C——输入转换部分的转换系数；

　　K——放大部分的放大系数;

　　F——反馈部分的反馈系数。

当 K 足够大,且满足 $KF \gg 1$ 时,式(1-1)变为:

$$y = \frac{1}{F}Cx \tag{1-2}$$

　　由于实际仪表一般能满足 $KF \gg 1$,故仪表的输出与输入关系只取决于输入转换部分和反馈部分的特性;同时仪表输入转换部分的输出信号 Z_i 与整机输出信号经反馈部分反馈到放大部分输入端的反馈信号 Z_f 基本相等,放大部分的净输入接近于零。

2. 采用单个放大器的仪表的分析方法

　　对于这类仪表,首先要将仪表分为输入转换、放大和反馈三个部分,然后对各个部分进行分析,尤其是输入转换部分和反馈部分,最后根据式(1-1)或式(1-2)求得仪表的输出和输入之间的关系。

　　将实际仪表划分出输入转换、放大和反馈这三个部分的关键在于找出比较环节和引出负反馈的取样环节。对于气动仪表,一般依据力或力矩平衡原理找出这两个环节,比较环节一般是膜片或杠杆,取样环节是仪表输出;电动仪表的比较环节一般从放大器的输入端去找,取样环节从仪表的输出端去找。

　　电动仪表的比较方式有两种:串联比较和并联比较。

　　串联比较是输入部分的电压 U_i 和反馈部分的输出电压 U_f 串联,其差值为放大器的净输入 ε,如图 1.4 所示;并联比较是输入部分的电压 U_i 和反馈部分的输出电压 U_f 分别通过电阻并联到放大器的输入端,如图 1.5 所示。

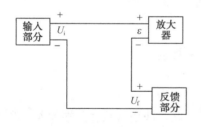

图 1.4　电压串联比较

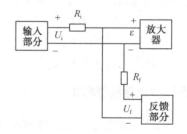

图 1.5　电压通过电阻并联比较

　　电动仪表的取样方式有两种:电流取样和电压取样。电流取样如图 1.6 所示,取样电阻串联在输出信号回路中;电压取样如图 1.7 所示,取样电压是输出电压的全部或一部分。

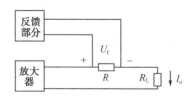

图 1.6　电流取样

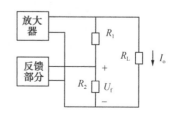

图 1.7　电压取样

1.5.3　采用集成运算放大器的仪表的分析方法

1. 运算放大器的基本特征

在对仪表中的某一级运算放大器电路进行分析时，运算放大器可以用如图 1.8 所示的模型来表示。对前一级运算放大器电路输出而言，它相当于一个等效电阻 R_i，称为输入电阻；对后一级运算放大器电路输入而言，它可以看作一个由电压源（其大小受输入电压控制）和内阻 R_o 串联起来的等效电源，其中 R_o 称为输出电阻。在分析仪表线路时，往往把运算放大器理想化。

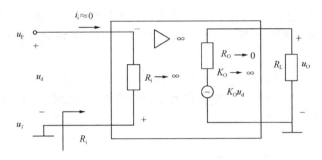

图 1.8　运算放大器等效模型

理想运算放大器具有如下特点：①输入电阻 $R_i = \infty$；②输出电阻 $R_o = 0$；③开环电压增益 $K_o = \infty$；④失调及其漂移为零。

由上述特点可以得出如下两条重要的结论。

（1）虚短：差模输入电压为零，即 $u_d = 0$。

（2）虚断：输入端输入电流为零，即 $i_i = 0$。

实际的运算放大器不可能如此，但与此结论非常接近。

2. 运算放大器典型电路

通常，运算放大器电路都是带有负反馈的闭环电路，即信号从输入端加入，经放大后输出，输出电压又通过反馈电路引回到输入端。这时，整个运算放大器电路的特性主要取决于反馈电路的形式和参数。仪表中常用的 4 种电路形式及其特性如下。

（1）反相端输入。反相端输入运算放大器电路如图 1.9 所示。

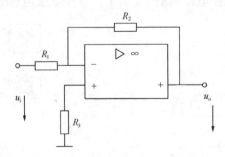

图 1.9　反相端输入运算放大器电路

u_o 与 u_i 的关系为:

$$u_o = -\frac{R_2}{R_1} u_i \qquad (1-3)$$

（2）同相端输入。同相端输入运算放大器电路如图 1.10 所示。

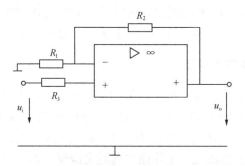

图 1.10　同相端输入运算放大器电路

u_o 与 u_i 的关系为:

$$u_o = \left(1 + \frac{R_2}{R_1}\right) u_i \qquad (1-4)$$

（3）差动输入。差动输入运算放大器电路如图 1.11 所示。

当 $R_3 = R_1$，$R_4 = R_2$ 时，有:

$$u_o = -\frac{R_2}{R_1}(u_{iF} - u_{iT}) \qquad (1-5)$$

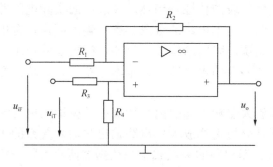

图 1.11　差动输入运算放大器电路

（4）电压跟随器。电压跟随器电路如图 1.12 所示。

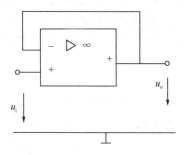

图 1.12　电压跟随器电路

这时，u_o 与 u_i 的关系为：

$$u_o = u_i \qquad\qquad (1\text{-}6)$$

式（1-6）中，输出电压与输入电压相等，即电压跟随器实际上是一个 1 : 1 同相端输入运算放大器。其主要优点是输入电阻高、输出电阻低。因此，在仪表电路应用中，将它置于需要隔离的两个电路之间，从前级电路索取的电流很小，对后级电路相当于一个电压源，从而起到良好的隔离作用，使得前、后级电路不会相互影响，而信号传送又不致损失。

3. 单电源供电的运算放大器电路

运算放大器通常都由正、负电源供电，但过程控制仪表出于总体设计的需要，以及便于仪表的安装和变送器采用两线制等原因，在仪表线路中一般都采用单电源供电，即由一组 24 V DC 电源供电。运算放大器采用单电源供电，实质上改变的是电位基准，由于电位基准发生了改变，因此运算放大器的允许工作条件将随之改变。为了保证运算放大器正常工作，常采用电平移动的办法，这并不影响运算放大器电路的运算关系和特性。有关这方面的具体内容将在本书的第 3 章中进行讲解。

4. 采用集成运算放大器的仪表的分析方法

对于采用集成运算放大器的仪表，应把整个仪表线路划分成一个个运算放大器电路单独进行分析，最后综合得到整机的特性，故仪表线路的分析基础是单个运算放大器电路的分析方法，具体方法有如下两种。

（1）先熟练掌握基本运算放大器电路的关系，再分析集成运算放大器电路的运算关系，进而很快地了解整个仪表的特性。当然，仪表中的实际电路并不像基本运算电路那样一目了然，它有时是两种基本电路的合成，有时输入回路包含电容等非纯阻性元件，甚至由一些较为简单的无源电阻网络构成，只要了解仪表的作用和结构框图，结合一些等效定理就可将这些比较复杂的电路转化为基本电路。有关这方面的技巧将在后面的章节中进行介绍。

（2）利用理想运算放大器输入端的两个特征：差模输入电压等于零；输入端输入电流等于零。这两个特征是分析运算放大器电路输出与输入关系的出发点。实际上，前面所述的 4 个基本运算放大器电路的关系式也是依据这两个特征求得的。根据电路具体结构，找出输入、输出信号与 u_T、u_F 之间的关系，然后依据 $u_T = u_F$，求出输出与输入之间的关系。

利用上述两个特征进行分析时，采用"保证等效，断开反馈"的办法，把原电路转化为一个没有反馈的开环等效电路，往往可以使问题变得简单清晰，有利于分析。

对于一块仪表，可以采用先整体、后局部、再综合的分析方法。现将仪表的分析步骤总结如下。

① 了解仪表的作用和结构框图；
② 按照结构框图将整机线路划分成相应的部分；
③ 根据信号的传递方向，对各部分逐一进行分析；
④ 综合仪表的整机特性。

思 维 导 图

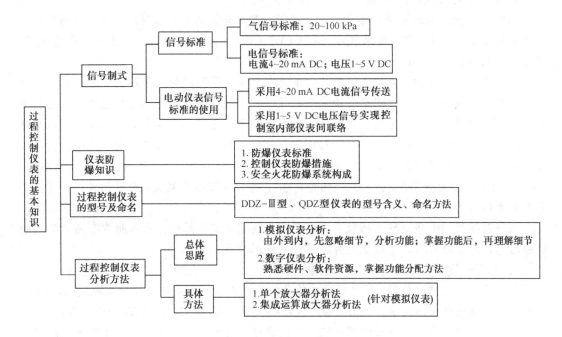

思考与练习题 1

1. 过程控制仪表和过程控制系统有什么关系？
2. 什么是信号制式？控制系统仪表之间采用哪种连接方式最佳？为什么？
3. 防爆仪表与易燃易爆气体或蒸气之间有何对应关系？
4. 怎样才能构成一个安全火花防爆系统？
5. 对于采用单个放大器的仪表，一般如何着手进行分析？
6. 仪表中常用到哪 4 种运算放大器电路？各有什么特点？
7. 对于采用集成运算放大器构成的仪表，一般如何着手进行分析？
8. 仪表的一般分析步骤是什么？

思 想 映 射

让"声音"跨越山海——张路明

广州海格通信集团股份有限公司主任专家张路明是无线通信领域公认的技术专家，他主导研发了我国四代短波通信产品，他和团队设计的产品解决了边海防通信难题，助力新一代战斗机、新一代通信网络等重大项目、重大工程建设与应用，为我国无线通信技术的发展与进步贡献了自己的青春和汗水。

2022 年 3 月 2 日，张路明当选"2021 年度大国工匠"，成为广东省唯一一位获得此项殊荣的职工。

1. 99% 的努力 +1% 的灵感

1984 年夏天，张路明毕业参加工作。彼时，改革开放的春风拂过南粤大地，为了使产品快速赶上国际水平，突破发展瓶颈，七五〇厂（海格通信前身）决定引进国外先进技术，交由张路明所在的团队进行研究与创新。

面对单板的频合指标无法满足整机需求这个"卡脖子"问题，张路明日思夜想，进行了多种尝试。有一天，张路明在实验室进行技术攻关时，窗外一群鸟儿自电线杆上忽然飞走，吸引了他的目光。张路明注意到电线和电线杆之间置有一块陶瓷绝缘连接件，他灵感迸发，不再囿于印制电路板材料，转而在印制电路板和关键器件间增加高性能绝缘材料，瓶颈问题终于得到了完美的解决。而这一款短波电台，也解决了短波远程通信的技术难题。

"天才，往往就是 99% 的努力 + 1% 的灵感"，年轻的张路明发现，所有的灵感，其实都来自不懈的努力。

在张路明近 40 年的研发历程中，创新贯彻其研发工作始终。张路明常有与众不同的创新思想、方法及技巧，突破性地解决了许多技术难题。

2. 多流一滴汗，让战士少流一滴血

作为无线电通信设计师，张路明的工作是把承载声音的无线电波高保真地发送、接收，让指挥员和战士即使远隔重山，也能如同近在咫尺般交流。从 20 世纪 80 年代初入职至今，本着"我们多流一滴汗，战士少流一滴血"的责任担当和"以此为生，精于此道"的职业精神，张路明不断学习、创新，将各种技术融会贯通。张路明所主导、参与研制的装备实现了从中长波到微波频段的全频段覆盖，包括中长波电台、短波电台、超短波电台、数字集群、北斗导航、卫星通信、智能终端、无人通信装备……

我国某新型战斗机在科研攻关的过程中，遇到飞行中存在的中远距离无线通信效果不佳的行业难题。基于该新型战斗机的设计要求，通信装备必须具备更小、更轻、更强的特点，其中，抗震强度指标须比现役装备提高一倍以上，要求非常苛刻。面对这一几乎不可能完成的任务，海格通信迅速组织了以张路明为首的技术攻坚团队，迎难而上，接受挑战。

技术攻关期，张路明不断打破原有的思维定式，带领项目团队前后对超过 8 种实现形式的机载通信设备进行对比试验，在此期间共开展试验上百次，最终选出了最佳的实现方案。产品成型期，张路明还继续带领项目团队在全国范围内开展了多次上机性能对比试验和试飞通信试验。

艰苦的奋斗换来的是收获的喜悦。通过采用新技术，项目团队新研发的机载通信装备的体积缩减为常规地面装备的 20%，功耗更低，性能更优，完美解决了新型战斗机因特殊功能设计导致无线通信难的问题。

3. 培养一批人，成长一批人

通信行业的薪酬年年增长，外界诱惑无限。然而，张路明始终扎根专业技术一线，几十年如一日埋头钻研，始终坚守。

当被问及关于事业的坚守时，张路明的回答很朴实："好的平台对人的成长很重要，海格通信就是我的最优选择。在海格通信，能够运用我的知识、经验、方法解决一些比较棘手的问题，这让我很有成就感。做出好的设备，让战士觉得好用，这就是我的事业追求。"

　　"影响一批人，培养一批人，成长一批人"。早在 2006 年，海格通信就正式挂牌成立了以张路明的名字命名的"路明实验室"，聚焦核心关键技术研究、产品研制，成为军用无线通信领域技术研究的一面旗帜。2013 年，"路明实验室"荣获"广东省工人先锋号"荣誉称号。

　　张路明表示，"路明实验室"的成立，既是公司对其过往成就的最大褒奖，更是对其未来在科技研发与人才培养方面工作的深厚希冀。多年来，张路明将技术毫无保留地传承给公司的青年技术人员。2006 年至今，"路明实验室"已为海格通信培养了技术骨干超百人，其研发的产品也广泛应用于各个领域，先后突破了通信领域数十项关键技术，多项技术达到世界领先水平。

　　通过"路明实验室"这一创新平台，一支爱党报国、敬业奉献、具有突出技术创新能力、善于攻克复杂工程难题的工程师队伍已经形成。这个年轻的、充满正能量的无线通信核心技术研发团队，在张路明的带领下正向着更高的技术领域努力奋进。

第2章

变 送 器

知识目标：

（1）掌握变送器的作用、种类、构成原理。

（2）掌握变送器量程调整、零点调整及零点迁移的目的。

（3）理解电容式差压变送器测量、转换和放大部分的工作原理。

（4）了解其他差压变送器的构成、特点。

（5）掌握架装式温度变送器量程单元和放大单元的作用，以及调零、调量程的方法。

（6）掌握一体化温度变送器的功能、构成和特点。

技能目标：

（1）能进行差压变送器的选用、安装、调校和维护。

（2）能完成电容式差压变送器、架装式温度变送器的实训项目。

（3）能处理常见故障。

素质目标：

（1）培养逻辑思维的严密性，并将其运用到生产工作领域。

（2）通过实训与考核，培养接线、使用工具等的操作能力和规范意识。

（3）在学习中树立工程观念。

变送器在自动检测和控制系统中的作用，是将被测工艺参数，如压力、流量、液位、温度等物理量转换成相应的统一标准信号，并传送到指示记录仪、运算器和控制器，供显示、记录、运算、控制、报警等。变送器的种类很多，按应用能源分，有气动变送器、电动变送器；按被测工艺参数分，有压力变送器、差压变送器、流量变送器、液位变送器、温度变送器等。本章将主要介绍两种常用的电动变送器：差压变送器和温度变送器。

2.1 概 述

2.1.1 变送器的构成原理

不同的变送器其构成是不同的，但变送器都是基于负反馈的原理工作的。通常来说，变送器由输入转换部分、放大器和反馈部分组成，变送器的工作原理如图 2.1 所示。

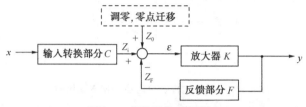

图 2.1 变送器的工作原理

输入转换部分的作用是检测工艺参数 x，并把参数 x 转换成一个中间模拟量，如电压、电流、位移、作用力、力矩等，作为放大器的输入信号 Z_i。

放大器的作用是将 ε（输入信号 Z_i 与调零信号 Z_0 的代数和同反馈信号进行比较后的差值）转换成标准的输出信号。

反馈部分的作用是把变送器的输出信号 y 转换成与输入信号 Z_i 同一性质的量，与输入信号 Z_i、调零信号 Z_0 相比较。

根据负反馈放大器原理，由图 2.1 可以求得整个变送器输出与输入的关系为：

$$y=\frac{K}{1+KF}(Cx+Z_0) \qquad (2-1)$$

式中，C——输入转换部分的转换系数；

K——放大器的放大系数；

F——反馈部分的反馈系数。

当 K 足够大，且满足 $KF\gg1$ 时，式（2-1）变为：

$$y=\frac{1}{F}(Cx+Z_0) \qquad (2-2)$$

结论一：变送器的特性与输入部分和反馈部分有关。

结论二：若 F、C 是常数，则变送器输出与输入将保持良好的线性关系，如图 2.2 所示。

图 2.2 中 x_{max}、x_{min} 分别为变送器测量范围的上限值和下限值，y_{max}、y_{min} 分别为输出信号的上限值和下限值。

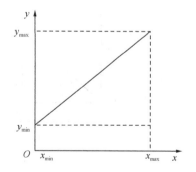

图 2.2 变送器输出与输入的关系

2.1.2 变送器的量程调整、零点调整和零点迁移

1. 量程调整

量程调整的目的是使变送器输出信号的上限值 y_{max} 与测量范围的上限值 x_{max} 相对应。

图 2.3 所示为变送器量程调整前后的输入输出特性。由图可知，量程调整的实质是改变输入输出特性曲线的斜率，也就是改变变送器输出信号 y 与输入信号 x 之间的比例系数。

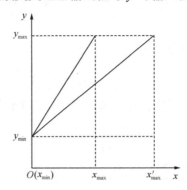

图 2.3　变送器量程调整前后的输入输出特性

实现量程调整的方法通常是改变反馈部分的反馈系数 F。有些变送器还可以用改变输入转换部分的转换系数 C 来调整量程。当改变反馈部分的反馈系数 F 时，F 愈大，量程就愈大；F 愈小，量程就愈小。

2. 零点调整和零点迁移

零点调整和零点迁移的目的都是使变送器输出信号的下限值 y_{min} 与测量范围的下限值 x_{min} 相对应。在 $x_{min}=0$ 时，使 $y=y_{min}$ 的调整，称为零点调整；在 $x_{min}\neq0$ 时，使 $y=y_{min}$ 的调整，称为零点迁移。如果 $x_{min}<0$，则称为负迁移；如果 $x_{min}>0$，则称为正迁移。由图 2.4 可见，零点迁移的实质是变送器的量程不变，输入输出特性曲线沿 x 轴向左或向右平移一段距离。

实现零点调整和零点迁移的方法是在负反馈放大器的输入端加上一个调零信号 Z_0。

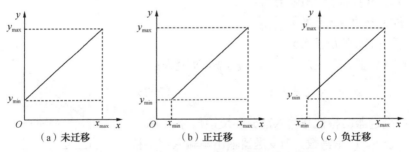

图 2.4　变送器零点迁移前后的输入输出特性

2.2　电容式差压变送器

2.2.1　电容式差压变送器的结构与工作原理

电容式差压变送器由美国罗斯蒙特公司于 1959 年研制成功，并于 1969 年正式发布，随后各国相继开始研制。我国于 20 世纪 70 年代末开始生产电容式差压变送器，如西安仪表厂的 1151 系列（引进美国罗斯蒙特公司技术）、兰州炼油厂仪表厂的 FC 系列（引进日本富士公司技术）均属于此类仪表。

电容式差压变送器是微位移式变送器，它以差动电容膜盒作为检测元件，并且采用全密封熔焊技术，因此整机的精度高、稳定性好、可靠性高、抗振性强，其基本误差一般为±0.2% 或±0.25%。

敏感元件的中心感压膜片是在施加预张力条件下焊接的，其最大位移量为 0.1 mm，既可使感压膜片的位移与输入差压呈线性关系，又可以大大减小因正、负压测量室法兰的张力和力矩影响而产生的误差。中心感压膜片两侧的固定电极为弧形电极，可以有效克服静压的影响，起到单向过压的保护作用。

电容式差压变送器采用两线制方式，输出电流为 4～20 mA DC 国际标准统一信号，可与其他接收 4～20 mA DC 信号的仪表配套使用，构成各种控制系统。

变送器外形小巧、品种多样，可在任意角度下安装而不影响其精度，量程和零点外部可调，安全防爆，支持全天候使用，即安装、调校和使用均非常方便。

本节仅以 1151 系列电容式差压变送器为例，讨论电容式差压变送器的工作原理。

变送器由测压部件、电容/电流转换电路、放大和输出限制电路 3 部分组成，其构成框图如图 2.5 所示，电路原理图如图 2.6 所示。

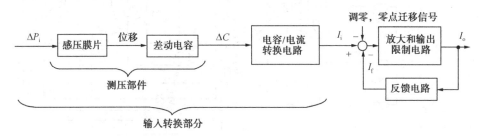

图 2.5　电容式差压变送器构成框图

输入差压ΔP_i作用于测压部件的感压膜片上，使其产生位移 S，从而使感压膜片（可动电极）与两弧形电极（固定电极）组成的差动电容的电容量发生变化。此电容变化量由电容/电流转换电路转换成直流电流信号，该电流信号与调零信号的代数和与反馈信号进行比较，其差值送入放大电路和输出限制电路，得到变送器整机的输出电流信号 I_o。

动画：电容式差压变送器测压原理

1. 测压部件

测压部件的作用是把被测差压ΔP_i转换成电容量的变化。它由正、负压测量室和差动电容敏感元件等部分组成。测压部件的结构如图 2.7 所示。

差动电容敏感元件包括中心感压膜片 11（可动电极），正、负压侧弧形电极 12、10（固定电极），电极引线 1、2、3，正、负压侧隔离膜片 14、8 和基座 13、9 等。在差动电容敏感元件的空腔内充有硅油，用以传递压力。中心感压膜片和正、负压侧弧形电极构成的电容为 C_{i1} 和 C_{i2}，无差压输入时，$C_{i1}=C_{i2}$，其电容量为 150～170 pF。

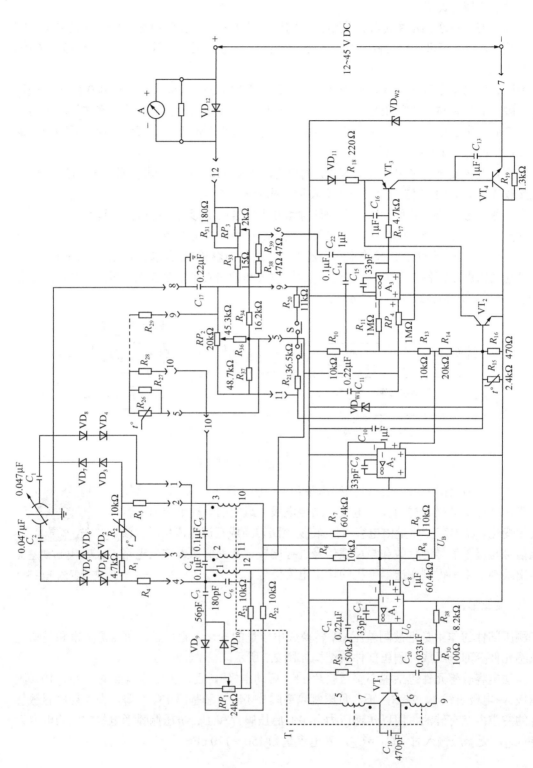

图 2.6　电容式差压变送器电路原理图

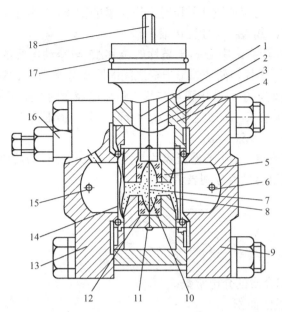

1、2、3—电极引线；4—差动电容膜盒座；5—差动电容膜盒；6—负压侧导压口；7—硅油；8—负压侧隔离膜片；

9—负压侧基座；10—负压侧弧形电极；11—中心感压膜片；12—正压侧弧形电极；13—正压侧基座；

14—正压侧隔离膜片；15—正压侧导压口；16—放气排液螺钉；17—O 型密封环；18—插头

图 2.7　测压部件的结构

当被测压差ΔP_i通过正、负压侧导压口引入正、负压测量室，作用于正、负压侧隔离膜片上时，由硅油做媒介，将压力传到中心感压膜片的两侧，使膜片产生微小位移ΔS，从而使中心感压膜片与其两边弧形电极的间距不等，如图 2.8 所示，结果使一个电容（C_{i1}）的容量减小，另一个电容（C_{i2}）的容量增加。

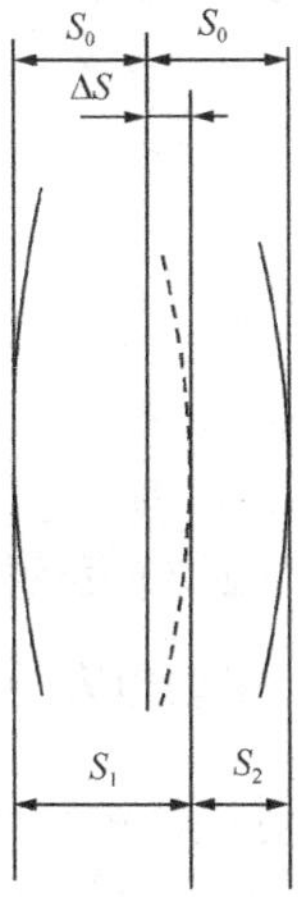

（1）差压/膜片位移转换。在 1151 系列变送器中，电容膜盒中的感压膜片是平膜片，平膜片形状简单，加工方便，但压力和位移仅在膜片的位移小于膜片的厚度的情况下才是线性的。在制作膜片时，无论测量高差压、低差压还是微差压，都采用周围夹紧并固定在环形基体中的金属平膜片做感压膜片，以得到相应的差压/位移转换，此时有：

$$\Delta S = K_1 \times \Delta P_i \qquad (2\text{-}3)$$

式中，K_1——位移/差压转换系数。

图 2.8　差动电容变化示意图

由于膜片的工作位移小于 0.1 mm，当测量较低差压时，可采用具有初始预紧应力的平膜片。在自由状态下被绷紧的平膜片具有初始张力。这不仅提高了线性度，还减少了滞后。对厚度很薄、初始张力很大的膜片，其中心位移与差压之间也有良好的线性关系。

当测量较高差压时，膜片较厚，很容易满足膜片的工作位移小于膜片的厚度的条件，所以这时位移与差压呈线性关系。

可见，在 1151 系列变送器中，通过改变膜片厚度可得到变送器不同的测量范围，即测量较高差压时，用厚膜片；而测量较低差压时，用张紧的薄膜片。两种情况均有良好的线性关系，且测量范围改变后，其整机尺寸变化很小。

（2）膜片位移/电容转换。中心感压膜片的位移 ΔS 与差动电容的电容量变化示意图如图 2.8 所示。设中心感压膜片与两边弧形电极之间的距离分别为 S_1、S_2。

当被测差压 $\Delta P_i = 0$ 时，中心感压膜片与两边弧形电极之间的距离相等，设其间距为 S_0，则 $S_1 = S_2 = S_0$；在有差压输入，即被测差压 $\Delta P_i \neq 0$ 时，中心感压膜片在 ΔP_i 作用下将产生位移 ΔS，则有 $S_1 = S_0 + \Delta S$ 和 $S_2 = S_0 - \Delta S$。

若不考虑边缘电场影响，由中心感压膜片与两边弧形电极构成的电容 C_{i1} 和 C_{i2} 可近似地看作平行板电容器，其电容量可分别表示为：

$$C_{i1} = \frac{\varepsilon A}{S_1} = \frac{\varepsilon A}{S_0 + \Delta S} \tag{2-4}$$

$$C_{i2} = \frac{\varepsilon A}{S_2} = \frac{\varepsilon A}{S_0 - \Delta S} \tag{2-5}$$

式中，ε——电极板之间介质的介电常数；

A——弧形电极板的面积。

两电容量之差为：

$$\Delta C = C_{i2} - C_{i1} = \varepsilon A \left(\frac{1}{S_0 - \Delta S} - \frac{1}{S_0 + \Delta S} \right) \tag{2-6}$$

可见，两电容量的差值与中心感压膜片的位移 S 呈非线性关系。显然，这不能满足高精度的要求。但若取两电容量之差与两电容量和的比值，则有：

$$\frac{C_{i2} - C_{i1}}{C_{i2} + C_{i1}} = \frac{\varepsilon A \left(\dfrac{1}{S_0 - \Delta S} - \dfrac{1}{S_0 + \Delta S} \right)}{\varepsilon A \left(\dfrac{1}{S_0 - \Delta S} + \dfrac{1}{S_0 + \Delta S} \right)} = \frac{\Delta S}{S_0} = K_2 \Delta S \tag{2-7}$$

式中，$K_2 = \dfrac{1}{S_0}$——比例系数。

式（2-7）表明：

① 差动电容的相对变化值 $\dfrac{C_{i2} - C_{i1}}{C_{i2} + C_{i1}}$ 与 ΔS 呈线性关系，要使输出与被测差压呈线性关系，就需要对该值进行处理。

② $\dfrac{C_{i2} - C_{i1}}{C_{i2} + C_{i1}}$ 与介电常数 ε 无关，这一点很重要，因为从原理上消除了灌充液介电常数随温度变化而变化给测量带来的误差，可大大减小温度对变送器的影响，变送器的温度稳定性好。

③ $\dfrac{C_{i2} - C_{i1}}{C_{i2} + C_{i1}}$ 的大小与电极板间的初始距离 S_0 呈反比关系，S_0 越小，差动电容的相对变化量越大，即灵敏度越高。

④ 如果差动电容结构完全对称，则可以得到良好的稳定性。

2. 电容/电流转换电路

电容/电流转换电路的作用是将差动电容的相对变化值 $\dfrac{C_{i2}-C_{i1}}{C_{i2}+C_{i1}}$ 成比例地转换成差动电流 I_i（$I_i = I_1 - I_2$），并实现非线性补偿功能，其电路如图 2.9 所示。它由振荡器、解调器、振荡控制放大器、线性调整电路等组成。

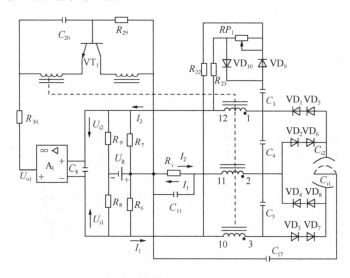

图 2.9　电容/电流转换电路

1）振荡器

振荡器用于向差动电容 C_{i1}、C_{i2} 提供高频电流，它由晶体管 VT_1、变压器 T_1 及有关电阻 R_{29}、R_{30} 和电容 C_{19}、C_{20} 组成，其电路如图 2.10 所示。

图中，U_{o1} 为运算放大器 A_1 的输出电压，作为振荡器的供电电源，因此 U_{o1} 可控制振荡器的输出幅度。变压器 T_1 有三组输出绕组（1-12、2-11、3-10），图中只画出了输出绕组回路的等效电路，其等效电感为 L，等效负载电容为 C，它们的大小主要取决于变送器测量元件的差动电容值。

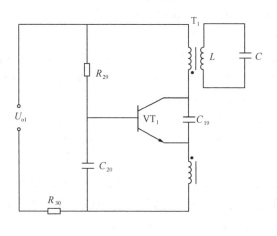

图 2.10　振荡器电路

振荡器为变压器反馈型振荡电路。在设计电路时，只要选择适当的电路元器件参数，便可满足振荡的相位和振幅条件。

等效电容 C 和输出绕组的电感 L 构成并联谐振回路，其谐振频率就是振荡器的振荡频率，约为 32 kHz。振幅大小由运算放大器 A_1 决定。

2）解调器

解调器电路如图 2.11 所示。

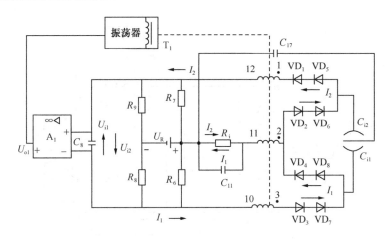

图 2.11　解调器电路

解调器的作用是将随差动电容 C_{i1}、C_{i2} 变化的高频电流，调制成直流电流 I_1 和 I_2，然后输出两组电流——差动电流 I_i（$I_i = I_2 - I_1$）和共模电流 $I_c = (I_1 + I_2)$。差动电流 I_i 随输入差压 ΔP_i 而变化，此信号与调零及反馈信号叠加后送入运算放大器 A_3 进行放大后，再经功放、限流输出 4～20 mA DC 电流信号。共模电流 I_c 与基准电压进行比较，其差值经放大后作为振荡器的供电电源，只要共模电流保持恒定，就能保证差动电流与输入差压之间为单一的比例关系。

图 2.11 中 R_i 为并在电容 C_{11} 两端的等效电阻。U_R 是运算放大器 A_2 的输出电压，此电压提供基准电压，恒定不变，可看作一个恒压源。

由于差动电容的电容量很小，其值远远小于 C_{11} 和 C_{17}，因此在振荡器输出幅度恒定的情况下，流过 C_{i1} 和 C_{i2} 电流的大小主要由这两个电容的电容量决定。

由图 2.11 可知，绕组 2-11 输出的高频电压，经 VD_4、VD_8 和 VD_2、VD_6 整流得到直流电流 I_2 和 I_1。I_1 的流经线路是 T_1（11）$\rightarrow R_i \subset C_{17} \subset C_{i1} \rightarrow VD_8$、$VD_4 \rightarrow T_1$（2）；$I_2$ 的流经线路是 T_1（2）$\rightarrow VD_2$、$VD_6 \rightarrow C_{i2} \rightarrow C_{17} \rightarrow R_i \rightarrow T_1$（11）。

由图可见，经 VD_2、VD_6 及 VD_4、VD_8 整流后流过 R_i 的两路电流 I_2 和 I_1，方向是相反的，两者之差（$I_2 - I_1$）即为解调器输出的差动电流 I_i。I_i 在 R_i 上的压降 U_i，即为放大电路的输入信号。

绕组 3-10 和绕组 1-12 输出的高频电压，经 VD_3、VD_7 和 VD_1、VD_5 整流同样得到 I_1 和 I_2。此时，I_1 的流经线路是 T_1（3）$\rightarrow VD_3$、$VD_7 \rightarrow C_{i1} \rightarrow C_{17} \rightarrow R_6$、$R_8 \rightarrow T_1$（10）；$I_2$ 的流经线路是 T_1（12）$\rightarrow R_7$、$R_9 \rightarrow C_{17} \rightarrow C_{i2} \rightarrow VD_5$、$VD_1 \rightarrow T_1$（1）。

由图可见，经 VD_3、VD_7 和 VD_1、VD_5 整流而流经并联电阻 R_6 与 R_8 和并联电阻 R_7 与

R_9 的两路电流 I_2 和 I_1，其方向是一致的，两者之和（I_2+I_1）即为解调器输出的共模电流 I_c。

解调器电路中每一电流回路均用两只二极管相串联进行整流，目的是提高电路的可靠性。

在 $\dfrac{1}{2\pi f C_{i1}}$ 或 $\dfrac{1}{2\pi f C_{i2}} \geqslant \dfrac{1}{2\pi f C_{11}} + \dfrac{1}{2\pi f C_{17}}$ 的情况下，可认为 C_{i1}、C_{i2} 两端电压的变化等于振荡器

输出高频电压的峰-峰值 U_{pp}，故流过 C_{i1}、C_{i2} 的电流 I_1 和 I_2 的平均值可分别表示为：

$$I_1 = \frac{U_{pp}}{T} \times C_{i1} = f U_{pp} C_{i1} \tag{2-8}$$

$$I_2 = \frac{U_{pp}}{T} \times C_{i2} = f U_{pp} C_{i2} \tag{2-9}$$

式中，T——高频电压振荡周期；

f——高频电压振荡频率。

则

$$I_i = I_2 - I_1 = f U_{pp}(C_{i2} - C_{i1}) \tag{2-10}$$

$$I_c = I_2 + I_1 = f U_{pp}(C_{i2} + C_{i1}) \tag{2-11}$$

将式（2-11）代入式（2-10）后可得：

$$I_i = I_2 - I_1 = (I_2 + I_1)\frac{C_{i2} - C_{i1}}{C_{i2} + C_{i1}} \tag{2-12}$$

由式（2-12）可见，只要设法使 I_2+I_1 维持恒定，即可使差动电流 I_i 与差动电容的相对变化值呈线性关系。

3）振荡控制放大器

振荡控制放大器由 A_1 和基准电压源组成，A_1 与振荡器、解调器连接，构成深度负反馈控制电路。

振荡控制放大器的作用是保证共模电流 $I_c = I_2 + I_1$ 为常数。

由图 2.11 可知，A_1 的输入端接收两个电压信号 U_{i1} 和 U_{i2}，U_{i1} 是基准电压 U_R 在 R_9 和 R_8 上的压降；U_{i2} 是 I_2+I_1 在并联电阻 R_6 与 R_8 和并联电阻 R_7 与 R_9 上的压降。将这两个电压信号之差送入 A_1，经放大得到 U_{o1}，去控制振荡器。

当 A_1 为理想运算放大器时，有：

$$U_{i1} = U_{i2} \tag{2-13}$$

由电路分析可知，这两个电压信号分别为：

$$U_{i1} = \frac{U_R}{R_6+R_8} \times R_8 - \frac{U_R}{R_7+R_9} \times R_9 \tag{2-14}$$

$$U_{i2} = \frac{R_6 R_8}{R_6+R_8} I_1 + \frac{R_7 R_9}{R_7+R_9} I_2 \tag{2-15}$$

因为 $R_6=R_9$，$R_7=R_8$，故式（2-14）、式（2-15）可分别简化为：

$$U_{i1} = \frac{R_8 - R_9}{R_6+R_8} U_R \tag{2-16}$$

$$U_{i2} = \frac{R_6 R_8}{R_6+R_8}(I_1+I_2) \tag{2-17}$$

将 U_{i1}、U_{i2} 代入式（2-13）可求得：

$$I_1 + I_2 = \frac{R_8 - R_9}{R_6 R_8} U_R \tag{2-18}$$

式（2-18）中 $R_6 = R_9 = 10\ \text{k}\Omega$，$R_8 = 60.4\ \text{k}\Omega$，$U_R = 3.2\ \text{V}$，均恒定不变，则 $I_1 + I_2 \approx 0.267\ \text{mA}$，为一常数。

设 $K_3 = \dfrac{R_8 - R_9}{R_6 R_8} U_R$，再将式（2-18）代入式（2-12）得：

$$I_i = I_2 - I_1 = K_3 \frac{C_{i2} - C_{i1}}{C_{i2} + C_{i1}} \tag{2-19}$$

假定 $I_1 + I_2$ 增加，使 $U_{i1} > U_{i2}$，则 A_1 的输出 U_{o1} 减小（U_{o1} 是以 A_1 的电源正极为基准的），从而使振荡器的振荡幅值减小，变压器 T_1 输出电压幅值减小，直至 $I_1 + I_2$ 恢复到原来的数值。显然，这是一个负反馈的自动调节过程，最终使 $I_1 + I_2$ 保持不变。

式（2-19）表明，转换电路输出的差动电流与差动电容相对变化值呈线性关系。

4）线性调整电路

由于差动电容检测元件中有分布电容 C_0 的存在，故差动电容的相对变化量变为：

$$\frac{(C_{i2} + C_0) - (C_{i1} + C_0)}{(C_{i2} + C_0) + (C_{i1} + C_0)} = \frac{C_{i2} - C_{i1}}{C_{i2} + C_{i1} + 2C_0} \tag{2-20}$$

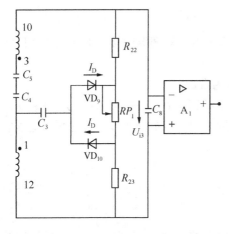

图 2.12 线性调整电路

由式（2-20）可知，在相同输入差压 ΔP_i 的作用下，分布电容 C_0 将使差动电容的相对变化量减小，使 $I_i = I_2 - I_1$ 减小，从而给变送器带来非线性误差。

为了克服这一误差，保证仪表精度，在电路中设置了线性调整电路。

非线性因素的总体影响是使输出呈现饱和特性，所以，随着差压的增加，该电路采用提高振荡器输出电压幅度、增大解调器输出电流的方法，来补偿分布电容所产生的非线性。线性调整电路如图 2.12 所示。

绕组 3-10 和绕组 1-12 输出的高频电压经 VD_9、VD_{10} 进行半波整流，电流 I_D 在 R_{22}、RP_1、R_{23} 上形成直流压降，经 C_8 滤波后得到线性调整电压 U_{i3}。

$$U_{i3} = I_D(R_{22} + RP_1) - I_D R_{23} = I_D(RP_1 + R_{23}) - I_D R_{22} \tag{2-21}$$

因为 $R_{22} = R_{23}$，所以有：

$$U_{i3} = I_D RP_1 \tag{2-22}$$

由式（2-22）可见，线性调整电压 U_{i3} 的大小通过调整电位器 RP_1 的阻值来决定。当 $RP_1 = 0$ 时，$U_{i3} = 0$，无补偿作用；当 $RP_1 \neq 0$ 时，$U_{i3} \neq 0$（U_{i3} 的方向如图 2.12 所示）。该调整电压 U_{i3} 作用于 A_1 的输入端，使 A_1 的输出电压降低，振荡器供电电压 U_{o1} 增加，从而使振荡器振荡幅度增大，提高了差动电流 I_i，这样就补偿了分布电容所造成的误差。

3. 放大电路

放大和输出限制电路如图 2.13 所示。放大电路主要由集成运算放大器 A_3 和晶体管 VT_3、

VT$_4$ 等组成。A$_3$ 为前置放大器；VT$_3$、VT$_4$ 组成复合管功率放大器，将 A$_3$ 的输出电压转换成变送器的输出电流 I_o。电阻 R$_{31}$、R$_{33}$、R$_{34}$ 和电位器 RP$_3$ 组成反馈电阻网络，输出电流 I_o 经这一网络分流，得到反馈电流 I_f，I_f 被送至放大器输入端，构成深度负反馈，从而保证输出电流 I_o 与输入差动电流 I_i 之间为线性关系。调整 RP$_3$ 电位器，可以调整反馈电流 I_f 的大小，从而调整变送器的量程。

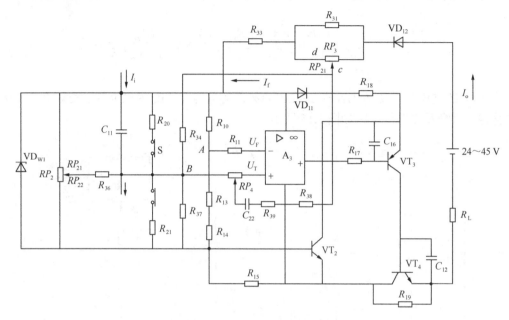

图 2.13　放大和输出限制电路

电路中 RP$_2$ 为零点调整电位器，用于调整输出零点，S 为正、负迁移调整开关。用 S 接通 R$_{20}$ 或 R$_{21}$，实现变送器的正向或负向迁移。

放大电路的作用是将转换电路输出的差动电流 I_i 放大，并转换成 4～20 mA 的直流输出电流 I_o。

现对放大电路的输出电流 I_o 与输入差动电流 I_i 的关系做进一步的分析。

由图 2.13 可知，A$_3$ 反相输入端电压 U_F 是 VD$_{W1}$ 稳定电压 U_{VW1} 通过 R$_{10}$、R$_{13}$、R$_{14}$ 分压值 U_A 与晶体管 VT$_2$ 发射极正向压降 U_{be2} 之和，即：

$$U_F = U_A + U_{be2} = \frac{R_{13} + R_{14}}{R_{10} + R_{13} + R_{14}} U_{VW1} + U_{be2} = \frac{10 + 30}{10 + 10 + 30} \times 6.4 + 0.7 = 5.82 \text{（V）}$$

式中，U_{VW1}——稳压二极管 VD$_{W1}$ 的稳压值，实际值为 6.4 V；

U_A——相对 U_{VW1} 负极对 A 点电压，该电压处于 A$_3$ 的共模输入电压范围之内，从而保证了集成运算放大器的正常工作。

A$_3$ 同相输入端电压 U_T 是 B 点电压 U_B 与 U_{be2} 之和，U_B 由 3 个信号叠加而成，即：

$$U_B = U_i + U_z + U_f \tag{2-23}$$

式中，U_B——相对 U_{VW1} 负极对 B 点电压；

U_i——解调器输出差动电流 I_i 在 B 点产生的电压；

U_z——调零电路在 B 点产生的调零电压；

U_f——负反馈电路的反馈电流 I_f 在 A 点产生的电压。

在求取 U_i 电压时，设 R_i 为并在 C_{11} 两端的等效电阻（见图 2.11），则有：

$$U_i = -I_i R_i \qquad (2\text{-}24)$$

式中 U_i 为负值，因此 C_{11} 上的压降为上正下负，即 B 点电压随 I_i 的增加而降低。

在求取 U_z 电压时，设 R_z 为计算 U_z 在 B 点处的等效电阻，其调零等效电路如图 2.14 所示。

$$U_z = U_{VW1} \times \frac{(RP_{21}+RP_{22})+(R_{36}+R_z)}{(RP_{21}+RP_{22})(R_{36}+R_z)} \times \frac{RP_{22}}{RP_{22}+R_{36}+R_z} \times R_z \qquad (2\text{-}25)$$
$$= \alpha U_{VW1}$$

在求取 U_f 电压时，设 R_f 为计算 U_f 在 B 点处的等效电阻，R_d 为电位器滑动触点 c 和 d 之间的电阻，其负反馈等效电路如图 2.15 所示。

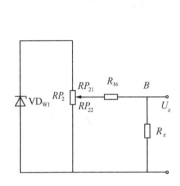

图 2.14　调零等效电路

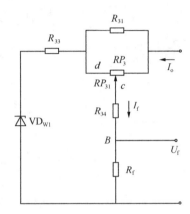

图 2.15　负反馈等效电路

根据三角形-星形变换方法可求得：

$$R_d = \frac{RP_{31}R_{31}}{RP_{31}+R_{31}}$$

由于 $R_{34}+R_f \gg R_d+R_{33}$，可近似地求得反馈电流 I_f 为：

$$I_f = \frac{R_d+R_{33}}{R_{34}+R_f} I_o$$

设

$$\beta = \frac{R_{34}+R_f}{R_{33}+R_d}$$

所以有：

$$U_f = R_f I_f = R_f \frac{R_{33}+R_d}{R_{34}+R_f} I_o = \frac{R_f}{\beta} I_o \qquad (2\text{-}26)$$

当 A_3 为理想运算放大器时，$U_T = U_F$（即 $U_A = U_B$），则有：

$$U_A = U_i + U_z + U_f \qquad (2\text{-}27)$$

将 U_i、U_z、U_f 代入式（2-27），得：

$$I_o = \frac{\beta R_i}{R_f} I_i + \frac{\beta}{R_f}(U_A - \alpha U_{VW1}) \qquad (2\text{-}28)$$

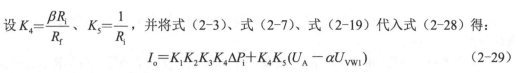

设 $K_4 = \dfrac{\beta R_i}{R_f}$、$K_5 = \dfrac{1}{R_i}$，并将式（2-3）、式（2-7）、式（2-19）代入式（2-28）得：

$$I_o = K_1 K_2 K_3 K_4 \Delta P_i + K_4 K_5 (U_A - \alpha U_{VW1}) \tag{2-29}$$

由式（2-29）可得出以下结论。

（1）变送器的输出电流 I_o 与输入差压 ΔP_i 呈线性关系。

（2）$K_4 K_5 (U_A - \alpha U_{VW1})$ 为调零项，在输入差压为下限值时，调整该项使变送器输出电流为 4 mA；改变 α 值可通过调整 RP$_2$ 电位器和 S 接通 R$_{20}$ 或 R$_{21}$ 来实现；当 R$_{20}$ 接通时，α 增大，则输入差压 ΔP_i 增大（保证输出电流 I_o 不变），从而实现正向迁移；当 R$_{21}$ 接通时，α 减小，则输入差压 ΔP_i 减小，从而实现负向迁移。

（3）$K_4 = \dfrac{\beta R_i}{R_f}$，改变 β 值，可改变变送器量程，通过调整电位器 RP$_3$ 来实现。

（4）调整 RP$_3$（改变 β 值），不仅调整了变送器的量程，而且影响了变送器的零位信号。同理，调整 RP$_2$，不仅改变了变送器的零位，而且影响了变送器的满度输出，但量程不变。因此，在仪表调校时要反复调整零点和满度，直至都满足要求为止。

4. 其他电路

（1）输出限制电路。输出限制电路如图 2.16 所示。

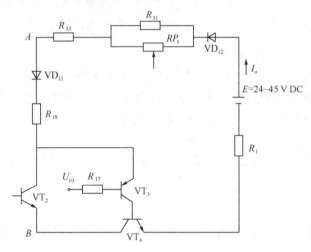

图 2.16　输出限制电路

输出限制电路的作用是防止输出电流过大，损坏变送器的元器件。当变送器正向压力过载或因其他原因造成输出电流超过允许值时，电阻 R$_{18}$ 上的压降加大，因为 U_{AB} 恒定为 7.1 V 左右，迫使晶体管 VT$_2$ 的 U_{ce2} 下降，使其工作在饱和区，所以流经 VT$_2$ 的电流减小；同时晶体管 VT$_3$、VT$_4$ 失去放大作用，从而使流过 VT$_4$ 的电流受到限制。

输出限制电路可保证变送器过载时输出电流不大于 30 mA。

（2）阻尼电路。R$_{38}$、R$_{39}$、C$_{22}$ 和 RP$_4$ 等组成阻尼电路，用于抑制变送器输出因被测差压变化所引起的波动。RP$_4$ 为阻尼时间常数调整电位器，调节 RP$_4$，可改变动态反馈量，阻尼调节范围为 $0.2 \sim 1.67$ s。

（3）反向保护电路。VD$_{W2}$ 除起稳压作用外，当电源反接时，它还提供反向通路，以防元器件损坏。VD_{12}用于在指示仪表未接通时为输出电流提供通路，同时当电源接反时，起反向保护作用。

（4）温度补偿电路。R_1、R_4、R_5和热敏电阻R_2用于量程温度补偿；R_{27}、R_{28}、热敏电阻R_{26}用于零点温度补偿。

2.2.2　差压变送器的选用、安装和维护

1. 差压变送器的选用

选用差压变送器时，一般应考虑量程（或测量范围）、工作压力、防爆等级、防腐与安装要求等因素。下面就如何按精度要求、介质性质、测得范围与工作压力等进行差压变送器选型展开介绍。

1）按测量精度要求选型

① 对于一般性介质，在测量精度要求不高且气源方便的场合，可选用气动差压变送器。

② 对于测量精度要求较高、环境温度变化较大的场合，宜选用矢量机构式电动型差压变送器。

③ 对于测量精度要求很高，且采用可编程控制器或集散控制系统的控制装置，则可选用测量精度高、故障率低的电容式或电感式、扩散硅式、振弦式差压变送器。

2）按测量范围与工作压力选型

差压变送器的型号应根据工艺上要求测量的量程及工艺设备或管道内工作压力来确定。

① 变送器实际测量的量程应大于或等于仪表本身所能测量的最小量程，而小于或等于仪表本身所能测量的最大量程。变送器进行零点迁移后，实际测量的正、负极限值应小于或等于仪表本身所能测量的最高量程的上限值。

② 变送器应用场合的实际工作压力（即静态工作压力）应小于或等于变送器所能承受的额定工作压力。

3）按被测介质性质选型

① 对于被测介质黏度大，易结晶、沉淀或聚合引起堵塞的场合，宜采用单平法兰式差压变送器，如图 2.17 所示。

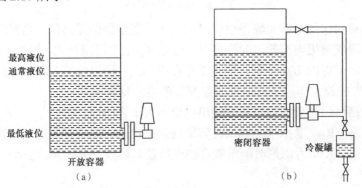

图 2.17　单平法兰式差压变送器测量液位

② 当被测介质有大量沉淀或结晶析出，致使容器壁上有较厚的结晶或沉淀时，宜采用单插入式法兰差压变送器，如图2.18（a）所示；当上部容器壁和下部一样，也有较厚的结晶层时，常用双插入式法兰差压变送器，如图2.18（b）所示。

③ 当被测介质腐蚀性较强而负压室又无法选用合适的隔离液时，可选用双平法兰式差压变送器，如图2.18（c）所示。

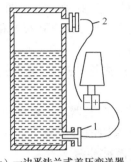 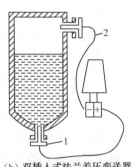 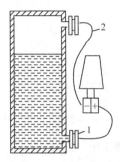

（a）一边平法兰式差压变送器，　　（b）双插入式法兰差压变送器　　（c）双平法兰式差压变送器
一边插入式法兰差压变送器

1—法兰式测量头；2—毛细管

图2.18　双法兰式差压变送器测量液位

动画：差压变送器的安装

2. 差压变送器的安装

差压变送器与差压源之间导压管的长度应尽可能短，一般在3～50 m 范围内，其内径不宜小于8 mm；导压管应保持有不小于1∶10的倾斜度，即水平方向敷设10 m 时，其两端高度差不小于1 m。导压管的坡向应满足：当被测介质为气体时，应能使气体中的冷凝液自动顺着导压管流回工艺管道或设备中去，因此，变送器安装位置最好高于取压源。若在实际安装中做不到这一点，则应在导压管路的最低点装设液体收集器和排液阀门。当被测介质为液体时，应能使液体中析出的气体自动顺着导压管流回工艺管道或设备中去，因此变送器安装位置最好低于取压源，否则应在导压管路的最高点装设气体收集器和放气阀门。总之，导压管的坡度和坡向均要保证在导压管和差压变送器中只有单相介质（气相或液相）存在，以保证测量的稳定性，防止产生附加误差。

当被测介质为蒸气时，在导压管路中应安装冷凝容器，以防差压变送器因高温蒸气进入而损坏。冷凝器的安装位置应保证两根导压管中的冷凝液液位长期保持在同一水平面上。从冷凝容器至变送器的导压管路，应按被测介质为液体时的要求敷设。

对于有腐蚀性的介质，在导压管路中应安装相应的隔离设备，以防差压变送器被腐蚀。在被测介质黏度很大、容易沉淀或结晶、气/液相转换温度低、易聚合等情况下，也应采取相应的隔离设备，以防导压管被堵塞。

3. 差压变送器的使用注意事项

使用差压变送器时要注意以下3点。

（1）差压变送器在使用前必须对其测量范围、零点漂移量、精度、静压误差等进行复校。

（2）变送器安装后，开车之前还需检查一次变送器的工作压力、工作温度、测量范围、零点漂移量等，看是否和实际情况相符，若有不符之处，则必须查明原因并纠正后才能开车。

（3）开启和停用差压变送器时，应避免仪表承受单向静压。

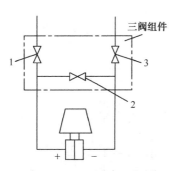

1—高压阀；2—平衡阀；3—低压阀

图 2.19　三阀组件

为了避免使用时单向受压，每台差压变送器应附带一套三阀组件，通常把它安装在差压变送器的上方，如图 2.19 所示。其中阀 1 和阀 3 分别为高压阀和低压阀，阀 2 为平衡阀。阀 2 在开表和停表时可以保护差压变送器，便于调零。

在开启差压变送器时，应先开阀 2，再开阀 1 和阀 3，当阀 1 和阀 3 全开后，再关闭阀 2。

在停用差压变送器时，也应先打开阀 2，再分别关闭阀 1 和阀 3。

按以上顺序开启或停用差压变送器，可以避免差压变送器承受单向静压而过载；对于有冷凝液或隔离液的差压变送器，也可以避免冷凝液或隔离液被冲跑。

实训 1　差压变送器的认识与校验

1．实训目标

（1）了解各种差压变送器的外形、结构和信号输入、输出的位置。
（2）掌握差压变送器校验的方法。

2．实训装置（准备）

（1）压力发生装置 1 套。
（2）直流稳压电源 1 台（0～30 V DC）。
（3）电容式差压变送器 1 台（若有其他压力、差压变送器也可展示）。
（4）数字电压表 1 块。
（5）标准电阻箱 1 台。
（6）导线若干，钳子、螺钉旋具各 1 把。

3．实训内容

（1）认识差压变送器结构，熟悉各调节螺钉的位置和用途。
（2）调整仪表的零点和量程。
（3）仪表的精度校验。
（4）进行零点迁移调整。
（5）量程调整。

4．实训步骤

（1）认识压力（差压）变送器。仔细观察各种压力（差压）变送器的外形、铭牌，学会从外部辨认仪表的类型。查找各变送器输入、输出信号的位置。打开仪表外壳，大体认识内部结构，找到调零点和调量程的挡位和调整螺钉。

（2）调校接线。电容式差压变送器校验接线图如图 2.20 所示。

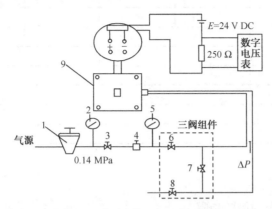

1—过滤器；2、5—标准压力表；3—截止阀；4—气动定值器；6—高压阀；7—平衡阀；8—低压阀；9—被校变送器

图 2.20　电容式差压变送器校验接线图

（3）调校。接线后通电，打开气源，进行零点和量程的调整。

① 关闭阀 6，打开阀 7 和阀 8，使正、负压测量室都通大气，差压信号为零时，调整零点螺钉，使电压表读数为（1.000±0.004）V DC。

② 关闭阀 7，打开阀 6，用气动定值器加压至仪表测量上限，调整量程螺钉，使电压表读数为（5.000±0.004）V DC。

注意： 在差压不变时，零点和量程螺钉均为顺时针旋转输出增大，逆时针旋转输出减小。反复调整零点和量程，直到合格为止。

③ 精度校验。将差压测量范围平分为 5 点，进行刻度校验。先做正行程，后做反行程，并记录检验结果。

④ 零点迁移调整。加输入下限差压（迁移量），调整零点螺钉使电压表读数为（1.000±0.004）V DC；加输入上限差压，调整量程螺钉使电压表读数为（5.000±0.004）V DC。逐点校验，并记录检验结果。

⑤ 改变量程。调整零点，取消原有正、负迁移量，输入差压为零，调整零点螺钉，使输出电压为（1±0.004）V DC。

调整量程到需要值，若量程缩小，则当输入差压 ΔP 为零时，顺时针转动量程螺钉，使输出电压为：$\dfrac{原有量程}{所需量程}\times 1\,\text{V}$；若量程增大，则当输入差压为原有量程时，逆时针转动量程螺钉，使输出电压为：$\dfrac{原有量程}{所需量程}\times 5\,\text{V}$。

复校零点和量程，最后进行零点漂移调整。

5. 数据处理

将校验数据填入表 2.1，根据校验数据，计算基本误差和变差。

表 2.1　精度校验数据记录表

输入差压	0	25%	50%	75%	100%
标准输出电压/V	1	2	3	4	5
上行输出电压/V					
上行误差/V					
下行输出电压/V					
下行误差/V					
基本误差/%					
变差/%					
精度					

6. 实训报告

（1）写出差压变送器的校验步骤。

（2）根据校验的数据，判断被校表的精度是否达到规定精度值。若未达到规定精度值，则分析其原因。

2.3　其他差压变送器

下面介绍几种其他结构的差压变送器。

2.3.1　扩散硅式差压变送器

扩散硅式差压变送器也是微位移式两线制差压变送器。它采用硅杯压阻传感器作为检测元件，由于单晶硅材质纯净、功耗小、滞后和渐变极小、机械稳定性好、体积小、质量小、结构简单和精度高，且传感器的制造工艺与硅集成电路工艺有很好的兼容性，所以以扩散硅压阻传感器作为检测元件的变送器得到了越来越广泛的使用。

扩散硅式差压变送器由测量部件和放大电路两部分组成。

1. 测量部件

测量部件的结构如图 2.21 所示。

测量部件由正、负压导压口，隔离膜片，硅杯，支座，玻璃密封，引线等组成。硅杯是敏感元件，由两片研磨后的硅应变片胶合而成，按平衡电桥四个臂的要求对称分布，既是弹性元件，又是检测元件。当硅杯受压时，在压阻效应的作用下，扩散电阻（应变电阻）阻值发生变化，使检测桥路失去平衡，产生不平衡电压输出。

硅杯两面浸在硅油中，硅油和被测介质之间用金属隔

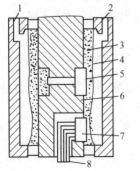

1—负压导压口；2—正压导压口；3—硅油；
4—隔离膜片；5—硅杯；6—支座；
7—玻璃密封；8—引线

图 2.21　测量部件的结构

离膜片分开。硅杯上各应变电阻通过金属丝连接到印制电路板上，再穿过玻璃密封部分引出。当被测差压ΔP_i作用于测量室内隔离膜片上时，隔离膜片通过硅油将压力传递给硅杯压阻传感器，于是电桥就有电压信号输出到放大器。

2. 电路原理

扩散硅式差压变送器的电路原理图如图 2.22 所示。

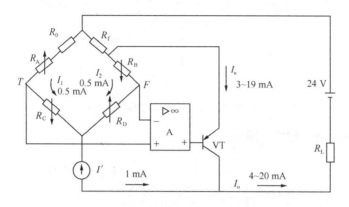

图 2.22 扩散硅式差压变送器电路原理图

图 2.22 中 I' 是不平衡电桥供电恒流源，$I' = 1$ mA；I_1、I_2 分别为两个桥臂电流，$I_1 = I_2 = 0.5$ mA；R_A、R_B、R_C、R_D 为应变电阻，当 $\Delta P_i = 0$ 时，$R_A = R_B = R_C = R_D$；R_0 为零点调整电阻；R_f 为量程调整电阻。

当变送器输入差压信号 ΔP_i 时，硅杯受压，R_A、R_D 的阻值增加 ΔR，而 R_B、R_C 的阻值减小 ΔR，此时 T 点电位降低，而 F 点电位升高，于是电桥失去平衡而有电压输出。该信号经运算放大器 A 和晶体管进行电压和功率放大后使输出电流 I_0 增加。在差压变化的量程范围内，晶体管 VT 的发射极电流 I_e 为 3～19 mA，所以整机输出电流 I_0 为 4～20 mA。

2.3.2 振弦式差压变送器

振弦式差压变送器的基本原理是将压力或差压的变化转换成振弦张力的变化，从而使振弦的固有谐振频率变化，并通过振弦去改变谐振电路的谐振频率。检测出这个电信号的频率就检测到了差压的大小。实际使用中可以将这个频率直接输出，也可以变换成电流输出。

1. 检测器的结构

如图 2.23 所示为振弦式差压变送器的检测器结构示意图。

图 2.23 中，振弦被拉紧在永久磁铁（S、N）产生的磁场中。振弦的右端与受压元件连接，接点可随受压元件移动并经受压元件接地。左端是固定的，但与振荡电路连接。因此，振荡电路的输出电流 i 可经振弦到地形成闭合回路。

图 2.23 中，受压元件为膜片，在实际使用中，也有采用膜盒、波纹管和螺旋波登管的。

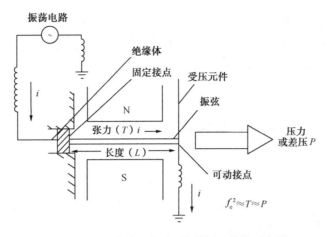

图 2.23　振弦式差压变送器的检测器结构示意图

图 2.24 所示为膜盒型检测器断面图。

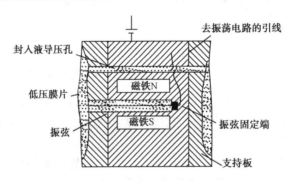

图 2.24　膜盒型检测器断面图

图 2.24 中，振弦被张紧在膜盒中部，高压侧和低压侧膜片都分别封入填充液，并由导压孔传递压力。振弦的可动端在低压侧，当差压或压力作用于高压侧膜片时，经过填充液传递压力，将低压膜片向外压去，使振弦受到张力。

2. 信号变换过程

如图 2.25 所示为压力或差压变换成电振荡频率，再转变成电流的过程。

（1）压力或差压变换成张力。图 2.23 已经表明，压力或差压经受压元件变换成图示箭头方向的集中力，显然，这个力与压力或差压成正比。由于振弦的一端固定，另一端焊在受压元件上，因此振弦上就受到一个张力，其大小等于受压元件变换来的集中力。

设张力为 T，压力或差压为 P，则有：

$$P \propto T \tag{2-30}$$

（2）张力变换成机械谐振频率。振弦的机械谐振频率（f_m）与张力（T）之间有如下关系：

$$f_m = \frac{1}{2L} \sqrt{\frac{T}{M}} \tag{2-31}$$

式中，L——振弦长度；

　　　M——振弦质量。

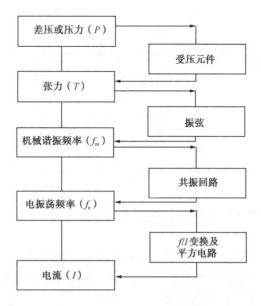

图 2.25 差压式压力→电流变换过程

设振弦受张力时长度 L 及质量 M 并不变化，所以有：

$$f_m \propto \sqrt{T} \text{ 或 } f_m^2 \propto T$$

据式（2-30）可得振弦的机械谐振频率（f_m）和压力（或差压）之间的关系为：

$$f_m^2 \propto P \tag{2-32}$$

（3）机械固有谐振频率变换成电振荡频率 f_e。由图 2.23 可知，振弦上流过的电流是来自振荡器的交变电流，而振弦又置于永久磁铁形成的磁场中，于是振弦上就受到一个始终与磁场方向垂直的交变力作用，所以振弦就以电流频率振动。当振荡器电流的频率与振弦机械固有谐振频率相等时，振弦处于共振状态。当压力或差压变化引起张力变化时，振弦的机械固有谐振频率变化，从而使振弦的振动脱离共振状态。因为振弦也是振荡电路的一部分，因此通过反馈就会使电振荡频率随之变化，以保持振弦处于共振状态，即：

$$f_m = f_e \tag{2-33}$$
$$f_e^2 \propto P \tag{2-34}$$

可见，f_e 反映了压力或差压的大小，从而实现了压力或差压→电信号的转换。f_e 为检测器的输出。

（4）频率转换成电流。如图 2.26 所示为频率→电流变换原理。

由振荡器输出的频率信号被送到脉冲整形电路，形成两个相位相反的频率信号，分别加到两级频率变换电路（f/I 及 $f \cdot I/V$），f/I 的输出与频率成正比，这个输出又加到下一级频率变换电路 $f \cdot I/V$，使其成为平方变换电路，所以第二级频率变换电路的电压输出与频率的平方成正比例。这个电压经 V/I 变换电路，以 4～20 mA 或 10～50 mA 的电流输出。

于是有：

$$P \propto T \propto f_m^2 = f_e^2 \propto I \tag{2-35}$$
$$P \propto I \tag{2-36}$$

可见，经过如图 2.25 所示的一系列变换，得到的振弦式差压变送器的输出电流（I）与输入压力或差压成正比。

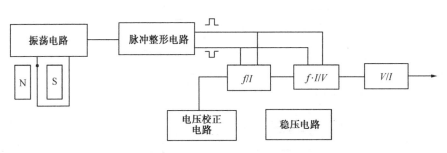

图 2.26　频率→电流变换原理

2.3.3　DELTAPI K 系列电感式变送器

DELTAPI K 系列（下称 K 系列）电感式变送器是由英国肯特公司使用先进的测量技术设计而成的。它以单元组合方式用于过程控制系统中，能在各种危险或恶劣的工业环境中，为差压、压力、流量、液位和料位提供精确可靠的测量。

K 系列电感式变送器采用统一的 4～20 mA DC 标准输出信号，在系统中以两线制传输，兼容所有两线制仪表。该变送器采用现场安装方式，在设计中考虑了安全火花防爆和防腐等特殊要求。K 系列电感式变送器的品种规格齐全，基本上满足了工业过程检测和控制的要求。

1.　特点

K 系列电感式变送器与 DDZ-Ⅲ型变送器相比较具有如下优点。

（1）采用微位移式电平衡工作原理，没有机械传动、转换部分。

（2）外形美观，结构小巧，质量小。

（3）调整方便，零点、满量程、阻尼均在仪表外部调整，且调整零点和满量程时互不影响。

（4）具有独特的电感检测元件，敏感检测元件所在的测量头部分采用全焊接密封结构；计算机进行温度、压力补偿，不需要调整静压误差。

（5）除测量头部分外，零部件通用性高，均可互换。

（6）调整、维修方便。

（7）各项技术指标多数优于 DDZ-Ⅲ型变送器（如精度为 0.25%，平均无故障时间≥15 年）。

2.　工作原理

整机是由敏感元件（膜盒）、放大器、显示表头、外壳和测量室等几大部分组成的。

（1）测量部分。测量部分如图 2.27 所示，主要由膜盒、敏感膜片、固定电磁电路、隔离膜片、灌充液、过程连接口等构成。

被检测的工业过程流体（液体、气体或蒸气）的压力或差压通过膜盒的隔离膜片和灌充液（硅油）传递到中心敏感膜片上，从而使中心敏感膜片变形，产生位移，其位移的大小与过程压力或差压成正比，中心敏感膜片的中央部位装有铁淦氧磁片，与两侧固定的电磁电路组成一个差动变压器。差动变压器电感量的变化与中心敏感膜片的位移量成正比，从而实现了将压力或差压变化转换成电参数（电感量）变化的目的。

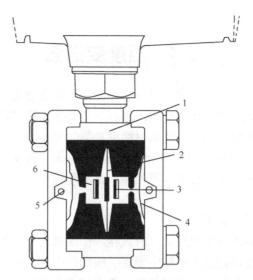

1—膜盒；2—敏感膜片；3—固定电磁电路；4—隔离膜片；5—过程连接口；6—灌充液

图 2.27 敏感膜片固定电磁电路隔离膜片

（2）结构组成。K 系列电感式变送器的组成部件如图 2.28 所示。

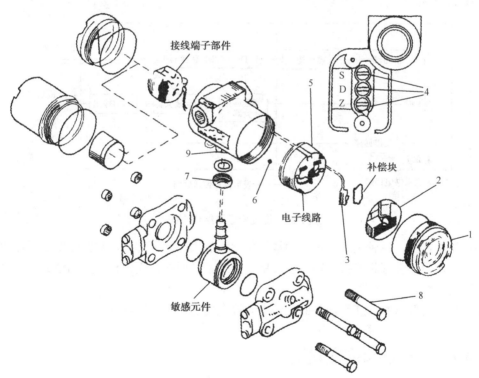

1—盖；2—放大器盒盖；3—敏感元件输出电缆及插头；4—零点、阻尼、量程调节螺钉；

5—放大器；6—定位螺钉；7—外壳锁紧螺母；8—容室紧固螺栓；9—外壳

图 2.28 K 系列电感式变送器的组成部件

2.4 温度变送器

温度变送器是一种信号转换仪表，可以与测温元件配合使用，把温度或温差信号转换成统一标准信号输出；还可以把其他能够转换成直流毫伏信号的工艺参数也变成相应的统一标准信号输出，实现对温度参数的显示、记录及自动控制。

按连接方式不同，温度变送器可分为两线制和四线制。DDZ-Ⅲ型温度变送器是四线制温度变送器，属于控制室内架装仪表，有三类：直流毫伏变送器、热电偶温度变送器、热电阻温度变送器。

四线制温度变送器具有如下特点。

（1）采用低漂移、高增益的集成运算放大器，使仪表的可靠性和稳定性有所提高。

（2）在热电偶和热电阻温度变送器中设置了线性化电路，从而使变送器的输出信号和被测温度之间为线性关系，提高了变送器精度，并方便指示和记录。

（3）线路中采用了安全火花防爆措施，增加了直流/交流/直流（DC/AC/DC）转换器部分，兼有安全栅的功能，所以能测量来自危险场所的直流毫伏信号或温度信号。温度变送器结构框图如图2.29所示。

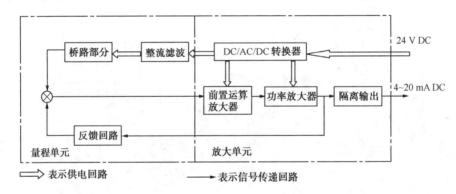

图 2.29 温度变送器结构框图

在线路结构上，三种变送器都分为量程单元和放大单元两部分。它们分别设置在两块印制电路板上，用插件互相连接，其中放大单元是三者通用的，而量程单元则随品种、测量范围的不同而不同。

在过程控制领域中，使用最多的是热电偶温度变送器和热电阻温度变送器。

2.4.1 热电偶温度变送器

热电偶温度变送器与热电偶配合使用，可以把温度信号转换为4~20 mA、1~5 V的标准信号。它由量程单元和放大单元两部分组成，如图2.30所示。

热电偶温度与毫伏信号间是非线性关系，为了保证输入温度T与整机输出I_o或U_o间的线性关系，热电偶温度变送器采用了非线性负反馈回路来实现。

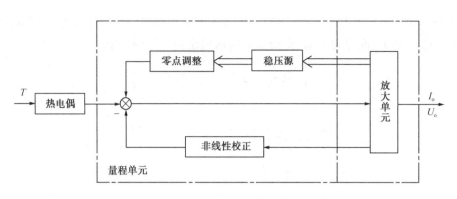

图 2.30　热电偶温度变送器构成框图

1. 放大单元

热电偶温度变送器的放大单元包括放大器和 DC/AC/DC 转换器两部分，放大器由集成运算放大器、功率放大器、隔离输出和隔离反馈电路组成，后者由变换器和整流、滤波、稳压电路组成。放大单元的作用是将量程单元送来的毫伏信号进行电压放大和功率放大，输出统一的直流电流信号 I_o（4～20 mA）或直流电压信号 U_o（1～5 V）。同时，输出电流又经隔离反馈转换成反馈电压信号 U_f，送至量程单元。

（1）电压放大电路。由于来自量程单元的输入信号很微小，放大电路采用直接耦合方式，因此需要对运算放大器的温度漂移加以限制，故采用低漂移型高增益运算放大器。

（2）功率放大器。功率放大器起着放大和调制的作用。它把运算放大器输出的电压信号转换成具有一定带负载能力的电流信号，同时，把该直流电流调制成交流信号，通过 1∶1 的隔离变压器实现隔离输出。

功率放大器电路如图 2.31 所示，由复合管 VT_{a1}、VT_{a2} 及射极电阻 R_{a2}、隔离变压器 T_o 等组成。

功率放大器由 DC/AC/DC 转换器输出方波电压供电，在方波电压的正半个周期（其极性如图 2.31 所示），二极管 VD_a 导通，VD_b 截止，由输入信号产生电流 i_a；当方波电压的极性为与图示相反的负半周期时，二极管 VD_b 导通，VD_a 截止，从而产生电流 i_b。由于在方波电压的一个周期内，i_a、i_b 轮流通过隔离变压器 T_o 的两个（也称一次侧）绕组，于是在铁芯中产生交变磁通，这个交变磁通使 T_o 的副边（也称二次侧）绕组中产生交变电流 i_L，从而实现了隔离输出。

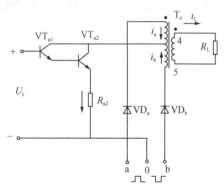

图 2.31　功率放大器电路

为了提高输入阻抗及减小线性集成电路的功耗，采用了复合管。引入射极电阻 R_{a2} 是为了稳定功率放大器的工作状态。

（3）隔离输出与隔离反馈。为了避免输出与输入之间有电的直接联系，在功率放大器与输出回路之间以及输出回路与反馈回路之间，采用隔离变压器 T_o 和 T_f 来传递信号。

隔离输出与隔离反馈部分原理图如图 2.32 所示。T_o 的副边电流 i_L，经过桥式整流和 R_{o1}、C_o 组成的阻容滤波电路滤波，得到 4～20 mA 的直流输出电流 I_o，I_o 在 R_{o2}（阻值为 250 Ω）

上的压降 1～5 V DC 为输出电压 U_o。稳压管 VD_{wo} 的作用在于当电流输出回路断线时，输出电流 I_o 可以通过 VD_{wo} 而流向 R_{o2}，从而保证电压输出信号不受影响。

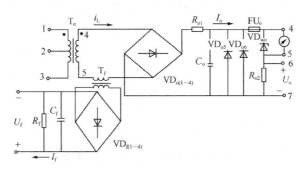

图 2.32　隔离输出与隔离反馈部分原理图

反馈隔离变压器 T_f 的原边与 T_o 的副边串联在一起，电流 i_L 流经 T_f 转换成副边的交变电流，再经过桥式整流、电容滤波而成为反馈电流信号 I_f，I_f 又经 R_f 转换成反馈电压 U_f。由于 T_f 原、副边绕组匝数相等，所以，I_f 和 I_o 相等，亦为 4～20 mA。若 $R_{o2}=250\ \Omega$，$R_f=50\ \Omega$，则 $U_o=5U_f$。

反馈电压经量程单元送到运算放大器的输入端，使整机形成闭环负反馈。

（4）直流/交流/直流（DC/AC/DC）转换器。DC/AC/DC 转换器用来对仪表进行隔离式供电。该转换器在 DDZ-Ⅲ 型仪表中是一种通用部件，除了温度变送器，也用于安全栅。DC/AC 转换器是 DC/AC/DC 转换器的核心部分。由 VT_{s1}、VT_{s2}、R_{s1}～R_{s5} 和变压器 T_s 构成的 DC/AC 转换电路如图 2.33 左半边所示，实质上是一个磁耦合对称推挽式多谐振荡器。它把 24 V 直流电压转换成一定频率（4 kHz）的交流方波电压，再经过整流、滤波和稳压后，提供直流电压。在温度变送器中，它既为功率放大器提供方波电源，又为运算放大器和量程单元提供直流电源。

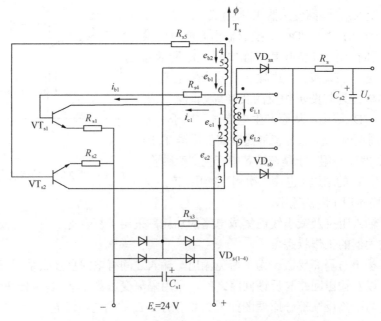

图 2.33　直流/交流/直流转换器原理图

图 2.33 中晶体管 VT_{s1}、VT_{s2} 起开关作用，R_{s1}、R_{s2} 为射极电阻，用来稳定两只晶体管的工作点；电阻 R_{s3}、R_{s4} 和 R_{s5} 为基极偏流电阻，R_{s3} 的阻值应选合适，太大会影响起振，太小则会使基极损耗增加。二极管 $VD_{s(1\sim4)}$ 主要功能是保护晶体管 VT_{s1}、VT_{s2} 的发射极不会因电源接反而被击穿。

2. 量程单元

热电偶温度变送器的量程单元原理图如图 2.34 所示，它由信号输入回路①、零点调整及冷端补偿回路②，以及非线性反馈回路③等部分组成。

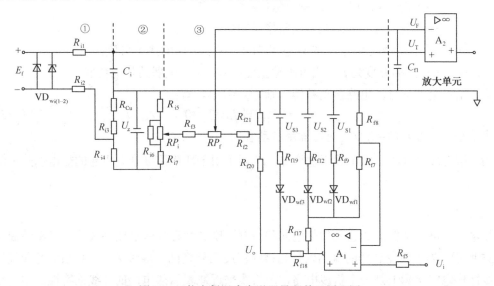

图 2.34　热电偶温度变送器量程单元原理图

输入回路中的电阻 R_{i1}、R_{i2} 及稳压管 VD_{wi1}、VD_{wi2} 是安全火花防爆元件，分别起限流和限压作用，使流入危险场所的电能量限制在安全电平以下。电阻 R_{i1}、R_{i2} 与 C_i 组成低通滤波器，滤去输入信号 U_i 中的交流分量。

零点调整及冷端补偿回路由电阻 R_{i3}、R_{i4}、R_{i5}、R_{i6}、R_{i7}、R_{Cu} 及 RP_i 等组成。

非线性反馈回路由电阻 R_{f2}、R_{f3}、RP_f 及运算放大器 A_1 等组成的线性化电路组成。

电路的特点是：①在输入回路增加了由 R_{Cu} 电阻组成的热电偶冷端补偿电路，同时在电路安排上把调零电位器 RP_i 移到了反馈回路的支路上；②在反馈回路中增加了运算放大器构成的线性化电路。

1）热电偶冷端补偿电路

热电偶产生的热电势 E_t 与热电偶的冷端温度有关。当冷端温度不固定时，热电势 E_t 也随之变化，从而带来测量误差。因此，需对热电偶的冷端温度进行补偿，以减小热电偶冷端温度变化所引起的测量误差。

当热电偶冷端温度为 0℃时，运算放大器 A_2 同相输入端的输入信号为：

$$U_{T1}=E(t,0)+I_1(R_{Cu0}+R_{i3}) \tag{2-37}$$

其中
$$I_1 = \frac{U_z}{\Delta R_{Cu} + R_{Cu0} + R_{i3} + R_{i4}}$$

由于
$$\Delta R_{Cu} + R_{Cu0} + R_{i3} \ll R_{i4}$$

所以
$$I_1 \approx \frac{U_z}{R_{i4}}$$

当热电偶冷端温度由 0℃升至 t_1 时：
$$U_{T2} = E(t,0) - E(t_1,0) + I_1(\Delta R_{Cu} + R_{Cu0} + R_{i3}) \tag{2-38}$$

式中，R_{Cu0}——冷端温度为 0℃时的铜电阻值；

$\quad\quad \Delta R_{Cu}$——冷端温度为 t_1 时的铜电阻增量阻值；

$\quad\quad E(t,0)$——工作端温度为 t，冷端温度为 0℃时热电偶的热电势值；

$\quad\quad E(t_1,0)$——冷端温度为 t_1，相对冷端温度为 0℃时热电偶的热电势值。

当冷端温度变化时，电路自动补偿，则 $U_{T1} = U_{T2}$，有：
$$-E(t_1,0) + I_1 \Delta R_{Cu} = 0 \tag{2-39}$$

也就是说当 $E(t_1,0) = I_1 \Delta R_{Cu}$ 时，满足自动补偿。

当冷端温度升高时，铜电阻阻值增加，补偿了由于环境温度升高引起的热电偶热电势 E_t 的下降。

2）线性化电路

热电偶温度变送器的测温元件热电偶和被测温度之间存在着非线性关系，其特性曲线如图 2.35 所示。为了使变送器的输出信号与被测温度信号之间为线性关系，必须进行非线性补偿，线性化电路实际上是一个折线电路，用折线来近似表示热电偶的非线性特性。由于线性化电路处于反馈电路中，因而它的特性应与所采用的热电偶特性相同，如图 2.36 所示。从理论上讲，折线段数越多，近似程度就越好。实际上，折线段数越多，线路也越复杂，容易带来误差。一般情况下，用 4～6 段折线近似表示热电偶的某段特性曲线时，所产生的误差小于 0.2%。

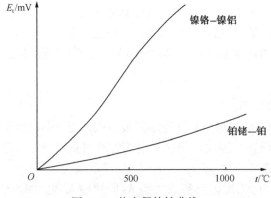

图 2.35　热电偶特性曲线

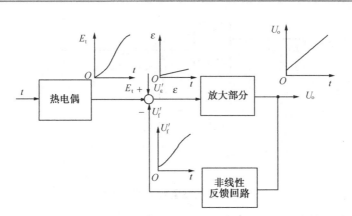

图 2.36　热电偶温度变送器线性化原理框图

下面分析线性化电路的原理。

如图 2.37 所示，由 4 段折线来近似表示某非线性特性所组成的曲线。图中 U_f 为反馈回路的输入信号，U_a 为非线性运算电路的输出信号，γ_1、γ_2、γ_3、γ_4 分别代表 4 段直线的斜率。要实现如图 2.37 所示的特性曲线，可采用如图 2.38 所示的典型运算电路结构。图中 VD_{wf1}、VD_{wf2}、VD_{wf3} 均为理想稳压管，它们的稳压数值为 U_d，U_{s1}、U_{s2}、U_{s3} 是基准电压回路提供的基准电压，对公共点而言，均为负值。基准电压回路由恒压电路和电阻分压回路组成。R_a 为反馈回路的等效负载。

A_1、R_{f17}、R_{f7}、R_{f8}、R_{f18} 和 R_a 组成基本运算电路，该电路决定了第一段直线的斜率 γ_1。当要求后一段直线的斜率大于前一段时，如图中的 $\gamma_2 > \gamma_1$，则可在 R_{f7} 和 R_{f8} 电阻上并联一个电阻，如图中的 R_{f9}。如果又要求后一段直线的斜率小于前一段，如图中 $\gamma_3 < \gamma_2$，则可在 R_a 上并联一个电阻，如图中的 R_{f19}。并联电阻的大小取决于对新线段斜率的要求，而基准电压的数值和稳压管的击穿电压则决定了什么时候由一段直线过渡到另一段直线，即决定折线的拐点。

下面以第一、第二段直线为例分析图 2.38 所示运算电路是如何实现图 2.37 所示特性曲线的。

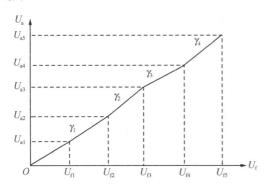

图 2.37　非线性运算电路特性曲线示例

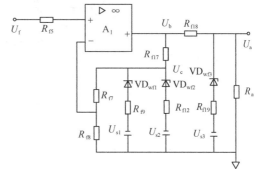

图 2.38　非线性运算电路原理图

第一段直线，即 $U_f \leqslant U_{f2}$，这段直线要求斜率是 γ_1。

要求 $U_c \leqslant U_d - U_{s1}$，$U_c < U_d - U_{s2}$，$U_a < U_d - U_{s3}$，此时，$VD_{wf1}$、$VD_{wf2}$、$VD_{wf3}$ 均未导通，这样图可简化成如图 2.39 所示简图。

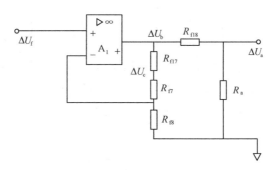

图 2.39　非线性运算原理简图之一

将 A_1 看成理想运算放大器，则可列出下列关系式：

$$\Delta U_f = \frac{R_{f8}}{R_{f7} + R_{f8}} \Delta U_c \tag{2-40}$$

$$\Delta U_c = \frac{R_{f7} + R_{f8}}{R_{f7} + R_{f8} + R_{f17}} \Delta U_b \tag{2-41}$$

$$\Delta U_a = \frac{R_a}{R_{f18} + R_a} \Delta U_b \tag{2-42}$$

设　$\alpha_1 = \dfrac{R_{f7} + R_{f8} + R_{f17}}{R_{f7} + R_{f8}}$ ，$\beta_1 = \dfrac{R_a}{R_{f18} + R_a}$ ，则将公式联立求解得：

$$\Delta U_a = \alpha_1 \beta_1 \frac{R_{f7} + R_{f8}}{R_{f8}} \Delta U_f$$

$$\gamma_1 = \frac{\Delta U_a}{\Delta U_f} = \alpha_1 \beta_1 \frac{R_{f7} + R_{f8}}{R_{f8}} \tag{2-43}$$

第二段直线，即 $U_{f2} < U_f \leqslant U_{f3}$，这段直线的斜率要求为 γ_2，且 $\gamma_2 > \gamma_1$。

在此段直线范围内，要求 $U_d - U_{s1} < U_c \leqslant U_d - U_{s2}$、$U_a < U_d - U_{s3}$，此时，$VD_{w1}$ 处于导通状态，而 VD_{wf2}、VD_{wf3} 均未导通，这样，图可简化成如图 2.40 所示简图。

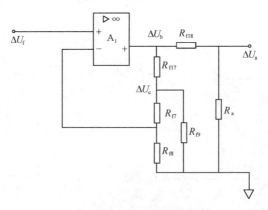

图 2.40　非线性运算原理简图之二

将 A_1 看成理想运算放大器时，可有下列关系式：

$$\Delta U_f = \frac{R_{f8}}{R_{f7} + R_{f8}} \Delta U_c \tag{2-44}$$

$$\Delta U_c = \frac{\dfrac{(R_{f7} + R_{f8})R_{f9}}{(R_{f7} + R_{f8}) + R_{f9}}}{\dfrac{(R_{f7} + R_{f8})R_{f9}}{(R_{f7} + R_{f8}) + R_{f9}} + R_{f17}} \Delta U_b \tag{2-45}$$

$$\Delta U_a = \frac{R_a}{R_{f18} + R_a} \Delta U_b \tag{2-46}$$

设 $\delta_1 = \dfrac{\dfrac{(R_{f7} + R_{f8})R_{f9}}{(R_{f7} + R_{f8}) + R_{f9}} + R_{f17}}{\dfrac{(R_{f7} + R_{f8})R_{f9}}{(R_{f7} + R_{f8}) + R_{f9}}}$, $\beta_1 = \dfrac{R_a}{R_{f18} + R_a}$ ，将公式联立解得：

$$\Delta U_a = \delta_1 \beta_1 \frac{R_{f7} + R_{f8}}{R_{f8}} \Delta U_f$$

$$\gamma_2 = \frac{\Delta U_a}{\Delta U_f} = \delta_1 \beta_1 \frac{R_{f7} + R_{f8}}{R_{f8}} \tag{2-47}$$

由于 $\alpha_1 < \delta_1$，则 $\gamma_1 < \gamma_2$，可见，在 R_{f7} 和 R_{f8} 上并联一个电阻，可增加特性曲线的斜率，根据需要的斜率 γ_2，只需要在已定的 γ_1 的基础上，适当选配 R_{f9}，即可满足 $\gamma_1 < \gamma_2$ 的要求。

斜率为 γ_3、 γ_4 的两段直线与此相类似，不再叙述。

3）零点和量程调整

图 2.34 中，R_{i3}、R_{i4}、R_{i5}、R_{i7}、R_{Cu} 及 U_z 组成零点调整回路；R_{f3}、RP_f、R_{f2} 组成量程调整回路。改变 RP_i 的值可以小范围调整零点，通常调整范围为满度的 $\pm 5\%$；改变 RP_f 的值可以小范围调整量程，其调整范围为满度的 $\pm 5\%$；改变 R_{i3} 的值可以大幅度地改变变送器的零点，实现零点迁移；改变 R_{f2} 的值可以大幅度地调整量程。在附有线性化机构的热电偶温度变送器中，由于不同测温范围的热电偶特性曲线并不相同，所以当简单改变测温范围时是不能保证仪表的精度的，需要同时改变非线性反馈回路的结构和有关元件的参数。

2.4.2 一体化热电偶温度变送器

一体化热电偶温度变送器由测温元件和变送器模块两部分构成，其结构框图如图 2.41 所示。变送器模块把测温元件的输出信号 E_t 或 R_t 转换成统一标准信号，主要是 4～20 mA 的直流电流信号。

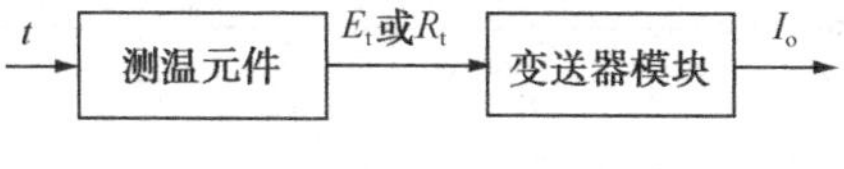

图 2.41 一体化热电偶温度变送器结构框图

所谓一体化热电偶温度变送器，是指将变送器模块安装在测温元件接线盒或专用接线盒内的一种温度变送器。其变送器模块和测温元件形成一个整体，可以直接安装在被测温度的工艺设备上，输出为统一标准信号。这种变送器具有体积小、质量小、现场安装方便以及输出信号抗干扰能力强、便于远距离传输等优点。对于测温元件采用热电偶的变送器，不需要采用昂贵的补偿导线，可以大大节省安装费用，因而一体化热电偶温度变送器在工业生产中得到广泛应用。

由于一体化热电偶温度变送器直接安装在现场，因此变送器模块一般采用环氧树脂浇注全固化封装，以提高对恶劣使用环境的适应性能。但由于变送器模块内部的集成电路一般情况下工作温度在 $-20℃\sim+80℃$ 范围内，超过这一范围，电子器件的性能会发生变化，变送器将不能正常工作，因此在使用中应特别注意变送器模块所处的环境温度。

一体化热电偶温度变送器品种较多，其变送器模块大多以一片专用变送器芯片为主，外接少量元器件构成，常用的变送器芯片有 AD693、XTR101、XTR103、IXR100 等。变送器模块也有由通用的运算放大器构成或采用微处理器构成的。

下面以 AD693 构成的一体化热电偶温度变送器为例进行介绍。

1. AD693 芯片

AD693 是 ANALOG DEVICES 公司生产的一种专用变送器芯片，它可以直接接收传感器的直流低电平输入信号并转换成 $4\sim20$ mA 的直流输出电流。该芯片的原理图如图 2.42 所示，主要由信号放大器、U/I 转换器、基准电压源和辅助放大器构成。传感器的直流低电平输入信号加在端子 17、18 上，经信号放大器放大或衰减为 60 mV DC 的电压信号，U/I 转换器将该电压信号转换为 $4\sim20$ mA DC 信号由端子 10、7 输出。

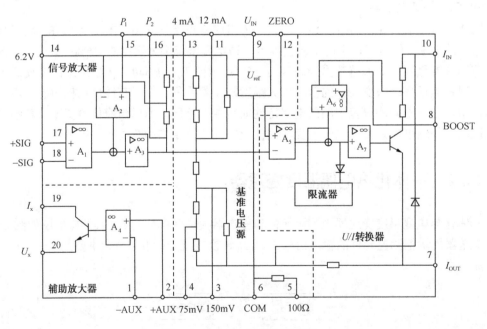

图 2.42 AD693 芯片的原理图

（1）信号放大器。信号放大器是由 A_1、A_2、A_3 三个运算放大器和若干反馈电阻组成的，其输入信号范围为 $0\sim100$ mV；设计放大倍数为 2，通过端子 14、15、16 外接适当阻值的电阻，可以调整放大器的放大倍数，使其输出为 $0\sim60$ mV DC。

（2）U/I 转换器。U/I 转换器将 0～60 mV 的直流电压输入信号转换为 0～16 mA 的直流电流输出信号，通过端子 9、11～13 外接适当阻值的电阻并采取适当的连接方法，可以使输出为 4～20 mA、0～20 mA 或（12±8）mA 等多种直流电流输出信号。在 U/I 转换器中，还设置了输出电流限幅电路，可使输出电流最大不超过 32 mA DC。

（3）基准电压源。基准电压源由基准稳压电路和分压电路组成，通过将其输入端子 9 与端子 8 相连或外接适当的电阻，可以输出 6.2 V DC 及其他多种不同的基准电压，供零点调整、量程调整及用户使用。

（4）辅助放大器。辅助放大器是一个可以灵活使用的放大器，由一个运算放大器和电流放大级组成，输出电流范围为 0.01～5 mA DC。它主要作为信号调整用，也有多种其他用途，如作为输入桥路的供电电源、输入缓冲级和 U/I 转换器；提供大于或小于 6.2 V 的基准电压；放大其他信号，然后与主输入信号叠加；利用片内提供的 100 Ω 和 75 mV 或 150 mV 的基准电压产生 0.75 mA 或 1.5 mA 的电流作为传感器的供电电流等。辅助放大器不用时必须将同相输入端（端子 2）接地。

2. AD693 构成的热电偶温度变送器

AD693 构成的热电偶温度变送器的电路原理图如图 2.43 所示。它由热电偶、输入电路和 AD693 组成。

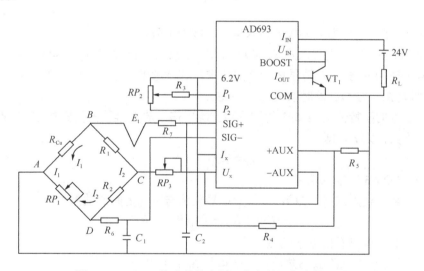

图 2.43　AD693 构成的热电偶温度变送器电路原理图

（1）输入电路。图 2.43 中输入电路是一个直流不平衡电桥，其 4 个桥臂分别是 R_1、R_2、R_{Cu} 以及电位器 RP_1。B、D 是电桥的输出端，与 AD693 的输入端子 17、18 相连。电桥由 AD693 的基准电压源和辅助放大器供电，辅助放大器端子 20 与 1 相连，构成电压跟随器，其输入由 6.2 V 基准电压经 R_4、R_5 分压提供，若取 $R_4=R_5=2$ kΩ，则桥路供电电压为 3.1 V。电位器 RP_3 用来调节电桥的总电流，设计时确定电桥总电流为 1 mA。由于电桥上、下两个支路的固定电阻 $R_1=R_2=5$ kΩ，且比 R_{Cu}、电位器 RP_1 的电阻值大得多，因此可以认为上、下两个支路的电流相等，即 $I_1=I_2=I/2=0.5$ mA。

从图 2.43 可知，AD693 的输入信号 U_i 为热电偶所产生的热电势 E_t 与电桥的输出信号 U_{BD}

之代数和，即：

$$U_i = E_t + U_{BD} = E_t + I_1 R_{Cu} - I_2 RP_1 = E_t + I_1(R_{Cu} - RP_1) \qquad (2\text{-}48)$$

式中，R_{Cu}——铜补偿电阻阻值；

RP_1——电位器的阻值。

（2）AD693 放大倍数的调整。为了使变送器能与各种热电偶配合使用，AD693 的输入信号的上限范围应为 5 mV 至 55 mV 可调。由于 U/I 转换器的转换系数是恒定值，因此调整信号放大器的放大倍数，可以调整不同的输入信号范围。AD693 端子 14、15、16 所接的电位器 RP_2 和电阻 R_3，起调整放大器放大倍数的作用。RP_2 和 R_3 的数值确定方法如下。

对不同的输入信号范围，AD693 端子 14、15、16 所接电阻的数值和接法是不同的。

对于 0～30 mV 的输入信号，要求在端子 14、15 上外接一个电阻 $R_{14,15}$，其计算公式为：

$$R_{14,15} = \frac{400}{\dfrac{30}{U_{is}} - 1} \qquad (2\text{-}49)$$

对于 30～60 mV 的输入信号，要求在端子 15、16 上外接一个电阻 $R_{15,16}$，其计算公式为：

$$R_{15,16} = \frac{400\left[1 - \dfrac{60}{U_{is}}\right]}{\dfrac{30}{U_{is}} - 1} \qquad (2\text{-}50)$$

以上两式中的 U_{is} 均为所要求的输入信号范围的上限值。

将 5 mV 和 55 mV 分别代入式（2-49）和式（2-50），可求得 $R_{14,15} = 80\ \Omega$、$R_{15,16} = 80\ \Omega$。按输入信号可在 0～55 mV 范围内调整的要求，综合考虑 $R_{14,15}$、$R_{15,16}$ 的数值，可取 $R_3 = 0.9 R_{14,15}$，即取 $R_3 = 72\ \Omega$；同时取 $RP_2 = 1.5\ k\Omega$。

（3）变送器的静特性。AD693 的转换系数等于信号放大器放大倍数与 U/I 转换器转换系数的乘积，设其值为 K，即：

$$I_o = K U_i \qquad (2\text{-}51)$$

式中，U_i——AD693 的输入信号。

将式（2-48）代入式（2-51），可得变送器输出与输入之间的关系为：

$$I_o = K U_i = K E_t + K I_1(R_{Cu} - RP_1) \qquad (2\text{-}52)$$

由式（2-52）可以看出以下几点。

① 变送器的输出电流 I_o 与热电偶的热电势 E_t 呈正比关系。

② R_{Cu} 的阻值大小随温度变化。合理选择 R_{Cu} 的数值，可使 R_{Cu} 随温度变化而引起的 $I_1 R_{Cu}$ 变化量的绝对值近似等于热电偶因冷端温度变化所引起的热电势 E_t 的变化值，两者互相抵消。不同热电偶 R_{Cu} 的阻值是不同的，其值可由式（2-53）求得：

$$R_{Cu} = \frac{E_t}{I_1 \alpha_{20}} \qquad (2\text{-}53)$$

式中，R_{Cu}——铜补偿电阻在 20℃时的电阻值，Ω；

I_1——桥臂电流，可认为 I_1 不变，mA；

α_{20}——铜电阻在 20 ℃附近的平均电阻温度系数，其值一般为 0.004 / ℃；

E_t——热电偶在 20 ℃附近平均每度所产生的热电势，mV/ ℃。

严格地讲，热电偶热电势 E_t 与温度之间的关系以及补偿电阻 R_{Cu} 阻值变化与温度之间的关系都是非线性的。但由于两者非线性程度不同，因此，这种补偿只是近似的。

③ 改变 RP_1 的阻值可以改变式（2-52）第二项的大小，即可以实现变送器的零点调整和零点迁移。RP_1 为调零电位器，零点调整和零点迁移量（mV）的大小可近似用式（2-54）计算：

$$U=0.5(R_{Cu}-RP_1) \tag{2-54}$$

④ 改变转换系数 K，可以改变仪表输出电流 I_o 与输入信号 E_t 之间的比例关系，从而改变仪表的量程。K 是通过调节电位器 RP_2 改变的，故 RP_2 为量程调整电位器。

⑤ 改变 K 值（调量程）时，将同时影响式（2-52）第二项的大小，即同时影响仪表的零点；而调整零点时对仪表的满度值也有影响，因此，温度变送器的零点调整和量程调整相互有影响。

图 2.43 中，外接的晶体管 VT_1 起降低 AD693 功耗的作用，从而可以提高可靠性，增大 AD693 的使用温度范围。R_6、C_1 和 R_7、C_2 分别构成 RC 滤波电路，用于抑制输入的干扰信号。

2.4.3 热电阻温度变送器

热电阻温度变送器与各种测温热电阻配合使用，可以将温度信号转换为 4～20 mA DC 电流信号或 1～5 V DC 电压信号输出，它也是由量程单元和放大单元两部分组成的。

1. 热电阻温度变送器的量程单元

热电阻温度变送器量程单元的原理图如图 2.44 所示。

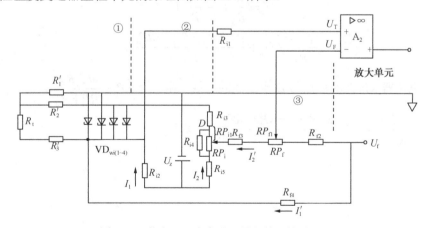

图 2.44 热电阻温度变送器量程单元的原理图

量程单元由热电阻 R_t 及引线电阻补偿回路①、桥路部分②以及反馈回路③组成。

其中限压稳压管 $VD_{wi\,(1\sim4)}$ 为安全火花防爆元件，它使进入危险场所的电能量限制在安全电平以下。

热电阻 R_t 以及引线电阻 R_1'、R_2'、R_3' 与零点调整电路一起组成了不平衡电桥。当被测温度 t 改变时，R_t 两端电压改变，此电压作为集成运算放大器 A_2 的输入信号。零点调整原理与热电偶温度变送器相同。更换电阻 R_{i3}，即大幅度地改变零点迁移量；调整调零电位器 RP_i，可获得满量程±5%的零点调整范围。桥路的基准电压 U_z 由标准稳压管和场效应管组成的稳压器提供。

反馈回路有正、负反馈两部分，负反馈回路起量程调整作用；更换 R_{f2} 就可以大幅度地改变变送器的量程范围，调整电位器 RP_f 可获得满量程±5%的量程调整范围；正反馈回路由电阻 R_{f4} 等组成，反馈电压引入到同相输入端，它起线性化作用。

1）线性化电路

热电阻温度变送器的测温元件热电阻和被测温度之间也存在着非线性关系，R_t 和被测温度 t 之间关系为上凸形，即热电阻阻值的增加量随温度增加而逐渐减小。在测量范围内，铂电阻的最大非线性误差约为2%，这对于精度要求较高的场合是不允许的。

热电阻温度变送器线性化的实现，不采用折线电路的方法，而是采用热电阻两端电压信号 U_t 正反馈的方法，在整机的反馈回路中引出一支路，经电阻 R_{f4} 将反馈电压加到热电阻 R_t 的两端，构成一路随 R_t 增加而不断加深的正反馈，使整机的增益随信号的增大而不断增大，从而校正了热电阻阻值随被测温度增加而变化量逐渐减小的趋势，最终使得热电阻两端的电压 U_t 与被测温度 t 之间呈线性关系。

根据图 2.44 可知，集成运算放大器同相输入端的输入信号由两部分组成，一是电源电压 U_z 在热电阻 R_t 上形成的电压信号，另一个是反馈电压 U_f 在 R_t 上形成的电压信号。而反相输入端的输入信号，包括电源电压 U_z 和反馈电压 U_f 在量程调整电位器 RP_f 滑动触点与公共端间形成的电压。

在电路设计中取 $R_{f4} \gg R_t$；$R_{i2} \gg R_t$；$R_{i5} \gg R_{i3} + RP_i \times R_{i4}$；$R_{f2} \gg RP_f + R_{f3} + RP_{i1} + R_{i3}$；同时在求输出-输入关系时忽略热电阻三根引线电阻的影响。

把 A_2 看成是理想运算放大器，即 $U_T = U_F$，则

$$U_T = \frac{R_t}{R_{i2}} U_z + \frac{R_t}{R_{f4}} U_f \tag{2-55}$$

$$U_F = \frac{R_{i3} + RP_{i1}}{R_{i5}} U_z + \frac{R_{f3} + R_{i3} + RP_{f1} + RP_{i1}}{R_{f2}} U_f \tag{2-56}$$

RP_{i1} 为电位器 RP_i 滑动触点与 D 点之间的等效电阻，有 $RP_{i1} = \dfrac{RP_i R_{i4}}{RP_i + R_{i4}}$。

设 $\alpha = \dfrac{R_{i3} + RP_{i1}}{R_{i5}}$，$\beta = \dfrac{R_{f3} + R_{i3} + RP_{f1} + RP_{i1}}{R_{f2}}$，可求得：

$$U_f = \frac{\dfrac{R_t}{R_{i2}} - \alpha}{\beta - \dfrac{R_t}{R_{f4}}} U_z \tag{2-57}$$

$$U_o = 5 \times \frac{R_{f4}}{R_{i2}} \frac{R_t - \alpha R_{i2}}{\beta R_{f4} - R_t} U_z \tag{2-58}$$

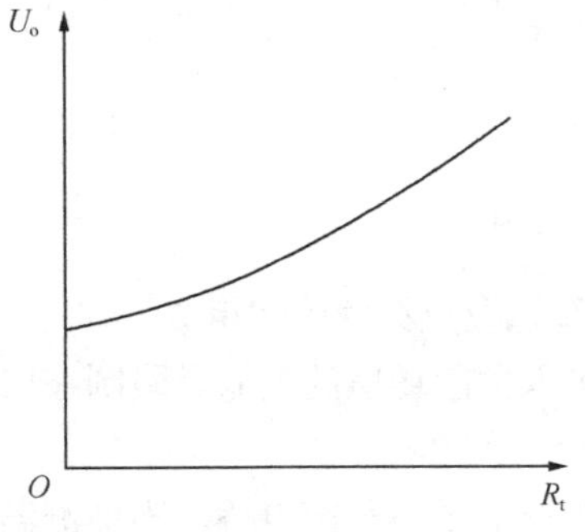

图 2.45　U_o 与 R_t 的函数关系

式中，当 R_t 随被测温度的增加而变大时，U_f 的分子部分增加，分母部分减小，所以，U_f 增加的数值越来越大，也就是 U_o 增加的数值越来越大，如图 2.45 所示，U_o 和 R_t 之间为下凸形的函数关系。由于 R_t 和被测温度 t 之间是上凸形函

数关系，因此，只要恰当地选择元件参数，就可以得到 U_o 和 t 之间的直线函数关系。

2）引线电阻补偿电路

热电阻与桥路之间采用三线制的连接方式，如图 2.44 所示，目的是克服引线电阻所带来的误差。由于三线制的连接方式中，三根引线一般采用相同材质、相同直径，且长度也几乎相同，因此，每根引线的电阻可以近似相等。三根引线的阻值要求为 $R_1'=R_2'=R_3'=1\Omega$。

在三线制的连接方式中，两根引线电阻 R_1'、R_2' 分别加入了两个桥臂，通过两电阻的总电流几乎相等，所以引线电阻的电压降差不多相互抵消。另一个加入总的电流回路，使 U_T、U_F 增加相同的电压，因而也相互抵消。实际计算表明，对于各种量程，由引线电阻造成的误差都小于 0.1%。

2．放大单元

热电阻温度变送器的放大单元与热电偶温度变送器的放大单元相同，不再叙述。

2.4.4　一体化热电阻温度变送器

由 AD693 构成的热电阻温度变送器的电路原理图如图 2.46 所示，它与热电偶温度变送器的电路大致相同，只是将原来热电偶冷端温度补偿电阻 R_{Cu} 用热电阻 R_t 代替。这时，AD693 的输入信号 U_i 为电桥的输出信号 U_{BD}，即：

$$U_i = U_{BD} = I_1 R_t - I_2 RP_1 = I_1 \Delta R_t + I_1 (R_{t0} - RP_1) \tag{2-59}$$

式中，I_1、I_2——桥臂电流，$I_1 = I_2$；

R_t——热电阻随温度的变化量（从被测温度范围的下限值 t_0 开始）；

R_{t0}——温度为 t_0 时热电阻的电阻值；

RP_1——调零电位器 RP_1 的电阻值。

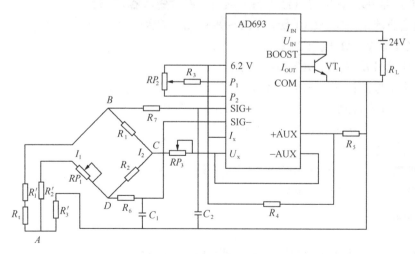

图 2.46　由 AD693 构成的热电阻温度变送器电路原理图

同样可求得热电阻温度变送器的输出与输入之间的关系为：

$$I_o = KI_1\Delta R_t + KI_1(R_{t0} - RP_1) \qquad (2\text{-}60)$$

式（2-60）表明，在电桥两桥臂电流 I_1、I_2 一定时，变送器输出电流 I_o 与热电阻阻值随温度的变化量 ΔR_t 呈比例关系。由于 R_t 随被测温度变化时，将引起电桥电流的变化，尽管 I_1 的变化十分微小，但仍将影响 I_o 与 ΔR_t 之间的比例关系，且量程越大，影响也越大。因此，热电阻温度变送器的精度稍低一点。热电阻温度变送器的零点调整、零点迁移以及量程调整，与前述的热电偶温度变送器大致相同，这里不再叙述。

为了克服连接引线电阻的影响，热电阻应采用三线制接法，如图2.46所示。由于在 RP_2 桥臂中串入一根与 R_t 桥臂中完全相同的连接导线，并且两桥臂的电流几乎是相等的，因此当环境温度变化时，两根引线电阻变化所引起的电压降变化，彼此相互抵消，不会影响桥路的输出电压，从而克服了引线电阻的影响，提高了仪表的测量精度。需要指出的是，AD693是一种通用芯片，也可与其他的传感器配合使用，如配接扩散硅或应变片式压力传感器可构成压力或差压变送器。

实训2 DDZ-Ⅲ型温度变送器的校验

1. 实训目标

（1）熟悉和掌握温度变送器的结构及工作原理。

（2）学会热电偶温度变送器、热电阻温度变送器的零点调整、量程调整、零点迁移、精度校验方法。

2. 实训装置

（1）DDZ-Ⅲ-DBW-3225（或Ⅰ系列热电偶温度变送器）1台。

（2）DDZ-Ⅲ-DBW-3335（或Ⅰ系列热电阻温度变送器）1台。

（3）精密直流电阻箱（0.01级，0.01～99.99 Ω）1台。

（4）RX11-6-W 1Ω 电阻3只。

（5）毫伏信号发生器（DFX-01）1台。

（6）标准电位差计（UJ-36）1台。

（7）0～20 mA 直流电流表（0.2级或0.5级）1台。

（8）直流五位数字电压表（10 V）1台。

（9）万用表1台。

（10）玻璃棒温度计（0～50℃±0.1℃）1只。

（11）螺钉旋具、钳子、导线等。

3. 实训内容

（1）热电偶温度变送器的零位、量程调整和精度校验。

（2）热电阻温度变送器的零位、量程调整和精度校验。

4. 实训步骤

1）热电偶温度变送器校验方法

（1）热电偶温度变送器的校验接线如图 2.47 所示。

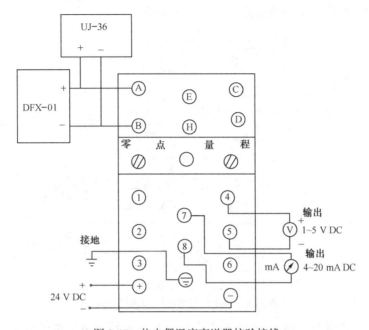

图 2.47　热电偶温度变送器校验接线

（2）零点与量程调整。根据不同的温度测量范围，调节 UJ-36 的测量刻度为测量温度下限 $t_下$ 所对应的热电势值 $E_{i下}$。再调节毫伏信号发生器，使 UJ-36 平衡，此时变送器的输入信号为温度下限值所对应的热电势值 $E_{i下}$。调整零点电位器，使输出电流为 4 mA 或电压为 1 V。用上述方法，调节 UJ-36 和毫伏信号发生器，给出温度上限值 $t_上$ 所对应的热电势值 $E_{i上}$，调整量程电位器，使输出电流为 20 mA 或电压为 5 V，反复进行多次，直到零点和量程都满足要求为止。

（3）精度校验。用毫伏信号发生器和 UJ-36 配合，分别给出温度测量范围（$t_上-t_下$）的 0、25%、50%、75%、100%所对应的热电势值，再加上 $t_下$ 对应的热电势值 $E_{i下}$，则输出电流标准值应分别为：4 mA、8 mA、12 mA、16 mA、20 mA，将测量结果填入表 2.2。

（4）注意事项。在热电偶的实际使用中，由于冷端温度变化会引起测量误差，故在仪表设计时，线路上采用铜电阻或二极管对其进行补偿。在实训或调校过程中，各校验温度点所对应的热电势值为：

$$E(t,t_1)=E(t,0)-E(t_1,0)$$

式中，t——被测点温度；

　　t_1——热电偶温度（变送器端子排温度），用玻璃棒温度计测得；

　　$E(t,0)$——被测点温度的热电势值，已知 t_1 后查表得出；

　　$E(t_1,0)$——热电偶冷端温度的热电势值，查表得出；

　　$E(t,t_1)$——热电偶被测点温度相对于冷端温度为 t_1 时的热电势值。

这样就避免了将温度变送器中的温度补偿元件（铜电阻或二极管）换成对应热电偶冷端为 0℃的固定电阻值。

2）热电阻温度变送器校验方法

（1）热电阻温度变送器的校验接线如图 2.48 所示。

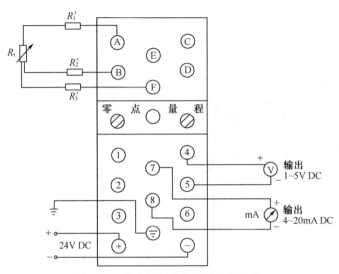

图 2.48　热电阻温度变送器校验接线

（2）零点与量程调整。使 $R_1' = R_2' = R_3' = 1\ \Omega$，用直流精密电阻箱代替 R_t，根据仪表测量范围调节 R_t，当温度为下限值 $t_下$时，调节电阻箱，使其值为相应的下限热电阻值 $R_{t下}$。同时调节零点电位器，使输出为 4 mA 或 1 V。调节电阻箱，使其值为上限温度 $t_上$所对应的热电阻值 $R_{t上}$，同时调节量程电位器，使输出为 20 mA 或 5 V，反复进行多次，直到零点和量程都满足要求为止。

（3）精度校验。零点和量程调好后，调节电阻箱，分别给出温度测量范围（$t_上 - t_下$）的 0、25%、50%、75%、100%所对应的热电阻值，再加上 $R_{t下}$，则输出电流标准值应分别为：4 mA、8 mA、12 mA、16 mA、20 mA，将实际测量结果记录下来。数据表设计参照表 2.2。

5. 数据处理

表 2.2　精度校验数据记录表

输入	温度/℃	$t_下$	$t_下 + 25\%\,\Delta t$	$t_下 + 50\%\,\Delta t$	$t_下 + 75\%\,\Delta t$	$t_下 + 100\%\,\Delta t$
	毫伏信号电压/mV					
输出	标准输出电流/mA					
	上行输出电流/mA					
	下行输出电流/mA					
误差	上行误差电流/mA					
	下行误差电流/mA					
	基本误差/%					
	变差					

6. 实训报告

（1）写出热电偶温度变送器和热电阻温度变送器的校验步骤。

（2）根据校验的数据，判断被校表的精度是否达到规定精度值。若未达到规定精度值，试分析原因。

思 维 导 图

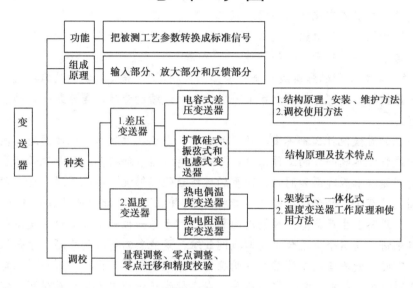

思考与练习题 2

1. 变送器主要包括哪些仪表？各有何用途？

2. 变送器是基于什么原理构成的？如何使输入信号与输出信号之间为线性关系？

3. 何谓零点迁移？为什么要进行零点迁移？零点迁移有几种？

4. 何谓量程调整和零点调整？

5. 电容式、扩散硅式、电感式、振弦式差压变送器各有什么特点？

6. 电容式差压变送器如何实现差压/位移转换？差压/位移转换如何满足高精度的要求？

7. 电容式差压变送器如何保证位移/电容转换关系是线性的？

8. 对于不同测量范围的 1151 系列电容式差压变送器，为什么整机尺寸无太大差别？

9. 简述扩散硅式、电感式、振弦式差压变送器力/电转换的基本原理。

10. 温度变送器接收直流毫伏信号、热电偶信号和热电阻信号时应该有哪些不同？

11. 采用热电偶测量温度时，为什么要进行冷端温度补偿？一般有哪些冷端温度补偿方法？

12. 采用热电阻测量温度时，为什么要进行引线电阻补偿？一般有哪些引线电阻补偿方法？

思 想 映 射

打螺钉大师——张琪

"人生最大的喜悦就是每个人都说你做不到，而你却完成了它！"这是张琪最喜欢的一句座右铭。

张琪是格力电器石家庄有限公司总装二分厂4A班的一名员工。自2013年入职以来，他从一名普通的操作工到班组中流砥柱，从一名辅助工到技能人才，除了时间的沉淀，更可贵的是他勇于奋斗、甘于奉献的精神。

2016年，默默无闻的张琪成为全厂皆知的"明星"。凭借扎实的技能功底，他在分厂举办的"工匠精神"打螺钉技能大赛上一鸣惊人，成绩的背后，是日复一日的坚守和从不懈怠的勤勉。

刚到岗位的时候他什么都不懂，师傅教什么，自己就做什么。但慢慢地，他发现如果仅仅是进行这种流水账一样的工作，自己并不能得到进步和提高。于是他开始主动出击，遇到不懂的问题就求教师傅和同事。稳重的性格让他能够沉下心来思考，也有毅力坚持。中隔板的固定没有一定的岗位技能是不能胜任的，并且还有可能出现被钣金件划伤的危险。技能不熟练，跟不上生产节奏，频繁出问题，这对于每一位新员工来说都是不可避免的，而对于张琪来讲，将这个不适合时间缩减到最短，是他急需解决的难题。于是他下班跟对班学习，一有时间就去培训基地练习，明确自己每天要取得什么样的进步。在自我追赶的过程中，张琪在操作技能上更加得心应手。在实际生产过程中张琪认真观察，实地研究，对于岗位操作摸索出属于自己的一套规律，使工作效率以及工作质量得到了很大的提升。

一件件优质的产品，无不凝结着张琪的心血和汗水。做专、做精、做细、做实的"工匠精神"在张琪的身上体现得淋漓尽致。如今，张琪依旧在自己的岗位上时刻坚守着，看似平凡朴素，实则不平凡。

一个有品质的精细化时代已经来临，这样的时代必将呼唤"工匠精神"。张琪凭着对职业的敬畏、工作的执着以及产品负责的理念，创造出一个不一样的人生。同时，也告诉我们，踏实工作、立足岗位、创先争优，只要你不甘于平庸，就可以像大国工匠们那样在平凡的岗位上演绎精彩的人生！

第3章

控　制　器

知识目标：

（1）了解控制器的种类及发展。

（2）理解比例、微分、积分三种基本控制规律的特点。

（3）掌握工程常用控制规律的特点及应用场合。

（4）掌握DDZ-Ⅲ型控制器的主要功能。

技能目标：

（1）能够应用所学知识正确使用控制器。

（2）能够对控制器进行正确的调校。

（3）能够在三种运行方式下操作控制器并进行手动/自动切换。

素质目标：

（1）具备控制器参数调试能力，能在满足工程控制要求的前提下尽可能节约成本，能主动思考优化控制的方法。

（2）养成科学严谨的态度、勤奋好学的精神、遵纪守法的意识。

控制器在冶金、石油、化工、电力等各种工业生产中应用极为广泛。要实现生产过程自动控制，无论是简单的控制系统，还是复杂的控制系统，控制器都是必不可少的。控制器是工业生产过程自动控制系统中的一个重要组成部分。它把来自检测仪表的信号进行综合，按照预定的规律去控制执行器的动作，使生产过程中的各种被控参数，如温度、压力、流量、液位、成分等符合生产工艺要求。本章主要介绍在工业控制中有一定影响力的 DDZ-Ⅲ型控制器的控制规律、构成原理和使用方法。

3.1　控制器的控制规律

3.1.1　基本控制规律

在自动控制系统中，由于扰动作用的结果使被控参数偏离给定值，从而产生偏差，控制器将偏差信号按一定的数学关系，转换为控制作用，将输出作用于被控过程，以校正扰动作用所造成的影响。被控参数能否回到给定值上，以怎样的途径、经过多长时间回到给定值上，即控制过程的品质如何，不仅与被控过程的特性有关，而且与控制器的特性，即控制器的控制规律有关。

所谓控制器的控制规律，就是指控制器的输出信号与输入信号之间随时间变化的规律。这种规律反映了控制器本身的特性。在研究控制器的特性时，要将控制器从系统中断开，单独研究它的输出信号与输入信号随时间变化的关系。在这种研究中，通常在控制器的输入端加一个阶跃信号，即突然出现人为偏差时，研究输出信号随阶跃输入信号的变化规律。控制器的控制规律实际上反映的是控制器的动态特性，常用微分方程、传递函数和阶跃响应曲线来表示。

控制器的基本控制规律有比例（P）、积分（I）、微分（D）三种。这三种控制规律各有特点。

1. 比例（P）控制规律

输出信号 y（指变化量）与偏差信号 ε（给定值不变，偏差的变化量就是输入信号的变化量）之间呈比例关系的控制规律称为比例控制规律。具有这种规律的控制器称为比例控制器。

这种控制规律用方程可表示为：

$$y = K_P \varepsilon$$

式中，K_P——一个可调系数，称为比例增益。

动画：比例控制规律

比例控制规律在阶跃输入信号作用下的输出响应特性如图 3.1 所示。

从图 3.1 中可以看出：比例控制特性的优点是反应速度快，控制作用能立即见效，即当有偏差信号输入时，控制器立刻有与偏差信号成比例的控制作用输出。输入的偏差信号越大，输出的控制作用也越强，这是比例控制的一个显著特点。另一方面，它也有不足之处，因控制器的输出信号与偏差信号之间任何时刻都存在着比例关系，因此这种控制器用在自动控制系统中就难免存在静差，即控制结束时，被控参数不可能一点不差地回到给定值，这是它的最大缺点。为了减小静差，必须增大比例增益 K_P，但 K_P 的增大使系统的稳定性变差，所以单纯的比例控制规律要同时兼顾静态和动态品质指标是比较困难的。

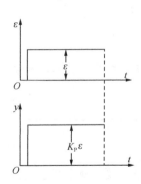

图 3.1 比例控制的阶跃响应特性

2. 积分（I）控制规律

输出信号 y（指变化量）与偏差信号 ε 对时间的积分呈比例关系的控制规律称为积分控制规律。

动画：积分控制规律

这种控制规律用积分方程可表示为：

$$y = \frac{1}{T_I} \int \varepsilon \mathrm{d}t$$

式中，$\dfrac{1}{T_I}$——积分速度；

T_I——积分时间。

积分控制规律在阶跃输入信号作用下的输出响应特性如图 3.2 所示。

由图 3.2 可以看出，当有偏差存在时，积分控制的输出信号将随时间不断增大（有时是减小），只有当输入偏差等于零时，输出信号才停止变化，而稳定在某一数值上。控制器输出信号变化的快慢与输入偏差 ε 的大小和积分速度 $1/T_I$ 成正比，控制器输出变化的方向由 ε 的正负决定。

由上可知，积分控制的最大优点是可以消除静差。只要还有偏差存在，积分作用就还要作用下去。而当偏差没有了，输出还有保持性，这是它能消除静差的根本原因。但是它也存在着缺点，由于它的控制作用是随时间的积累而逐渐增强的，偏差刚出现时，不管有多大，控制作用都得从零开始逐渐加强，所以控制动作缓慢，这样就会造成控制不及时。特别是当被控过程的惯性较大时，由于控制不及时，被控参数将出现很大的超调量，控制时间也将延长，甚至使系统难以稳定。

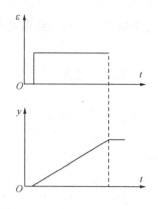

图 3.2　积分控制的阶跃响应特性

3. 微分（D）控制规律

输出信号 y 与偏差信号 ε 对时间的微分成正比，或者说输出信号与偏差信号的变化速度成正比的控制规律称为微分控制规律。控制器具有微分控制特性在很多场合下是非常必要的。特别是对于一些惯性较大的被控过程，常希望根据被控参数变化的趋势即偏差信号变化的速度来进行控制，以免被控参数出现很大的超调量或过长的调节时间。

微分控制规律用微分方程可表示为：

$$y = T_D \frac{\mathrm{d}\varepsilon}{\mathrm{d}t}$$

动画：微分控制规律

式中，T_D——微分时间；

$\dfrac{\mathrm{d}\varepsilon}{\mathrm{d}t}$——偏差信号变化速度。

微分控制规律的特性如图 3.3 所示。由图可知，当输入端出现阶跃信号时，在出现阶跃信号的瞬间（$t = t_0$），相当于偏差信号变化速度为无穷大，从理论上讲输出也将达到无穷大，但实际上是不可能的。实际微分控制规律如图 3.3（a）所示。对于一个固定的偏差来说，不管这个偏差有多大，因为它的变化速度为零，故微分输出也为零。对于一个等速上升的偏差，即 $\dfrac{\mathrm{d}\varepsilon}{\mathrm{d}t} = m$（常数），则微分输出也为一个常数 $y = T_D m$，如图 3.3（b）所示。这就是微分控制规律的特点。

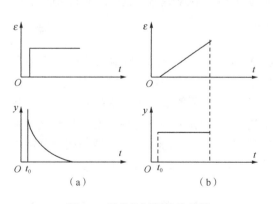

（a）　　　　　　（b）

图 3.3　微分控制规律的特性

由以上分析可知，微分控制使用在系统中，即使偏差很小，但只要出现变化趋势，即可马上进行控制，故有"超前"控制之称。但它的输出只能反映偏差信号的变化速度，不能反映偏差的大小，控制结果也不能消除偏差，所以不能单独使用这种控制器。

3.1.2　工程上常用的控制规律

由前面的分析可知，基本控制规律有比例（P）、积分（I）、微分（D）三种，这三种控制规律各有特点。但实际上，除了比例控制规律，单纯的积分控制规律和微分控制规律都不能用来控制生产过程。因此，工程上常用的控制规律是比例（P）、比例积分（PI）、比例微分（PD）以及比例积分微分（PID）控制规律，由此产生相应的四种常用控制器。后面三种控制器的阶跃响应特性如图 3.4 所示。

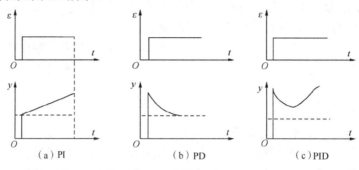

图 3.4　控制器的阶跃响应特性

1. 比例（P）控制器

具有比例控制规律的控制器称为比例控制器，即 P 控制器。比例控制器是一种最简单而又最基本的控制器，比例控制器的传递函数为：

$$W(s) = \frac{Y(s)}{E(s)} = K_P \tag{3-1}$$

在实际使用中，习惯用比例增益 K_P 的倒数比例度 δ 表示控制器输入与输出之间的比例关系：

$$\delta = \frac{1}{K_P} \times 100\% \tag{3-2}$$

可见，比例度 δ 为比例增益 K_P 的倒数。比例度 δ 越小，比例增益越大，控制器的灵敏度越高。

比例度 δ 具有重要的物理意义。如果控制器的输出直接代表控制阀开度的变化量，那么比例度就代表了控制阀开度改变 100%（即从全关到全开）时所需要的系统被控量的允许变化范围。只有当被控量处在这个范围之内时，控制阀的开度变化才与偏差成比例。超出这个范围，控制阀处于全关或全开状态，控制器就失去控制作用了。实际上，控制器的比例度常用它相对于被控量测量仪表量程的百分比表示。例如，假定测量仪表的量程为 100℃，$\delta = 50\%$ 就意味着被控量改变 50℃就使控制阀从全关到全开。

比例控制器用于自动控制系统时，只要被控参数偏离其给定值，控制器便产生一个与偏差成比例的输出信号，通过执行器改变控制参数，使偏差减小。这种按比例动作的控制器对于干扰的影响能产生及时而有力的抑制作用。但是，也应该看到，比例控制作用是以偏差存在作为前提的，所以它不可能做到无静差控制。

2. 比例积分（PI）控制器

消除静差最有效的方法是具有积分控制作用。当积分控制作用于控制系统时，只要偏差存在，其输出的控制作用就会随时间不断加强，直到完全克服干扰，最终消除静差为止。但是，单独的积分控制也存在着致命的弱点，即当偏差出现时，其输出是随时间增长而逐渐加强的，也就是说控制动作过于迟缓，因而在改善系统静态控制质量的同时，往往使动态品质变坏。例如使过渡过程时间增长，甚至造成系统不稳定。因此，在实际生产中，总是同时使用比例和积分两种控制规律，把比例作用的及时性与积分作用消除静差的优点结合起来，组成比例加积分作用的控制器，即 PI 控制器。PI 控制器的传递函数为：

$$W(s) = \frac{Y(s)}{E(s)} = K_\mathrm{P}\left(1 + \frac{1}{T_\mathrm{I}s}\right) \tag{3-3}$$

式中，K_P、T_I 的含义同前。

3. 比例微分（PD）控制器

对于时间常数较大的被控过程，为提高控制系统的动态控制品质，常使用微分控制规律。微分控制规律用于自动控制系统时，即使偏差很小，但只要出现变化趋势，即可根据变化的速度产生强烈的控制作用，使干扰的影响尽快地消除在萌芽状态之中。这种超前的控制作用可以有效地抑制过渡过程的超调量，有利于控制质量的提高。但是，也正是由于纯微分控制的上述特点，因此对静态的偏差毫无抑制能力。如果系统的被控量一直是以控制器难以察觉的速度缓慢变化时，控制器并不动作。这样，被控量的偏差就有可能积累到相当大的数值而得不到校正，这种情况当然是不希望出现的。因此，单纯的微分控制只能起辅助控制作用，不能单独使用。在实际使用中，它总是和比例控制规律或比例积分控制规律结合，组成比例加微分作用的 PD 控制器或比例加积分加微分作用的 PID 控制器。理想 PD 控制器的传递函数为：

$$W(s) = K_\mathrm{P}(1 + T_\mathrm{D}s) \tag{3-4}$$

式中，K_P、T_D 的含义同前。

4. 比例积分微分（PID）控制器

将比例、积分、微分三种控制规律结合在一起，组成 PID 控制器。理想 PID 控制器的传递函数为：

$$W(s) = K_\mathrm{P}\left(1 + \frac{1}{T_\mathrm{I}s} + T_\mathrm{D}s\right) \tag{3-5}$$

式中，K_P、T_I、T_D 的含义同前。

PID 控制器同时具有三种基本控制规律（P、I、D）的优点，它吸取了比例控制的快速反应功能、积分控制的消除静差功能以及微分控制的预测功能，而又弥补了三者的不足。显然，从控制效果看，应该是比较理想的一种控制规律。另外，从控制理论的观点来看，与 PD 相比，PID 提高了系统的无差度；与 PI 相比，为动态性能的改善提供了可能。因此，PID 兼顾了静态和动态两方面的控制要求，可以取得较为满意的控制效果。

但是，事物都是一分为二的。虽然 PID 控制器的性能效果比较理想，但并不意味着在任何情况下都可采用 PID 控制器。至少有一点可以说明，PID 控制器要整定三个参数，在工程上很难将这三个参数都能整定得最佳。如果参数整定的不合理，就难以发挥各个控制作用的长处，弄不好还会适得其反。

3.2　DDZ-Ⅲ型控制器

3.2.1　主要功能

微课：DDZ-Ⅲ型控制器

控制器在自动控制系统中的地位和作用是十分重要的。当干扰作用于被控过程时，其被控参数将发生变化，使相应的测量值偏离给定值而产生偏差。控制器则根据偏差大小，按照一定的规律使其输出变化，并通过执行器改变控制参数，使被控参数回到给定值，从而消除干扰对被控参数的影响。可见，控制器具有把在干扰作用下偏离给定值的被控参数重新拉回到给定值上的功能。

DDZ-Ⅲ型控制器的作用是将变送器送来的 1～5 V DC 测量信号与 1～5 V DC 给定信号进行比较得到偏差信号，然后将偏差信号进行 PID 运算，输出 4～20 mA DC 信号，最后通过执行器，实现对过程参数的自动控制。一台 DDZ-Ⅲ型工业控制器除能实现 PID 运算外，还具有如下功能，以适应生产过程自动控制的需要。

（1）获得偏差并显示其大小。控制器的输入电路接收测量信号和给定信号，两者相减，获得偏差信号。由偏差表或双针指示表显示其大小和正负。

（2）显示控制器的输出。由输出显示表显示控制器输出信号的大小。由控制器的输出信号去控制控制阀的开度，且两者之间有一一对应的关系，所以习惯上将输出显示表称为阀位表。

（3）提供内给定信号并能进行内外给定选择。若给定信号由控制器内部产生，则称为内给定。当控制器用于单回路定值控制系统时，给定信号常由控制器内部提供，它的范围与测量值的范围相同。若给定信号来自外部，则称为外给定。当控制器作为串级控制系统或比值控制系统中的副控制器使用时，其给定信号来自控制器外部，它往往不是恒定值。控制器的给定信号由外部提供还是由内部电路产生，可通过内外给定切换开关来选择。

（4）进行正/反作用选择。如果控制器的输入偏差大于零（$\varepsilon > 0$）时，对应的输出信号变化量也大于零（$y > 0$），则称为正作用控制器。如果控制器的输入偏差小于零（$\varepsilon < 0$）时，对应的输出信号变化量大于零（$y > 0$），则称为反作用控制器。根据执行器和生产过程的特性，为了构成一个负反馈控制系统，必须正确地确定控制器的正/反作用，否则整个控制系统无法正常运行。控制器是选择正作用的还是反作用的，可通过正/反作用切换开关进行选择。

（5）进行手动操作，并具有良好的手动/自动双向切换性能。在自动控制系统中，为了增加运行的可靠性和操作的灵活性，往往要求控制器在正常和非正常状态下能够方便地进行手动/自动切换，而且在切换过程中控制器的输出不因切换而发生变化，使执行机构保持原来的位置，不对控制系统的运行产生扰动，即必须实现无扰动切换。

DDZ-Ⅲ型控制器有自动（A）、软手动（M）和硬手动（H）三种工作状态，并通过联动开关进行切换。

除以上功能外，DDZ-Ⅲ型控制器还具有如下一些特点。

（1）由于采用了线性集成电路固体组件，不仅提高了控制器的技术指标，降低了功耗，而且扩大了控制器的功能，进一步提高了仪表在长期运行中的稳定性和可靠性。

（2）DDZ-Ⅲ型控制器的品种很多，有基型控制器；有便于与计算机连接用的控制器，如与 DDC 直接数字控制机和 SPC 监督计算机连接用的控制器；有可以满足各种复杂控制系统要求的特种控制器，如各种间歇控制器、自选控制器、前馈控制器、非线性控制器等。

（3）DDZ-Ⅲ型控制器中还设有各种附加机构，如偏差报警、输入报警、限制器、隔离器、分离器、报警灯等。

总之，DDZ-Ⅲ型控制器便于组成各种控制系统，达到了模拟控制较完善的程度，充分满足了各种生产工艺过程的控制要求。DDZ-Ⅲ型控制器尽管品种规格很多，但都是由基型控制器发展起来的，因此基型控制器是使用最多、最具有代表性的仪表。

动画：DDZ-Ⅲ型控制器的结构与组成

3.2.2 基型控制器的构成

常用的 DDZ-Ⅲ型基型控制器的组成如图 3.5 所示，图 3.6 为其电路原理图。

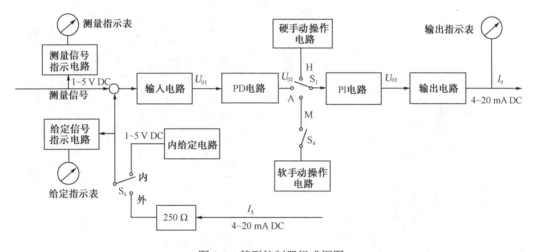

图 3.5 基型控制器组成框图

由图 3.5 和图 3.6 可知，基型控制器由控制单元和指示单元两部分组成。控制单元包括输入电路、PD 电路与 PI 电路、软手动与硬手动操作电路和输出电路等，指示电路包括测量信号指示电路和给定信号指示电路。

控制器的测量输入信号为 1～5 V DC 信号，给定信号有内给定和外给定两种。内给定信号为 1～5 V DC 信号，而外给定信号为 4～20 mA DC 信号。用切换开关 S_6 选择内给定或外给定。外给定时面板上外给定指示灯亮。

测量信号和给定信号通过输入电路进行减法运算，输出偏差值送到 PD 电路和 PI 电路进行 PID 运算，然后由输出电路转换成 4～20 mA DC 信号输出。PD 和 PI 运算电路是基型控制器的一个核心部分。

如图 3.6 所示，联动开关 S_1 用于进行自动（A）、软手动（M）、硬手动（H）的相互切换。当开关 S_1 处于软手动（M）状态时，按下软手动操作键 S_4，使控制器输出以一定速度上升或

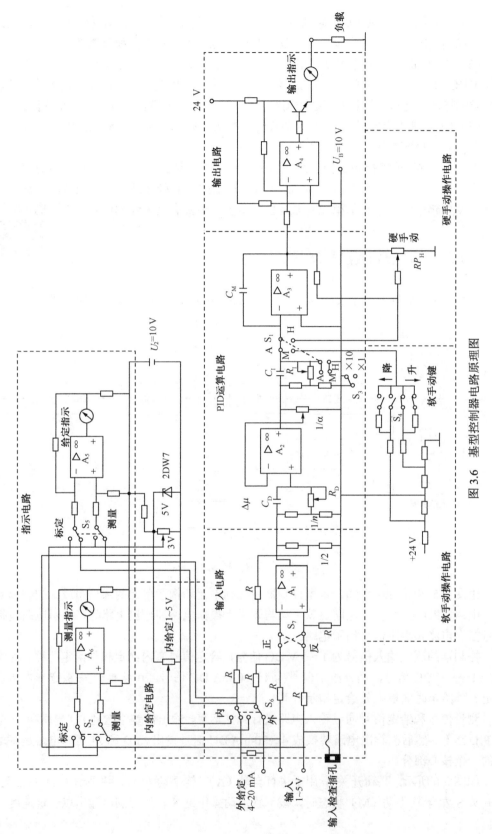

图 3.6 基型控制器电路原理图

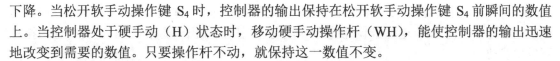

下降。当松开软手动操作键 S_4 时，控制器的输出保持在松开软手动操作键 S_4 前瞬间的数值上。当控制器处于硬手动（H）状态时，移动硬手动操作杆（WH），能使控制器的输出迅速地改变到需要的数值。只要操作杆不动，就保持这一数值不变。

自动/软手动的切换是按双向无平衡、无扰动方式进行的，硬手动/软手动、硬手动/自动的切换是按无平衡、无扰动方式进行的。只有自动/硬手动、软手动/硬手动切换时，必须先做好平衡，方可达到无扰动切换。

测量信号的指示电路和给定信号的指示电路分别把 1～5 V 电压信号转换成 1～5 mA 电流信号，与测量指示表、给定指示表或双针指示器一起对测量信号和给定信号进行连续指示，两者之差即为控制器的输入偏差。

在控制器的输入端与输出端分别设置了输入检查插孔和手动输出插孔。当控制器出现故障需要维修时，把控制器从壳体中卸下检查，把便携式手动操作器的输入、输出插头分别插入控制器的输入检查插孔和手动输出插孔，就可以用手动操作器进行手动操作，对生产工艺过程进行手动控制了。

图 3.6 中 S_7 是正/反作用切换开关。开关 S_7 可以改变偏差的极性，借此改变控制器的正/反作用。图中 S_7 在实线位置为正作用，虚线位置为反作用。

3.2.3　手动/自动无扰动切换

通常，在自动控制系统投运之前，总是先进行手动操作，然后切换到自动运行。当系统出现故障或控制器发生故障（或停用检修）时，系统由自动切换到手动。下面就分析一下手动/自动切换过程。根据 DDZ-Ⅲ型控制器的电路结构特点，它具备两种性质的无扰动切换。

1. 无平衡、无扰动切换

所谓无平衡切换，是指在自动、手动切换时，不需要事先调平衡，可以随时切换至所需要位置。所谓无扰动切换，是指在切换时控制器的输出不发生变化，对生产过程无扰动。

DDZ-Ⅲ型控制器由自动或硬手动向软手动的切换（A、H→M）以及由软手动或硬手动向自动的切换（M、H→A）均为无平衡、无扰动的切换方式。

（1）当从任何一种操作状态切换到软手动操作时，运算放大器 A_3 的反向端为悬空状态，U_{o3} 都能保持切换前的值。所以，凡是向软手动（M）方式的切换，均为无平衡、无扰动的切换。

（2）控制器处于软手动（M）方式或硬手动（H）方式时，电容 C_I 两端电压值等于 U_{o2}，而且 C_I 的一端与 U_B 相连，在从手动向自动切换的前后是等电位的，在切换瞬间，C_I 没有放电现象，U_{o3} 不会突变，控制器的输出信号也不会突变。所以，凡是向自动（A）方式的切换也均为无平衡、无扰动的切换。

2. 有平衡、无扰动切换

凡是向硬手动方式的切换，从自动到硬手动或从软手动到硬手动（A、M→H），均为有平衡、无扰动切换。若要做到无扰动切换，必须事先平衡。因为硬手动操作拨盘的刻度（即

U_H 值）不一定与控制器的输出电流相对应，因此在由其他方式向硬手动方式切换前，应拨动硬手动拨盘（即调 RP_H 电位器），使它的刻度与控制器的输出电流相对应，才能保证切换时不发生扰动。

综上所述，DDZ-Ⅲ型控制器的切换过程可描述如下：

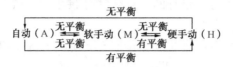

3.3　基型控制器的操作

3.3.1　基型控制器的外部结构

DDZ-Ⅲ型基型控制器的外部结构如图 3.7 所示。图中各组成部分的作用介绍如下。

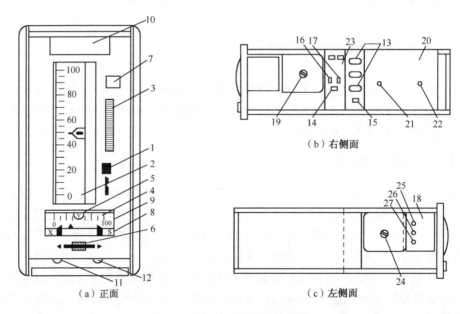

图 3.7　基型控制器的外部结构

1—自动/软手动/硬手动切换开关：用来选择控制器的工作状态。

2—双针垂直指示表：在 0～100% 的刻度上，黑针为给定信号指针，红针为测量信号指针。当测量信号与给定信号的偏差小于 ±0.5% 时，测量指针隐藏在给定指针下面。

3—内给定设定轮：内给定时改变给定值。

4—输出指示表：又称阀位指示表，用于指示控制器的输出信号大小。

5—硬手动操作杆：系统处于硬手动操作状态时，改变硬手动操作杆的左右位置，控制器的输出信号则发生改变。

6—软手动操作键：软手动操作状态时，向右或向左推动软手动操作键，控制器的输出随时间按一定的速度增加或减少。当操作键处于中间位置时，控制器的输出与切换前瞬时输出相等，并能长期保持下去，即使停电，也保持不变。

7—外给定指示灯：控制器处于外给定时，指示灯亮。

8—阀门指示器：指示控制阀的关闭（X）和打开（S）方向。

9—输出范围指示：表示阀门的安全开度或与输出限幅单元配合表示输出信号的上、下限。

10—位号牌：用于标明位号，当控制器附有报警单元时，报警状态时位号牌后的报警灯亮。

11—输入检查插孔：供便携式手动操作器或数字电压表检查输入信号用。

12—手动输出插孔：当控制器需要维护或发生故障时，把便携式手动操作器的输出插头插入，可以无扰动地转换到用便携式手动操作器控制。

13—比例度、积分时间和微分时间设定盘：由它们设定 P、I、D 参数。

14—积分时间切换开关：当处于"×1"或"×10"挡时，表示乘上积分时间设定盘上的读数；当处于"断"时，控制器切除积分作用。

15—正/反作用切换开关：控制器处于正向操作时，输出随着测量值的增加而增加；处于反向操作时，输出随着测量值的增加而减少。

16—内/外给定切换开关：供选择内给定信号或外给定信号（远方给定信号）用。

17—测量/标定切换开关：当处于"测量"时，双针垂直指示针分别指示输入信号和给定信号，全程按 0～100% 刻度。当处于"标定"时，输入和给定信号同时指示在 50% 的位置。

18—指示单元：包括指示电路和内给定电路。

19—给定指针调零：调整给定指针的机械零点。

20—控制单元：包括输入电路、PID 运算电路和输出电路等。

21—2%跟踪调整：当比例度为 2% 时，调整闭环跟踪精度。

22—500%跟踪调整：当比例度为 500% 时，调整闭环跟踪精度。

23—辅助单元：包括硬手动操作电路和各种切换开关。

24—输入指针调零：调整输入指针的机械零点。

25—输入指示量程调节：调整输入指示量程。

26—给定指示量程调节：调整给定指示量程。

27—标定电压调整："标定"校验时，调整指示电路的输入信号。

3.3.2　基型控制器的使用方法

1. 主要性能指标

基型控制器的主要性能指标如下。

测量信号：1～5 V DC；

外给定信号：4～20 mA DC（250 Ω±0.5%）；

内给定信号：1～5 V DC；

输出信号：4～20 mA DC；

输出保持特性：-0.1%/h；

测量及给定指示：0～100 %，双针，±1%；

输出指示：0～100 %，±2.5 %。

控制器参数如下。

比例度：2%～500 %；

积分时间：0.01～2.5 min 或 0.1～25 min；

微分时间：0.04～210 min；

软手动操作：100 s/满量程或 6 s/满量程；

硬手动设定精度：±5 %。

切换特性如下。

自动←→软手动：＜±0.25 %；

软手动→硬手动：预调后＜±5%；

硬手动→软手动：＜±0.25 %；

闭环跟踪相对误差：±0.5 %；

供电电压：24 V DC±10 %；

负载电阻：250～750 Ω。

2. 使用方法

使用 DDZ-Ⅲ型控制器时，应首先进行通电前的检查及准备。

（1）通电前，应检查电源端子接线极性是否正确。

（2）根据工艺和系统要求，设置正/反作用开关的位置。

（3）按照控制阀的作用方式，确定阀门指示器的方向。

开车投运时，用手动方法操作。

（1）软手动操作启动：把自动（A）/软手动（M）/硬手动（H）切换开关置"软手动"位置（M），然后用内给定轮调整给定信号；用软手动操作键调整控制器的输出信号，使测量信号尽可能地靠近给定信号。

（2）硬手动操作启动：把自动（A）/软手动（M）/硬手动（H）切换开关置"硬手动"位置（H），同样用内给定轮调整给定信号，然后操作硬手动操作杆，调整控制器的输出信号，使测量信号尽可能地靠近给定信号。

当手动控制达到平衡且系统稳定后，由手动切换到自动，一般情况下，切换前应将比例度置为最大，切断微分，且积分时间也置为最大。

把控制器切换到自动状态后，需整定 PID 参数。若已知 PID 参数，可直接调整 δ、T_I、T_D 刻度盘到所需的数值。否则，可按衰减法或经验法进行参数的整定。

当需要从自动切换到手动时，有两种情况：从自动切换到软手动可以直接切换；从自动向硬手动切换时，要先调整硬手动操作杆，使操作杆与自动时的输出值一致，然后才能切换到硬手动。

当需要由内给定无冲击地转换到外给定时，先将自动切换到软手动位置，然后由内给定切换到外给定，调整外给定信号，使其和切换前的内给定指示相等，再把方式开关切换到自动位置。

当需要由外给定无冲击地转换到内给定时，同样先将自动切换到软手动位置，然后由外给定切换到内给定，调整内给定值，使其与外给定时一样，再把方式开关拨至自动位置。

3.4 XMA5000 系列通用 PID 调节器

XMA5000 系列通用 PID 调节器适用于对温度、压力、液位、流量等各种工业过程参数的测量、显示和精确控制，仪表外形如图 3.8 所示。

图 3.8　XMA5000 系列通用 PID 调节器的外形

3.4.1 XMA5000 系列通用 PID 调节器功能

1. 万能信号输入

只需做相应的按键设置和硬件跳线设置，即可在以下所有输入信号之间任意切换，即设即用。

热电阻：Pt100、Pt100.0、Cu50、Cu100、Pt10。

热电偶：K、E、S、B、T、R、N。

标准信号：0～10 mA、4～20 mA、0～5 V、1～5 V。

霍尔传感器：mV 输入信号，0～5 V 以内任意信号按键即设即用。

远传压力表：30～350 Ω，信号误差通过现场按键修正。

2. 多种给定方式

本机给定方式（LSP）：可通过面板上的增减键直接修改给定值，也可以加密码锁定不让修改。

时间程序给定（TSP）：时间程序给定曲线如图 3.9 所示。

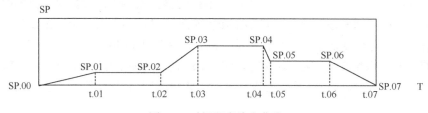

图 3.9　时间程序给定曲线

每段程序最长 6000 分钟；曲线最多可设 16 段。

外部模拟给定（远程给定）（RSP）：10mA/4～20mA/0～5V/1～5V 通用。

3. 多种控制输出方式

0～10mA、4～20mA、0～5V、1～5V 控制输出；时间比例控制继电器输出（1A/220V AC 阻性负载）；时间比例控制 5～30V SSR 控制信号输出；时间比例控制双向可控硅输出（3A，600V）；单相 2 路可控硅过零或移相触发控制输出（可触发 3～1000A 可控硅）；三相 6 路可控硅过零或移相触发控制输出（可触发 3～1000A 可控硅）；外挂三相 SCR 触发器。

4. 专家自整定算法

独特的 PID 参数专家自整定算法将先进的控制理论和丰富的工程经验相结合，使得调节器可适应各种现场，对一阶惯性负载、二阶惯性负载、三阶惯性负载、一阶惯性加纯滞后负载、二阶惯性加纯滞后负载、三阶惯性加纯滞后负载这 6 种有代表性的典型负载的全参数测试表明，PID 参数专家自整定的成功率达 95%以上。

可带 RS485/RS232/Modem 隔离通信接口或串行标准打印接口；单片机智能化设计；零点、满度自动跟踪，长期运行无漂移，全部参数按键可设定；FBBUS-ASCII 码协议与 MODBUS-RTU 协议可选（MODBUS-RTU 协议仅用于 Modbus 选项，接线方式与 RS485 相同）。

3.4.2 XMA5000 系列通用 PID 调节器的面板操作

XMA5000 系列通用 PID 调节器的接线图如图 3.10 所示。（此图为横表接线图例，将图例逆时针旋转 90°即为竖表接线图，即竖表电源接线在右上角）。

1. 显示说明

主显示器（PV）：上电复位时，第一显示表型"HnR"；正常工作时，显示测量值 PV；参数设定操作时，显示被设定参数名或被设定参数当前值。信号断线时，显示"brot"；信号超量程时，显示"HoFL"。

副显示屏：上电复位时，第一显示表型"F9bt"（福光百特）。自动工作状态下，显示控制输出值 MV；用增减值键调整给定值 SP 时，显示 SP 值；当停止增减 SP 操作 2 秒后，恢复显示控制输出值 MV。手动工作状态下，显示控制输出值 MV；参数设定操作时，显示被设定参数名。启动时间程序设定后，自动工作状态下，显示 SP 值；手动工作状态下，显示控制输出值 MV；自动设定期间，交替显示"RdPt"和输出值 MV。

LED 指示灯：报警 2（上限）动作时，HIGH 灯亮；报警 1（下限）动作时，LOW 灯亮；自动工作状态时，MAN 灯灭；手动工作状态时，MAN 灯亮；时间比例输出为 ON 时，OUT 灯亮。

2. 按键说明

SET 键：自动或手动工作状态下，按 SET 键进入参数设定状态；参数设定状态下，按 SET 键确认参数设定操作。

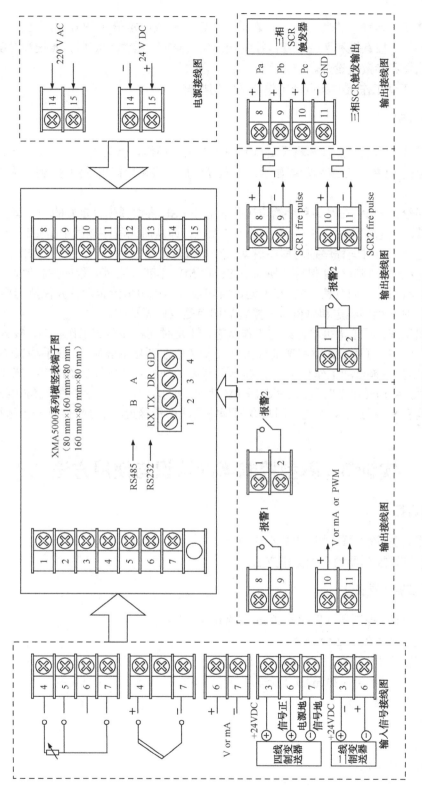

图 3.10　XMA5000系列通用PID调节器接线图

▲键和▼键：自动工作状态下，按▲键和▼键可修改给定值（SP），在副显示屏显示；手动工作状态下，按▲键和▼键可修改控制输出值（MV）；参数设定时，▲键和▼键用于参数设定菜单选择和参数值设定。

A/M 键：手动工作状态和自动工作状态的切换键。

3. 操作说明

给定值设置：单设定点（本机设定点）的 SP 设定操作。自动工作状态下，按▲键和▼键可修改给定值（SP），在副显示屏显示；上电复位后，将调出停电前的 SP 值作为上电后的初始 SP 值。

时间程序给定 t.SP：在时间程序给定工作状态下，SP 将按预先设定好的程序运行，▲键、▼键操作无效。上电复位时，具有 SP 跟踪 PV 功能，即从时间程序曲线中最接近当前 PV 值点开始程序运行。用时间程序控制程序启动，在本机定值给定状态下，同时按 SET 和▲键，将切换到时间程序控制运行并保持切换前后 SP 和 MV 不变。用时间程序控制停止，在时间程序给定控制状态下，同时按 SET 和▼键，将切换到本机单值给定运行并保持切换前后 SP 和 MV 不变。时间程序给定和单值给定控制的切换是双向无扰的。

手动输出操作：不论本机单值给定工作状态，还是时间程序给定工作状态，按 A/M 键均进入手动工作状态，可通过▲键和▼键直接修改 MV 值在副显示屏显示。在手动工作状态下，按 A/M 键均回到原来自动工作状态，手动/自动状态的切换是控制输出 MV 双向无扰的。本机单值给定时，手动转自动时具有 SP 跟踪 PV 功能，即置 SP＝当前 PV 值。t.SP 给定时，手动转自动时具有 SP 跟踪 PV 功能，即从时间程序曲线中最接近当前 PV 值点开始运行。

实训 3　基型控制器的认识与使用方法

1. 实训目标

（1）熟悉基型控制器的外形和基本结构。
（2）掌握基型控制器的正确操作方法。

2. 实训装置（准备）

（1）DTL-3100 控制器（DTZ-2100S 型或其他）1 台。
（2）直流信号发生器 2 台。
（3）直流稳压电源（0～30 V DC）1 台。
（4）标准电流表（0～30 mA）1 台。
（5）标准电阻箱 2 台。
（6）秒表 1 只。
（7）万用表 1 台。
（8）螺钉旋具 1 把。
（9）导线若干。
控制器开环校验接线图如图 3.11 所示。

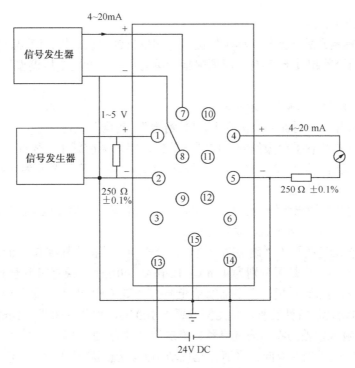

图 3.11　控制器开环校验接线图

3．实训内容

（1）观察控制器的正面板和侧面板的布置。

（2）了解各调节旋钮、可动开关的作用。

（3）学习控制器的操作方法。

4．实训步骤（要领）

（1）观察仪表的结构。

① 观察控制器的正面板布置，弄清各部位的名称和作用；观察接线端子板，了解主要接线端子的用途。

② 抽出控制器的机芯，观察正/反作用开关、测量/标定开关、内/外给定切换开关和比例度、积分时间、微分时间等 PID 参数调节旋钮等；将控制器机芯重新推入表壳。

（2）按图 3.11 所示接线，经指导教师检查后才能通电。

（3）测量、给定信号及双针指示实验。

① 将侧面板的开关分别置于"软手动""外给定""测量"位置。接通电源和测量、外设定信号后，预热 30 min。

② 调整测量输入端的电流信号，使之分别为 4 mA、12 mA、20 mA，测量指针应分别指向 0、50%、100%。误差应小于±1%；当误差超过±1%时，调整双针指示表左侧的机械零点和指示单元的测量指示量程电位器。

③ 调整外给定信号，使之分别为 4 mA、12 mA、20 mA，给定指针应分别指向 0、50%、100%。误差应小于±1%；当指示误差超过±1%时，调整表头另一侧的机械零点和指示单元

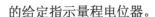

的给定指示量程电位器。

④ 将测量/标定开关切换到"标定"位置，测量指针和设定指针应同时指向 50%，误差应小于±1%。当误差超过±1%时，应调整指示单元中的"标定电压调整"电位器，使标定电压为 3 V。

（4）手动操作特性与输出指示实验。

① 将各切换开关分别置于"软手动""外给定""测量"位置。

② 向右或向左按软手动操作键，控制器的输出将增大或减小。松开，输出保持不变。轻按时，满量程输出变化时间为 100 s；重按时，满量程输出变化时间为 6 s。重复操作两次并注意观察；误差应不超过±20%。

③ 用软手动键使输出指针指在 0、50 %、100 %位置，观察标准电流表，看输出电流是否分别为 4 mA、12 mA、20 mA。误差应小于±2.5 %。

④ 把手动/自动开关置于"硬手动"位置，操作硬手动操作杆到 0、50 %、100 %，观察标准电流表，看输出电流是否分别为 4 mA、12 mA、20 mA。误差应小于±5 %。当误差超出范围时，取下辅助单元盖板，调整辅助单元上的"零点调整"和"量程调整"电位器。

（5）手动/自动切换特性实验。将比例度置于 100 %，积分时间置于 1 min（×1 挡），微分时间关断，使输入偏差为零（测量信号、给定信号同为 12 mA）。

① 进行自动/软手动的双向无平衡、无扰动切换。控制器置于"软手动"位置，使输出为任意值。手动/自动开关切换到"自动"位置，记下此时的输出值，切换前后输出之差应不大于±20 mV。开关再由"自动"切换到"软手动"，切换前后输出之差仍不大于±20 mV。

② 进行"软手动"→"硬手动"有平衡、无扰动切换。控制器置于"软手动"位置，使输出为任意值，拨动硬手动操作杆与输出表指示值对齐，将手动/自动开关由"软手动"切换到"硬手动"，开关切换前后，控制器输出值变化应不大于±5%。

③ 进行"硬手动"→"软手动"无平衡、无扰动切换。控制器置于"硬手动"位置，使输出为任意值，手动/自动开关由"硬手动"切换到"软手动"，切换前后控制器输出变化不大于±20 mV。

控制器由"硬手动"切换到"软手动"再切换到"自动"，视为"软手动"→"自动"；由"自动"切换到"软手动"再切换到"硬手动"，视为"软手动"→"硬手动"。

5. 思考与分析

（1）控制器面板上有哪些显示表头？可显示何种信息？

（2）控制器侧面板上有哪些旋钮、开关？各有何用途？

（3）手动/自动无扰动切换，何时为无平衡？何时为有平衡？

实训4 基型控制器的 δ、T_I 和 T_D 测试

1. 实训目标

（1）掌握基型控制器的正确操作方法。

（2）掌握比例度 δ、微分时间 T_D、积分时间 T_I 的测试方法。

2. 实训装置（准备）

同实训 3 中的实训装置。

3. 实训内容

（1）比例度 δ 的测试。

（2）微分时间 T_D 的测试。

（3）积分时间 T_I 的测试。

4. 实训步骤（要领）

各开关分别置于"外给定""测量""×10 挡""正作用""软手动"位置，微分时间关断，积分时间调为最大。

（1）比例度 δ 的校验。调测量信号和给定信号为 12 mA（50%满量程），比例度依次置于 2 %、100 %、500 %，每次均通过"软手动"使输出电流为 4 mA，然后把切换开关拨到"自动"位置，改变输入信号，使输出电流为 20 mA。可按下述公式计算实际比例度：

$$\delta_{实}＝（输入变化值/输入范围）/（输出变化值/输出范围）×100 \%$$

比例度刻度误差 δ_P 为：

$$\delta_P＝\frac{\delta_刻－\delta_实}{\delta_刻}×100\%$$

（2）微分时间 T_D 的校验。比例度置于实际的 100 %，调整测量信号和给定信号为 12 mA，通过"软手动"使输出电流为 4 mA。然后将手动/自动开关切换到"自动"，阶跃输入为 1 mA，此时输出变化为 1 mA（4 mA 变化到 5 mA）。把微分电容短路，将微分时间旋至被校刻度，此时输出将突增至 14 mA，则控制器微分增益 $K_D＝(14－4)/1＝10$。

解除微分电容短路状态，并同时启动秒表，而后按指数规律下降，当下降到 8.3 mA 时停表，所记时间为微分时间常数 T。由 $T_{D实}＝K_D×T$ 即可求得微分时间。

刻度误差 δ_{TD} 按下式确定：

$$\delta_{TD}＝\frac{T_{D标}－T_{D实}}{T_{D标}}×100\%$$

式中，$T_{D标}$——微分时间的标称值。

（3）积分时间 T_I 的校验。将微分时间关断，积分时间旋至最大，手动/自动开关拨到"软手动"。调整测量信号和设定信号为 12 mA（50%满量程），通过"软手动"使输出电流为 4 mA。将积分时间依次旋至被校刻度（×1 挡：0.01 min、1 min、2.5 min；×10 挡：0.1 min、10 min、25 min），使测量信号增加 1 mA，将手动/自动开关切换到"自动"，同时启动秒表，当控制器输出上升到 6 mA 时，停止计时，所记时间即为实测积分时间 $T_{I实}$。

刻度误差 δ_{TI} 按下式确定：

$$\delta_{TI}＝\frac{T_{I标}－T_{I实}}{T_{I标}}×100\%$$

5. 数据处理

将比例度校验结果填入表 3.1。微分时间、积分时间校验结果可参照表 3.1 记录。

注意： 比例度的误差应不超过±25%，微分时间和积分时间的误差应分别不超过-20%、50%。

表3.1　比例度校验记录

项　目	1	2	3
刻度值/(%)			
实际值/(%)			
误差			

6. 实训报告

写出比例度 δ、微分时间 T_D 和积分时间 T_I 的校验步骤。

根据校验的数据，判断被校表的精度是否达到规定精度值。若未达到规定精度值，试分析原因。

思 维 导 图

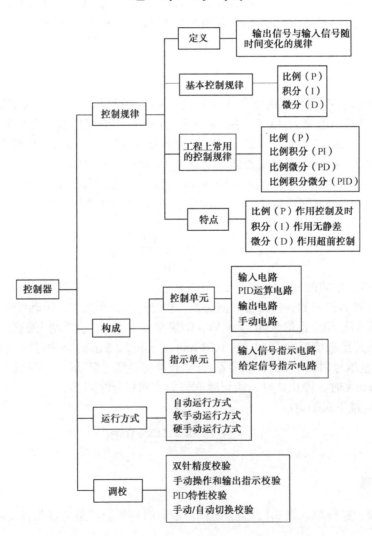

思考与练习题 3

1. 工业上常用控制器的控制规律有哪几种？
2. 在模拟控制器中，一般采用什么方式实现各种控制规律？
3. 试述 DDZ-Ⅲ型控制器的功能。
4. 基型控制器由哪几部分组成？各部分的主要作用是什么？
5. DDZ-Ⅲ型控制器的输入电路为什么要采用差动输入方式？为什么要进行电平移动？
6. DDZ-Ⅲ型控制器有哪几种工作状态？什么是软手动状态和硬手动状态？
7. 什么是控制器的无扰动切换？DDZ-Ⅲ型控制器如何实现手动/自动无扰动切换？
8. 为什么从软手动方式向硬手动方式切换需要事先平衡？

思 想 映 射

业精于勤的业务能手——姜炳义

姜炳义，兰州石化公司机电仪运维中心仪表三部聚丙烯仪表班班长，在聘兰州石化公司技能专家，多次荣获厂部标兵、金牌员工等荣誉称号。擅长挤压造粒机、压缩机等大型机组的故障判断、分析与处理，以及称重系统仪表疑难故障的排查处理。

"爱学习、肯钻研"是他的标签。面对 30 万吨/年聚丙烯装置 PK401 压缩机组采用语句表编程，并且关键控制过程与联锁逻辑组态程序加密的技术难题，他白天在现场熟悉机组工艺流程，统计机组 I/O 点；晚上在家里研究机组逻辑控制功能，编制联锁逻辑图。历经 1 个月的时间，他熟悉并掌握机组的所有测控功能，随后结合聚丙烯装置 DeltaV DCS 系统现有资源，自行集成系统设备，最终完成了 PLC 系统引入 DCS 系统的改造工作。凭一己之力，攻克技术难题，实现组态过程的完全自主化，保障了机组的长周期稳定运行，获得兰州石化公司科技进步三等奖。

常年读书钻研的习惯，使他具备扎实的专业理论基础知识，从多种仪表的构造原理、分类用途，到功能作用、参数设置，再到组态标定、诊断排查等，他都了如指掌。身为高级培训师，他将自己的专业理论与技能结合到员工们耳熟能详的现场设备中，通过大量的图片与简洁易懂的文字表述，尽可能地让员工们"听得懂、吃得透"。2020 年，在他言传身教的培训指导下，参加"甘肃省职工职业技能竞赛暨兰州石化公司技能大赛"的青年员工，一举包揽了大赛中仪表维修工专业的前八名，取得了历史最好成绩。

2019 年，四万吨聚丙烯挤压机系统改造成为公司级的重点项目，要求将原控制系统全部更新为浙大中控系统，该项目工作强度大、技术难度大。姜炳义主动请缨，积极参与到改造工作中，在没有施工队伍的情况下，历经 20 多天，每天工作至 22 点左右，完成了 500 多点的信号接线、通道测试及安装调试，以及控制系统的编程组态、顺控逻辑以及联锁动作测试，解决了变频调节、液压解锁、失重下料等一系列难点问题，出色地完成了这次改造任务。

2021年，在生产高附加值医用聚丙烯产品过程中，需要增加挤压机滤网的更换频次，但是在更换过滤网的过程中，因设计缺陷容易造成挤压机组停车。面对这一难题，在进行深入细致的现场调研后，他决定实施挤压造粒机过滤网控制系统优化工作，集团将这一难题立项为公司级攻关难题。在半年多时间里，他反复对过滤器控制逻辑组态进行修改，优化控制过程，测试摸索过滤网更换中的最佳排气时间，并尝试更换多种类型的滤网位置开关，最终一举攻克难题，同时将成果推广至多家炼化企业类似装置的挤压造粒机组。

精益求精、锐意进取，姜炳义用自己的实际行动，时刻发挥着技术技能领军人才的作用，在平凡的工作岗位上铸就精彩。

第4章

执 行 器

知识目标：

（1）了解执行器的种类及特点。

（2）了解执行器的正、反作用方式。

（3）掌握气动执行机构的结构及工作原理。

（4）理解电动执行机构的组成及各部分作用。

（5）了解控制阀的结构及特点。

（6）理解控制阀的流量系数、可调比和流量特性的概念。

（7）了解阀门定位器的作用及使用场合。

（8）掌握控制阀的选用原则。

技能目标：

（1）能够应用控制阀的选用原则正确选用控制阀。

（2）能够对执行器进行正确的调校。

（3）能够正确地安装执行器。

（4）能够处理执行器在使用、维护中的问题。

素质目标：

（1）培养安全操作意识，将这种意识代入化工生产的各个工作领域。

（2）培养团队协作意识和沟通交流能力，塑造细致、规范、严谨、创新的现场作业职业素养。

　　执行器是过程控制系统中一个重要的组成部分，人们常把执行器比作生产过程自动化的"手脚"。它的作用是接收来自控制器输出的控制信号，并转换成直线位移或角位移来改变控制阀的流通面积，以改变被控参数的流量，控制流入或流出被控过程的物料或能量，从而实现对过程参数的自动控制，使生产过程满足预定的要求。执行器安装在现场，直接与工艺介质接触，通常在高温、高压、高黏度、强腐蚀、易结晶、易燃易爆、剧毒等场合下工作，如果选用不当，将直接影响过程控制系统的控制质量，甚至造成严重事故。本章主要介绍执行器的结构特点和使用方法。

4.1 概　　述

4.1.1　执行器的种类及特点

执行器按所驱动能源来分，有电动执行器、气动执行器、液动执行器三大类产品。它们的特点及应用场合如表 4.1 所示。

表 4.1　三种执行器的特点比较

比较项目	气动执行器	电动执行器	液动执行器
结构	简单	复杂	简单
体积	中	小	大
推力	中	小	大
配管配线	较复杂	简单	复杂
动作滞后	大	小	小
频率响应	狭	宽	狭
维护检修	简单	复杂	简单
使用场合	防火防爆	隔爆型能防火防爆	要注意火花
温度影响	较小	较大	较大
成本	低	高	高

电动执行器的能源取用方便，动作灵敏，信号传输速度快，适用于远距离的信号传送，便于与计算机配合使用。但电动执行器一般不适用于防火防爆的场合，而且结构复杂，价格贵。

气动执行器是以压缩空气作为动力能源的执行器，具有结构简单、动作可靠、性能稳定、输出力大、成本较低、安装维修方便和防火防爆等优点，在过程控制中获得广泛的应用。但气动执行器有滞后大、不适于远传的缺点，为了克服此缺点，可采用电/气转换器或阀门定位器，使传送信号为电信号，现场操作为气动，这是电气结合的一种形式，也是今后发展的方向。

液动执行器的推力最大，但由于各种原因，在工业生产过程自动控制系统中目前使用不广。因此，本章仅介绍常用的电动执行器和气动执行器。

4.1.2　执行器的构成

执行器由执行机构和调节机构（又称控制阀）两部分组成。各类执行器的调节机构的种类和构造大致相同，主要差别是执行机构不同。调节机构均采用各种通用的控制阀，这对生产和使用都有利。

执行机构是执行器的推动装置，它根据控制信号的大小产生相应的推力，推动调节机构动作。调节机构是执行器的调节部分，在执行机构推力的作用下，调节机构产生一定的位移或转角，直接调节流体的流量。

（1）电动执行器是电动调节系统中的一个重要组成部分。它接收来自电动控制器输出的 4～20 mA DC 信号，并将其转换成适当的力或力矩，去操纵调节机构，从而达到连续调节生产过程中有关管路内流体的流量的目的。当然，电动执行器也可以调节生产过程中的物料、能源等，以实现自动调节。

电动执行器是由电动执行机构和调节机构两部分组成的，其中将电动控制器来的控制信号转换为力或力矩的部分称为电动执行机构；而各种类型的控制阀或其他类似作用的调节设备则统称为调节机构。

电动执行机构根据不同的使用要求，有简有繁。最简单的是电磁阀上的电磁铁。除此之外，都用电动机作为动力机构推动调节机构。调节机构使用得最普遍的是控制阀，它与气动执行器用的控制阀完全相同。

电动执行机构与调节机构的连接方式有多种，有的将两者固定安装在一起，构成一个完整的执行器，如电磁阀、电动控制阀等；也有用机械连杆把两者就地连接起来的，如各种直行程、角行程、多转式电动执行机构就属于这一类。

电动执行器还可以通过电动操作器实现控制系统的自动操作和手动操作的相互切换。当操作器的切换开关切向"手动"位置时，可由操作器的正、反操作按钮直接控制伺服电动机的电源，以实现输出轴的正转/停止/反转三种状态的遥控操作。另外，还可以转动执行器上的手柄，在现场就地手动操作。

接收 4～20 mA DC 信号的电动执行器，都是以两相异步伺服电动机为动力的位置伺服机构，根据配用的调节机构的不同，输出方式有直行程、角行程和多转式三种类型，各种电动执行机构的构成及工作原理完全相同，差别仅在于减速器不同。

（2）气动执行器是指以压缩空气为动力源的一种执行器。它接收气动控制器或电/气转换器、阀门定位器输出的气压信号，改变控制流量的大小，使生产过程按预定要求进行，实现生产过程的自动控制。气动执行器由气动执行机构和调节机构（控制阀）两部分组成。

近年来，工业生产规模不断扩大，并向大型化、高温高压化方向发展，对工业自动化提出了更高的要求。为适应工业自动化的需要，在气动执行机构方面，除了薄膜执行机构，已发展出活塞执行机构、长行程执行机构和滚筒膜片执行机构等产品。在电动执行机构方面，除角行程执行机构，已发展出直行程执行机构和多转式执行机构等产品。在控制阀方面，除直通单座、双座控制阀，已发展出高压控制阀、碟阀、球阀、偏心旋转控制阀等产品。同时，套筒控制阀和低噪声控制阀等产品也正在发展中。

此外，随着计算机在工业生产过程自动控制系统中的应用，接收串行或并行数字信号的执行器也正在发展，但目前大多数是专用的。

4.1.3 执行器的作用方式

执行器的执行机构有正作用式和反作用式两种，控制阀有正装和反装两种，因此，执行器的作用方式可分为气开和气关两种形式，实现气动调节的气开、气关时，有四种组合方式，如图 4.1 和表 4.2 所示。

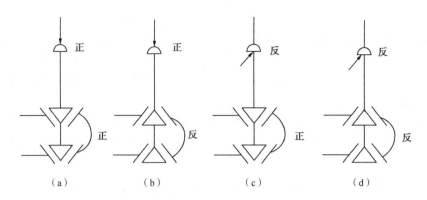

图 4.1　气开阀、气关阀示意图

表 4.2　执行器组合方式

序　号	执行机构	阀　体	气动控制阀
a	正	正	（正）气关
b	正	反	（反）气开
c	反	正	（反）气开
d	反	反	（正）气关

　　气开阀随着信号压力的增加而开度增大，无信号时，气开阀处于全关状态；反之，气关阀随着信号压力的增加而开度减小，无信号时，气关阀处于全开状态。

　　对于一个控制系统，究竟选择气开作用方式还是气关作用方式是由生产工艺要求来决定的。一般来说，要根据以下几条原则来进行选择。

1.　从生产安全的角度考虑

　　控制阀气开、气关的选择，主要从生产工艺的安全来考虑。当发生断电或其他事故引起信号压力中断时，或控制器出了故障而无输出、阀的膜片破裂等使控制阀无法工作以致阀芯处于无能源状态时，应能确保工艺设备和人身的安全，不致发生事故。

　　例如，一般蒸汽加热器选用气开式控制阀，一旦气源中断，阀门就处于全关状态，停止加热，使设备不致因温度过高而发生事故或危险。锅炉进水的控制阀则选用气关式，当气源中断时仍有水进入锅炉，不致发生干烧或爆炸事故。

2.　从保证产品质量的角度考虑

　　当发生上述使控制阀不能正常工作的情况时，控制阀所处的状态不应造成产品质量的下降，如精馏塔回流量控制系统常选用气关阀，这样，一旦发生故障，阀门全开，使生产处于全回流状态，这就防止了不合格产品被蒸发，从而保证了塔顶产品的质量。

3.　从降低原料和动力损耗的角度考虑

　　例如，控制精馏塔进料的控制阀常采用气开式，因为一旦出现故障，阀门是处于关闭状态的，不再给塔投料，从而减少浪费。

4. 从介质特点考虑

例如，精馏塔釜加热蒸汽的控制阀一般选用气开式，以保证故障时不浪费蒸汽。但是如果釜液是易结晶、易聚合、易凝结的液体，则应考虑选用气关式控制阀，以防止在事故状态下由于停止了蒸汽的供给而导致釜内液体结晶或凝聚。

4.2　执　行　机　构

执行器由执行机构和调节机构（控制阀）两部分组成。电动执行器和气动执行器两大类产品的主要区别是执行机构不同。

4.2.1　气动执行机构

气动执行机构是气动执行器的推动部分，它按控制信号的大小产生相应的输出力，通过执行机构的推杆，带动控制阀的阀芯产生相应的位移（或转角）。

气动执行机构常用的有薄膜执行机构和活塞执行机构两种。

动画：气动薄膜
式执行机构

1. 气动薄膜式执行机构

气动薄膜式执行机构由膜片、推杆和平衡弹簧等部分组成，如图 4.2 所示。它通常接收 $0.2 \times 10^5 \sim 1.0 \times 10^5$ Pa 的标准压力信号，经膜片转换成推力，克服弹簧力后，使推杆产生位移，按其动作方式分为正作用和反作用两种形式。当输入气压信号增加时，推杆向下移动，称为正作用；当输入气压信号增加时，推杆向上移动，称为反作用。与气动执行机构配用的气动控制阀有气开和气关两种：有信号压力时，阀门开启的称为气开式；而有信号压力时，阀门关闭的称为气关式。气开、气关是由气动执行机构的正、反作用与控制阀的正、反安装来决定的。在工业生产中，口径较大的控制阀通常采用正作用方式的气动执行机构。

气动执行机构的输出是位移，输入是压力信号，在平衡状态下，它们之间的关系称为气动执行机构的静态特性，即：

$$PA = KL$$
$$L = \frac{PA}{K} \tag{4-1}$$

式中，P——执行机构输入压力；

　　　A——膜片的有效面积；

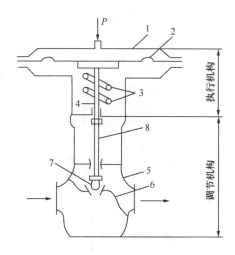

1—上阀盖；2—膜片；3—平衡弹簧；

4—推杆；5—阀体；6—阀座；7—阀芯；8—阀杆

图 4.2　气动薄膜式执行机构

K——弹簧的弹性系数；

L——执行机构的推杆位移。

当执行机构的规格确定后，A 和 K 便为常数，因此执行机构输出的位移 L 与输入信号压力 P 成比例关系。当信号压力 P 加到薄膜上时，此压力乘上膜片的有效面积 A，得到推力，使推杆移动，弹簧受压，直到弹簧产生的反作用力与薄膜上的推力相平衡为止。显然，信号压力越大，推杆的位移（弹簧的压缩量）也就越大。推杆的位移范围就是执行机构的行程。气动薄膜执行机构的行程规格有：10 mm、16 mm、25 mm、40 mm、60 mm、100 mm 等，信号压力从 0.2×10^5 Pa 增加到 1.0×10^5 Pa，推杆则从零走到全行程，阀门就从全开（或全关）到全关（或全开）。

执行机构的动态特性表示动态平衡时，信号压力 P 引入与执行机构推杆位移 L 之间的关系。可用微分方程表示为：

$$RC\frac{\mathrm{d}\Delta L}{\mathrm{d}t} + \Delta L = \frac{A}{K}\Delta P$$

或

$$T\frac{\mathrm{d}\Delta L}{\mathrm{d}t} + \Delta L = \frac{A}{K}\Delta P$$

式中，P——信号压力；

L——推杆位移；

A——薄膜有效面积；

K——弹簧刚度；

T——时间常数，$T = RC$；

R——从控制器到控制阀之间的管道阻力；

C——薄膜室的气容。

传递函数为：

$$\frac{L(s)}{P(s)} = \frac{A}{(Ts+1)K}$$

从控制器或电/气阀门定位器到执行机构膜头间的引压管线，可作为膜头的一部分，由于管线存在阻力，引压管线可近似认为是单容环节，而膜头作用有容量，所以气动执行机构可看成一个惯性环节，其时间常数取决于膜头的大小与管线的长度和直径。

2. 气动活塞式执行机构

气动活塞式执行机构如图 4.3 所示。

活塞随汽缸两侧压差而移动，在汽缸两侧输入一个固定信号和一个变动信号，或两侧都输入变动信号。

气动活塞式执行机构的汽缸允许操作压力较大，可达 5×10^5 Pa，而且无弹簧抵消推力，所以具有较大的输出推

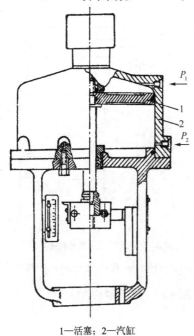

1—活塞；2—汽缸

图 4.3　气动活塞式执行机构

力，特别适用于高静压、高压差、大口径的工艺场合。它是一种强有力的气动执行机构。

气动活塞式执行机构按其作用方式可分为比例式和两位式两种。所谓比例式是指输入信号压力与推杆的行程成比例关系，这时它必须与阀门定位器配用。两位式是根据输入执行机构活塞两侧的操作压力差来完成的。活塞由高压侧推向低压侧，就使推杆由一个极端位置推至另一个极端位置。这种执行机构的行程一般为 25～100 mm。

此外，还有一种长行程执行机构，它具有行程长（200～400 mm）、转矩大的特点，适用于输出转角（0°～90°）和力矩的场合。

4.2.2 电动执行机构

接收 0～10 mA DC 或 4～20 mA DC 信号的电动执行器，都是以两相异步伺服电动机为动力的位置伺服机构，根据配用的调节机构不同，输出方式有直行程、角行程和多转式三种类型，各种电动执行机构的构成及工作原理完全相同，差别仅在于减速器不一样。

图 4.4 所示为电动执行机构的组成框图，它由伺服放大器和执行机构两部分组成。执行机构又包括两相伺服电动机、减速器和位置发送器。

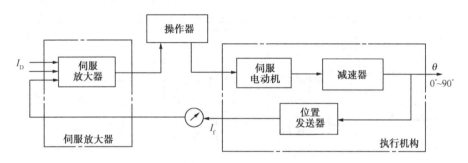

图 4.4　电动执行机构组成框图

伺服放大器的作用是综合输入信号和反馈信号，并将该结果信号加以放大，使之有足够大的功率来控制伺服电动机的转动。根据综合后结果信号的极性，放大器应输出相应极性的信号，以控制电动机的正、反向旋转。

伺服电动机是执行器的动力装置，将电功率变为机械功率以对调节机构做功。但由于伺服电动机转速高，满足不了较低的速度调节的要求，输出力矩小带动不了调节机构，故必须经过减速器将高转速、小力矩转化为低转速、大力矩的输出。

位置发送器的作用是输出一个与执行器输出轴位移成比例的电信号，一方面借电流来指示阀位，另一方面作为位置信号反馈至输入端，使执行器构成一个位置反馈系统。

来自控制器的电流信号 I_D 作为伺服放大器的输入信号，与位置反馈信号 I_f 进行比较，其差值（正或负）经放大后去控制两相伺服电动机正转或反转，再经减速器减速后，使输出产生位移，即改变控制阀的开度（或挡板的角位移）。与此同时，输出轴的位移又经位置发送器转换成电流信号 I_f，作为反馈信号，返回到伺服放大器的输入端。当反馈信号 I_f 与输入信号 I_D 相等时，电动机停止转动，这时控制阀的开度就稳定在与控制器输出信号 I_D 成比例的位置上。

如输入电流信号增加，则输入信号与反馈信号的差值为正极性，伺服放大器控制电动机正转；相反，如输入电流信号减小，则差值信号为负极性，伺服放大器控制电动机反转，即电动机可根据输入信号与反馈信号差值的极性产生正转或反转，以带动调节机构进行开大或关小阀门操作。

在实际控制系统中，执行器根据控制器的控制信号去控制阀门，通常要求执行器的正转或反转能反映控制器偏差信号的正负极性。为此，在系统投入自动运行前，用手动操作控制，使被调参数接近给定值，而控制阀处于某一中间位置。由于控制器的自动跟踪作用，在手动操作时已有一个相应的输出电流，其大小为 4～20 mA DC 中的某一数值，故当系统切换到自动方式后，若偏差信号为正，则控制器输出电流增加，执行器的输入信号大于位置反馈信号，电动机正转，反之，偏差信号为负，控制器输出电流减小，电动机反转。所以，电动机的正、反转是受偏差信号极性控制的。

下面对电动执行机构的伺服放大器和执行机构分别进行介绍。

1. 伺服放大器

伺服放大器是由前置磁放大器、触发器、晶闸管主回路及电源等部分组成的。图 4.5 所示为伺服放大器的原理框图。

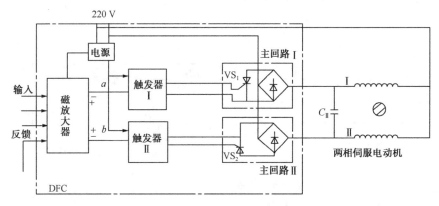

图 4.5　伺服放大器原理框图

伺服放大器有三个输入通道和一个反馈通道，可以同时输入三个输入信号和一个反馈信号，以满足复杂控制系统的要求。一般简单控制系统中只用一个输入通道和一个反馈通道。

前置磁放大器是一个增益很高的放大器，来自控制器的输入信号和位置反馈信号在磁放大器中进行比较，当两者不相等时，磁放大器把偏差信号进行放大，根据输入信号与反馈信号相减后偏差的正负极性，磁放大器在 a、b 两点产生两位式的输出电压，控制两个触发器中一个工作，一个截止。使主回路的晶闸管导通，两相伺服电动机接通电源而旋转，从而带动调节机构进行自动控制。晶闸管在电路中起无触点开关作用。伺服放大器有两组开关电路，分别接收正偏差和负偏差的输入信号，以控制伺服电动机的正转和反转。与此同时，位置反馈信号随电动机转角的变化而变化，当位置反馈信号与输入信号相等时，前置磁放大器没有输出，伺服电动机停转。

2. 执行机构

执行机构由两相交流伺服电动机、位置发送器和减速器组成，如图 4.4 所示。

1）伺服电动机

伺服电动机是执行机构的动力部分，它是由冲槽硅钢片叠成的定子和鼠笼型转子组成的两相伺服电动机。定子上具有两组相同的绕组，靠移相电容使两相绕组中的电流相位相差90°，同时两绕组在空间也相差90°，因此构成定子旋转磁场。电动机旋转方向取决于两相绕组中电流相位的超前或滞后。

考虑到执行器中的电动机常处于频繁的启动、制动过程中，在控制器输出过载或其他原因使阀卡位时，电动机还可能长期处于堵转状态，为保证电动机在这种情况下不致因过热而烧毁，这种电动机具有启动转矩大和启动电流较小的特点。另外，为了尽量减少伺服电动机在断电后按惯性继续"惰走"的过程，并防止电动机断电后被负载作用力推动发生反转现象，在伺服电动机内部还装有傍磁式制动机构，以保证电动机在断电时转子立即被制动。

2）减速器

伺服电动机转速较高，输出转矩小，转速一般为 600～900 r/min，而调节机构的转速较低，输出转矩大，输出轴全行程（90°）时间一般为 25 s，即输出轴转速为 0.6 r/min。因此，伺服电动机和调节机构之间必须装有减速器，将高转速、低转矩变成低转速、高转矩，伺服电动机和调节机构之间一般装有两级减速器，减速比一般为（1 000～1 500）∶1。

减速器采用平齿轮和行星减速机混合的传动机构。其中平齿轮加工简单，传动效率高，但减速器体积大；行星减速机具有体积小、减速比大、承载力大、效率高等优点。

3）位置发送器

位置发送器根据差动变压器的工作原理，利用输出轴的位移来改变铁芯在差动线圈中的位置，以产生反馈信号和位置信号。为保证位置发送器能够输出稳定的电压，以及反馈信号与输出轴位移呈线性关系，位置发送器的差动变压器电源采用 LC 串联谐振磁饱和稳压，并在位置发送器内设置零点补偿电路，从而保证了位置发送器具有良好的反馈特性。

角行程电动执行器的位置发送器通过凸轮和减速器输出轴相接，差动变压器的铁芯用弹簧紧压在凸轮的斜面上，输出轴旋转 0°～90°，差动变压器铁芯产生轴向位移，位置发送器输出电流为 4～20 mA DC。

直行程电动机执行器的位置发送器与减速器之间的连接和调整是通过杠杆和弹簧来实现的。当减速器输出轴上下运动时，杠杆一端依靠弹簧力紧压在输出轴的端面上，使差动变压器推杆产生轴向位移，从而改变铁芯在差动变压器绕组中的位置，以达到改变位置发送器输出电流的目的。

4）操作器

操作器用于完成手动与自动之间的切换、远程操作和自动跟踪无扰动切换等任务。根据它的功能不同有三种类型：第一种是有切换操作、阀位指示、跟踪电流指示和中途限位的；第二种是有切换操作、阀位指示和跟踪电流的；第三种是有切换操作、阀位指示和跟踪电流，但无跟踪电流指示的。

随着自动化程度的不断提高，对电动执行机构提出了更多的要求，如要求能直接与计算机连接、有自保持作用和不需要进行数/模转换，伺服电动机采用了低速电动机后，有利于简化电动执行机构的结构，提高性能。

4.3 调 节 机 构

调节机构是执行器的调节部分，它与被控介质直接接触，在执行机构的推动下，阀芯产生一定的位移（或转角），改变阀芯与阀座间的流通面积，从而达到调节被控介质流量的目的。控制阀是一种主要调节机构，它安装在工艺管道上，直接与被控介质接触，使用条件比较恶劣，它的好坏直接影响控制质量。

4.3.1 调节机构的结构和特点

从流体力学的角度来看，控制阀是一个局部阻力可以变化的节流元件，由于阀芯在阀体内移动，改变阀芯与阀座之间的流通面积，即改变阀的阻力系数，使被控介质的流量相应改变，从而达到调节工艺参数的目的。根据能量守恒定律，对于不可压缩流体，可以推导出控制阀的流量方程式：

$$Q = \frac{A}{\sqrt{\xi}} \sqrt{\frac{2(P_1 - P_2)}{\rho}} \tag{4-2}$$

式中，Q——流体通过阀的流量；

P_1、P_2——分别为进口端和出口端的压力；

A——阀连接管道的截面积；

ρ——流体的密度；

ξ——阀的阻力系数。

当 A 一定且 P_1、P_2 不变时，流量仅随阻力系数的变化而变化。阻力系数主要与流通面积（即阀门的开度）有关，改变阀门的开度，就改变了阻力系数，从而达到调节流量的目的。阀门开得越大，阻力系数越小，则通过的流量就越大。

控制阀主要由上下阀盖、阀体、阀座、阀芯、阀杆、填料和压板等零部件组成。阀芯和阀杆连接在一起，连接方法是用紧配合销钉固定或螺纹连接销钉固定。上下阀盖都装有衬套，为阀芯移动起导向作用。它还有一个斜孔，连通阀盖内腔与阀后内腔，当阀芯移动时，阀盖内腔的介质很容易经斜孔流入阀后，不致影响阀芯的移动。

阀芯是控制阀关键的零件，为了适应不同的需要，得到不同的阀特性，阀芯的类型多种多样，但一般分为两大类，即直行程阀芯和角行程阀芯。

（1）直行程阀芯包括：①平板形阀芯；②柱塞形阀芯；③窗口形阀芯；④套筒形阀芯；⑤多级阀芯。

（2）角行程阀芯包括：①偏心旋转阀芯；②碟形阀芯；③球形阀芯。

为了适应不同的工作温度和密封要求，上阀盖有四种常见的结构类型：①普通型；②散热型；③长颈型；④波纹管密封型。

上阀盖内一般具有填料室，内装聚四氟乙烯或石墨石棉填料，起密封作用。

根据不同的使用要求，控制阀的类型多种多样，各具特点，主要有以下几种类型，如图 4.6 所示。

1. 直通单座阀

直通单座阀阀体内只有一个阀芯和阀座，如图 4.6（a）所示。这一结构特点使它容易保证密闭，因而泄漏量很小（甚至可以完全切断）。同时，由于只有一个阀芯，流体对阀芯的推力不能像双座阀那样相互平衡，因而不平衡力很大，尤其在高压差、大口径时，不平衡力更大。因此，直通单座阀适用于泄漏要求严、阀前后压差较小、管径小的场合。

2. 直通双座阀

直通双座阀阀体内有两个阀芯和阀座，如图 4.6（b）所示。双座阀的阀芯采用双导向结构，只要把阀芯反装，就可以改变它的作用形式。因为流体作用在上、下两阀芯上的不平衡力可以相互抵消，因此双座阀的不平衡力小，允许使用压差较大，流通能力比同口径的单座阀大。但双座阀上、下阀芯不易同时关闭，故泄漏量较大，尤其使用于高温或低温时，材料的热膨胀差更容易引起较严重的泄漏。因此，双座阀适用于两端压差较大、对泄漏量要求不高的场合，不适用于高黏度介质和含纤维介质的场合。

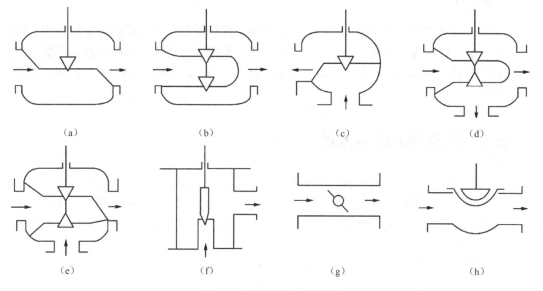

（a）　　　　　　　　（b）　　　　　　　　（c）　　　　　　　　（d）

（e）　　　　　　　　（f）　　　　　　　　（g）　　　　　　　　（h）

图 4.6　控制阀的主要类型

3. 角形阀

角形阀的阀体为角形，如图 4.6（c）所示。其他结构与单座阀相似，这种阀流路简单，阻力小，阀体内不易积存污物，所以特别有利于高黏度、含悬浮颗粒的流体控制，从流体的流向看，有侧进底出和底进侧出两种，一般采用底进侧出。

4. 三通阀

三通阀阀体有三个接管口，适用于有三个方向流体的管路控制系统，大多用于热交换器的温度调节、配比调节和旁路调节。在使用中应注意流体温度不宜过大，通常小于 150℃，否则会使三通阀产生较大应力而引起变形，造成连接处泄漏或损坏。

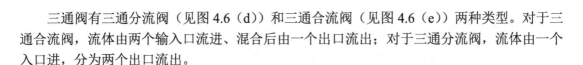

三通阀有三通分流阀（见图4.6（d））和三通合流阀（见图4.6（e））两种类型。对于三通合流阀，流体由两个输入口流进、混合后由一个出口流出；对于三通分流阀，流体由一个入口进，分为两个出口流出。

5. 高压阀

高压阀是专为高压系统使用的一种特殊阀门，如图4.6（f）所示，使用的最大公称压力在 $320 \times 10^5 Pa$ 以上；一般为铸造成型的角形结构。为适应高压差，阀芯头部可采用硬质合金或可淬硬钢渗铬等，阀座则采用可淬硬钢渗铬。

6. 碟阀

碟阀又称翻板阀，如图4.6（g）所示，适用于圆形截面的风道，它的结构简单而紧凑，质量小，但泄漏量较大。特别适用于低压差、大流量且介质为气体的场合，多用于燃烧系统的风量控制。

7. 隔膜阀

它采用具有耐腐蚀衬里的阀体和耐腐蚀的隔膜代替阀的组件，隔膜起控制作用，如图4.6（h）所示。这种阀的流路阻力小，流通能力大，耐腐蚀，适用于强腐蚀性、高黏度或带悬浮颗粒与纤维的介质流量控制。但耐压、耐高温性能较差，一般工作压力小于 $10 \times 10^5 Pa$，使用温度低于150℃。

4.3.2 控制阀的流量系数

反映控制阀的工作特性和结构特征的参数有很多，如流量系数 C、公称直径 D_g、阀座直径 d_g、阀芯行程 L、流量特性、公称压力 P_g 和薄膜有效面积等。在这些参数中，流量系数 C 具有特别重要的意义，因为 C 的大小直接反映了控制阀的容量。它是设计、使用部门选用控制阀的重要参数。

根据流量方程式（4-2），由于 $\gamma = \rho g$，故流量方程式还可以写成：

$$Q = \frac{A}{\sqrt{\xi}} \sqrt{\frac{2g}{\gamma}(P_1 - P_2)}$$

式中，ρ——流体的密度；

g——重力加速度；

γ——流体的重度；

$\Delta P = P_1 - P_2$——控制阀前后压差。

令
$$C = A\sqrt{\frac{2}{\xi}} \tag{4-3}$$

则得
$$Q = C\sqrt{\frac{\Delta P}{\rho}}$$

C 称为流量系数，从上式可知，C 正比于 Q，因此，在控制阀中 C 又被称为阀的流通能力。因为 C 正比于流通面积 A，而 A 取决于公称直径 D_g，又因为 C 正比于 $1/\sqrt{\xi}$，而阻力系数 ξ 取决于阀的结构，可见，流量系数 C 表示了控制阀的结构，对于不同口径、不同结构的控制阀，其流量系数 C 也不同。为了反映不同口径、不同结构的控制阀流通能力的大小，需要规定一个统一的实验条件，于是流通能力 C 被定义为：当控制阀全开时，阀前后压差 ΔP 为 0.1 MPa、流体的密度为 1 g/cm³ 时，每小时通过控制阀流体的流量数，以 m³/h 或 kg/h 为计算单位。

控制阀的尺寸通常用公称直径 D_g 和阀座直径 d_g 来表示。主要依据计算出的流通能力 C 来进行选择，各种尺寸控制阀的 C 值如表 4.3 所示。

表 4.3　控制阀流通能力 C 与其尺寸的关系

公称直径 D_g/mm		3/4						20			25
阀座直径 d_g/mm		2	4	5	6	7	8	10	12	15	20	25
流通能力 C	单座阀	0.08	0.12	0.20	0.32	0.50	0.80	1.2	2.0	3.2	5.0	8
	双座阀											10
公称直径 D_g/mm		32	40	50	65	80	100	125	150	200	250	300
阀座直径 d_g/mm		32	40	50	65	80	100	125	150	200	250	303
流通能力 C	单座阀	12	20	32	56	80	120	200	280	450		
	双座阀	16	25	40	63	100	160	250	400	630	1000	1600

流通能力 C 表示控制阀的容量，对于通过控制阀的流体流量的控制，是基于改变其阀芯与阀座之间的流通截面大小，即改变其阻力大小来实现的。

根据调节所需的物料量 Q_{max}、Q_{min}，流体密度 ρ 以及控制阀上的压差 ΔP，可以求得最大流量、最小流量的 C_{max} 和 C_{min} 值，再根据 C_{max}，在所选用产品类型的标准系列中，选取大于 C_{max} 并最接近一级的 C 值，查出 D_g 和 d_g。

【例 4-1】　流过某一油管的最大体积流量为 40 m³/h，流体密度为 0.05 g/cm³，阀门上的压差为 0.2 MPa，试选择适当型号的阀门。

根据流通能力公式：

$$C = Q\sqrt{\frac{\rho}{\Delta P}}$$

$$C_{max} = Q_{max}\sqrt{\frac{\rho}{\Delta P}} = 40 \times \sqrt{\frac{0.05}{0.2}} = 20$$

从表 4.3 中查得，应选阀座直径 d_g 为 40 mm、公称直径 D_g 为 40 mm 的双座阀。此时，C 值为 25，这样在最大流量时还有一定的余量。

4.3.3　控制阀的可调比

控制阀的可调比就是控制阀所能控制的最大流量与最小流量之比。可调比也称可调范围，用 R 表示。

$$R = \frac{Q_{max}}{Q_{min}}$$

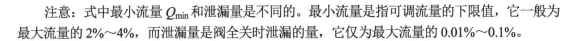

注意：式中最小流量 Q_{min} 和泄漏量是不同的。最小流量是指可调流量的下限值，它一般为最大流量的 2%～4%，而泄漏量是阀全关时泄漏的量，它仅为最大流量的 0.01%～0.1%。

1. 理想可调比

当控制阀上的压差一定时，这时的可调比称为理想可调比。

$$R=\frac{Q_{max}}{Q_{min}}=\frac{C_{max}\sqrt{\frac{\Delta P}{\gamma}}}{C_{min}\sqrt{\frac{\Delta P}{\gamma}}}=\frac{C_{max}}{C_{min}}$$

也就是说，理想可调比等于最大流通能力与最小流通能力之比，它反映了控制阀调节能力的大小，是由结构设计决定的。人们总是希望控制阀的可调比大一些，但是由于阀芯结构设计和加工的限制，C_{min} 不能太小，因此理想可调比一般均小于 50。目前，我国统一设计时，取 $R=30$。

2. 实际可调比

控制阀在实际工作时，总与管路系统相串联或与旁路阀相并联，随着管路系统的阻力变化或旁路阀开启程度的不同，控制阀的可调比也发生相应的变化，此时的可调比就称为实际可调比。

1）串联管道时的可调比

控制阀串联管道工作情况如图 4.7 所示。由于流量的增加，管道的阻力损失也增加。若系统的总压差ΔP不变，则分配到控制阀上的压差相应减小，这就使控制阀所能通过的最大流量减小，所以串联管道时控制阀实际可调比会降低，若用 $R_{实际}$ 表示控制阀的实际可调比，则有：

$$R_{实际}=\frac{Q_{max}}{Q_{min}}=\frac{C_{max}\sqrt{\frac{\Delta P_{min}}{\gamma}}}{C_{min}\sqrt{\frac{\Delta P_{max}}{\gamma}}}=R\sqrt{\frac{\Delta P_{min}}{\Delta P_{max}}}=R\sqrt{\frac{\Delta P_{min}}{\Delta P}}$$

令
$$S=\frac{\Delta P_{min}}{\Delta P}$$

则
$$R_{实际}=R\sqrt{S} \tag{4-4}$$

式中，ΔP_{max}——控制阀全关时阀前后的压差（近似等于系统的总压差ΔP）；

ΔP_{min}——控制阀全开时阀前后的压差；

S——控制阀全开时阀前后压差与系统总压差之比。

由式（4-4）可知，S 值越小，串联管道的阻力损失越大，实际可调比越小。它的变化情况如图 4.8 所示。

2）并联管道时的可调比

控制阀并联管道工作情况如图 4.9 所示。当打开与控制阀并联的旁路时，实际可调比为：

$$R_{实际}=\frac{总管最大流量}{调节阀最小流量＋旁路流量}=\frac{Q_{max}}{Q_{1min}+Q_2}$$

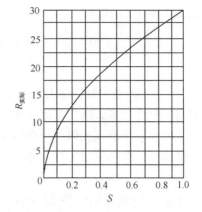

图 4.8　串联管道时的可调比

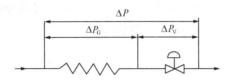

图 4.7　控制阀串联管道工作情况

若令

$$x = \frac{调节阀全开时的流量}{总管最大流量} = \frac{Q_{1max}}{Q_{max}}$$

因为 $R = \dfrac{Q_{1max}}{Q_{1min}}$，所以

$$Q_{1min} = \frac{Q_{1max}}{R} = \frac{x}{R} \cdot Q_{max}$$

又因为 $Q_2 = Q_{max} - Q_{1max} = (1-x)Q_{max}$，则

$$R_{实际} = \frac{Q_{max}}{x \dfrac{Q_{max}}{R} + (1-x)\,Q_{max}} = \frac{R}{R - (R-1)\,x} \tag{4-5}$$

从式（4-5）可知，x 值越小，旁路流量越大，实际可调比就越小。它的变化情况如图 4.10 所示。从图中可以看出旁路阀的开度对实际可调比的影响很大。

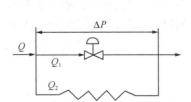

图 4.9　控制阀并联管道工作情况

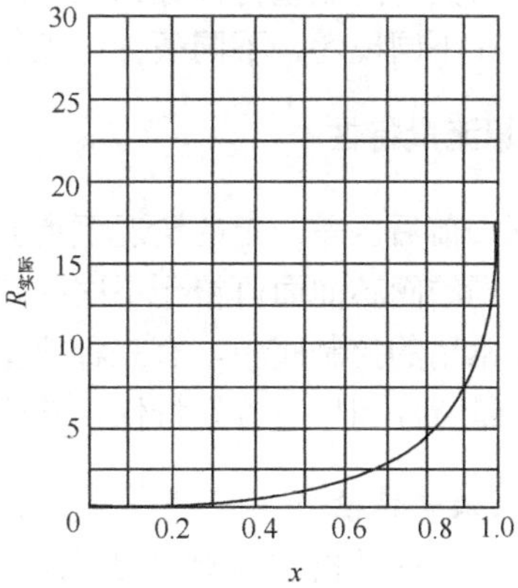

图 4.10　并联管道时的可调比

从式（4-5）可得：

$$R_{实际} = \frac{1}{1 - \dfrac{R-1}{R}x}$$

因为 $R \gg 1$，所以有：

$$R_{\text{实际}} = \frac{1}{1-x} = \frac{1}{1 - \dfrac{Q_{1\max}}{Q_{\max}}} = \frac{Q_{\max}}{Q_2} \tag{4-6}$$

式（4-6）表明并联管道实际可调比与控制阀本身的可调比无关。控制阀的最小流量一般比旁路流量小得多，所以可调比实际上只是总管最大流量与旁路流量之比。

综上所述，串联或并联管道都将使实际可调比下降，所以在选择控制阀和组成系统时不应使 S 值太小，要尽量避免打开并联旁路阀，以保证控制阀有足够的可调比。

4.3.4 控制阀的流量特性

控制阀的流量特性，是指介质流过阀门的相对流量与阀门相对开度之间的关系，即：

$$\frac{Q}{Q_{\max}} = f\left(\frac{l}{L}\right) \tag{4-7}$$

式中，$Q/Q_{\max}$——相对流量，即某一开度的流量与全开流量之比；

l/L——相对开度，即某一开度下的行程与全行程之比。

从过程控制的角度来看，流量特性是控制阀的主要特性，它对整个过程控制系统的品质有很大影响。控制系统工作不正常，往往是由控制阀的特性特别是流量特性选择不合适，或者是阀芯在使用中受腐蚀、磨损使特性变坏引起的。

由流量方程式（4-2）可知，流过控制阀的流量不仅与阀的开度（流通截面积）有关，还受控制阀两端压差的影响。当控制阀两端压差不变时，流量特性只与阀芯形状有关，这时的流量特性就是控制阀生产厂家提供的特性，称为理想流量特性或固有流量特性。而控制阀在现场工作时，两端压差是不可能固定不变的，因此，流量特性也要发生变化，把控制阀在实际工作中所具有的流量特性称为工作流量特性或安装流量特性。可见，相同理想流量特性的控制阀，在不同现场、不同条件下工作时，其工作流量特性并不完全一样。

1. 理想流量特性

在控制阀前后压差一定的情况下得到的流量特性，称为理想流量特性，它仅取决于阀芯的形状。不同的阀芯曲面可得到不同的流量特性，它是一个控制阀所固有的流量特性。

在目前常用的控制阀中，有三种典型的固有流量特性，即直线流量特性、对数（也称等百分比）流量特性和快开流量特性，其阀芯形状和相应的特性曲线如图 4.11 和图 4.12 所示。

1）直线流量特性

直线流量特性是指控制阀的相对流量与阀芯的相对位移呈直线关系，其数学表达式为：

$$\frac{\mathrm{d}(Q/Q_{\max})}{\mathrm{d}(l/L)} = K \tag{4-8}$$

式中，K——控制阀的放大系数。

具有直线流量特性的控制阀在小开度工作时，其相对流量变化太大，控制作用太强，容易引起超调，产生振荡；而在大开度工作时，其相对流量变化小，控制作用太弱，容易造成控制作用不及时。

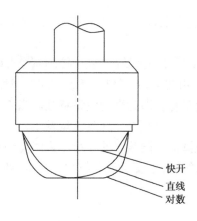

图 4.11　三种阀芯形状

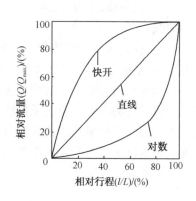

图 4.12　理想流量特性曲线

2）对数（等百分比）流量特性

对数（等百分比）流量特性是指阀杆的相对位移（开度）变化所引起的相对流量变化与该点的相对流量成正比，其数学表达式为：

$$\frac{\mathrm{d}(Q/Q_{\max})}{\mathrm{d}(l/L)}=K(Q/Q_{\max})=K_{\mathrm{V}} \tag{4-9}$$

可见，控制阀的放大系数 K_{V} 是变化的，它随相对流量的变化而变化。

从过程控制来看，利用对数（等百分比）流量特性，在小开度时 K_{V} 小，控制缓和平稳；在大开度时 K_{V} 大，控制及时有效。

3）快开流量特性

这种特性在小开度时流量就比较大，随着开度的增大，流量很快达到最大，故称为快开特性。快开特性的数学表达式为：

$$\frac{\mathrm{d}(Q/Q_{\max})}{\mathrm{d}(l/L)}=K(Q/Q_{\max})^{-1} \tag{4-10}$$

具有快开特性的阀芯形状为平板形，其有效行程为阀座直径的 1/4，当行程增大时，阀的流通面积不再增大，就不能起控制作用。

2．工作流量特性

在实际使用时，控制阀安装在管道上，与其他设备串联，或者与旁路管道并联，因而控制阀前后的压差是变化的。此时，控制阀的相对流量与阀芯相对开度之间的关系称为工作流量特性。

1）串联管道时的工作流量特性

控制阀与其他设备串联工作时，如图 4.7 所示，控制阀上的压差是其总压差的一部分。当总压差 ΔP 一定时，随着阀门的开大，引起流量 Q 的增加，设备及管道上的压力将随流量的平方增长，这就是说，随着阀门开度增大，阀前后压差将逐渐减小。所以，在同样的阀芯位移下，实际流量要比阀前后压差不变时的理想情况小。尤其在流量较大时，随着阀前后压差的减小，控制阀的实际控制效果变得非常迟钝。如果图 4.7 中用线性阀，其理想流量特性是一条直线，由于串联阻力的影响，其实际的工作流量特性将变成如图 4.13（a）所示向上缓慢变化的曲线。

图 4.13 中 Q_{max} 表示串联管道阻力为零，控制阀全开时的流量；S 表示控制阀全开时阀前后压差 ΔP_{min} 与系统总压差 ΔP 的比值，$S=\Delta P_{min}/\Delta P$。由图 4.13 可知，当 $S=1$ 时，管道压降为零，控制阀前后压差等于系统的总压差，故工作流量特性即为理想流量特性。当 $S<1$ 时，由于串联管道阻力的影响，使流量特性产生两个变化：一个是阀全开时流量减小，即阀的可调范围变小；另一个是使阀在大开度时的控制灵敏度降低。随着 S 的减小，直线特性趋向于快开特性，对数特性趋向于直线特性，S 值越小，流量特性的变形程度越大。在实际使用中，一般希望 S 值不低于 0.3～0.5。

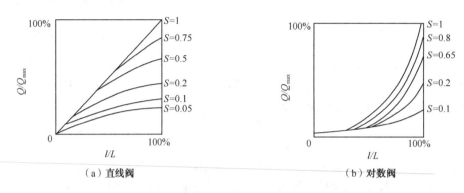

图 4.13 串联管道时控制阀的工作流量特性

2）并联管道时的工作流量特性

在现场使用时，控制阀一般都装有旁路阀，如图 4.9 所示，以便手动操作和维护。并联管道时的工作流量特性如图 4.14 所示，图中 S' 为阀全开时的工作流量与总管最大流量之比。

如图 4.14 所示，当 $S'=1$ 时，旁路阀关闭，工作流量特性即为理想流量特性。随着旁路阀逐渐打开，S' 值逐渐减小，控制阀的可调范围也将大大减小，从而使控制阀的控制能力大大下降，影响控制效果。根据实际经验，S' 的值不能低于 0.8。

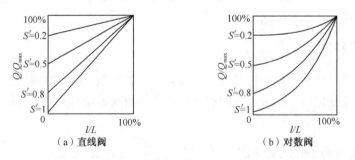

图 4.14 并联管道时控制阀的工作流量特性

4.4　阀门定位器

阀门定位器是与气动执行器配套使用的。它接收控制器的输出信号，用它的输出信号去控制控制阀动作。顾名思义，阀门定位器的功能是使控制阀按控制器的输出信号实现正确的定位作用。

工业企业中自动控制系统的执行器大都采用气动执行器，其阀杆的位移是由薄膜上的气压推力与弹簧反作用力平衡来确定的。由于执行机构部分薄膜和弹簧的不稳定性以及各可动部分的摩擦力，如为了防止阀杆引出处泄漏，填料总要压得很紧，致使摩擦力可能很大，此外，被调节流体对阀芯的作用力，被调节介质黏度大或带有悬浮物、固体颗粒等对阀杆移动所产生的阻力，所有这些都会影响执行机构与输入信号之间的准确定位关系，影响气动执行器的灵敏度和准确度。因此，在气动执行机构工作条件差或要求调节质量高的场合，都在气动执行机构前加装阀门定位器。

阀门定位器是气动执行器的主要附件，它与气动执行器配套使用，具有以下用途。

（1）提高阀杆位置的线性度，克服阀杆的摩擦力，消除被控介质压力变化与高压差对阀位的影响，使阀门位置能按控制信号实现正确定位。

（2）增加执行机构的动作速度，改善控制系统的动态特性。

（3）可用 20～100 kPa 的标准信号压力去操作 40～200 kPa 的非标准信号压力的气动执行机构。

（4）可实现分程控制，用一台控制仪表去操作两台控制阀，第一台控制阀上定位器通入 20～60 kPa 的信号压力后阀门走全行程，第二台控制阀上定位器通入 60～100 kPa 的信号压力后阀门走全行程。

（5）可实现反作用动作。

（6）可修正控制阀的流量特性。

（7）可使活塞执行机构和长行程执行机构的两位式动作变为比例式动作。

（8）采用电/气阀门定位器后，可用 4～20 mA DC 电流信号去操作气动执行机构，一台电/气阀门定位器具有电/气转换器和气动阀门定位器的双重作用。

阀门定位器按输入信号来分，有气动阀门定位器和电/气阀门定位器两种类型。

4.4.1 气动阀门定位器

气动阀门定位器接收由气动控制器或电/气转换器转换的控制器的输出信号，然后产生和控制器输出信号成比例的气压信号，用以控制气动执行器。阀门定位器与气动执行机构的连接如图 4.15 所示。

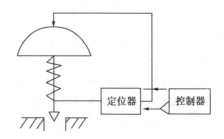

图 4.15 阀门定位器与气动执行器连接图

由图 4.15 可知，阀门定位器与气动执行器配合使用，当气动执行器动作时，阀杆的位移通过机械装置负反馈到阀门定位器，因此，阀门定位器和执行器组成一个气压—位移负反馈闭环系统，这样不仅改善了气动执行器的静态特性，使输入电流与阀杆位移之间保持良好的线性关系，而且改善了气动执行器的动态特性，使阀杆移动速度加快，减少了信号的传递滞后。如果使用得当，可以保证控制阀的正确定位，从而大大提高调节系统的品质。

如图 4.16 所示，是一种与气动薄膜执行机构配套使用的气动阀门定位器，它是按力矩平衡原理工作的。当输入压力通入波纹管后，挡板靠近喷嘴，单输出放大器的输出压力通入薄膜执行机构，阀杆位移通过凸轮拉伸反馈给弹簧，直到反馈弹簧作用在主杠杆上的力矩与波纹管作用在主杠杆上的力矩相平衡。

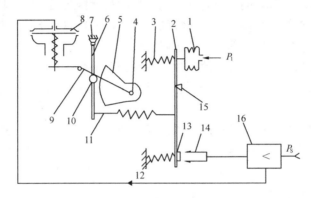

1—波纹管；2—主杠杆；3—迁移弹簧；4—凸轮支点；5—反馈凸轮；6—副杠杆；7—支点；8—膜室；
9—反馈杆；10—滚轮；11—反馈弹簧；12—调零弹簧；13—挡板；14—喷嘴；15—主杠杆支点；16—放大器

图 4.16　力矩平衡式气动阀门定位器

它的动作过程是：当通入波纹管 1 的压力增加时，波纹管 1 使主杠杆 2 绕主杠杆支点 15 偏转，挡板 13 靠近喷嘴 14，喷嘴背压升高。此背压经放大器 16 放大后的压力 P_S 引入到气动执行机构的膜室 8，因其压力增加而使阀杆向下移动，并带动反馈杆 9 绕凸轮支点 4 偏转，反馈凸轮 5 也跟着做逆时针方向的转动，通过滚轮 10 使副杠杆 6 绕支点 7 顺时针偏转，从而使反馈弹簧 11 拉伸，反馈弹簧 11 对主杠杆 2 的拉力与信号压力 P_1 通过波纹管 1 作用到主杠杆 2 的推力达到力矩平衡时，阀门定位器达到平衡状态。此时一定的信号压力就对应于一定的阀杆位移，即对应于一定的控制阀开度。

弹簧 12 是调零弹簧，调整其预紧力可以改变挡板的初始位置。弹簧 3 是迁移弹簧，在分程控制中用来补偿波纹管对主杠杆的作用力，使阀门定位器在接收不同范围的输入信号时，仍能产生相同范围的输出信号。

阀门定位器有正作用式和反作用式两种，正作用式定位器是指当信号压力增加时，输出压力也增加；而反作用式定位器则相反，当信号压力增加时，输出压力减小。如图 4.16 所示为正作用式阀门定位器。只要把波纹管的位置从主杠杆的右侧调到左侧，迁移弹簧 3 从左侧调到右侧，便可改装成反作用式的阀门定位器。阀门定位器有了正、反作用之后，如果要使正作用的控制阀变成反作用的控制阀，就可以通过阀门定位器来实现，而不必改变控制阀的阀芯和阀座。

4.4.2 电/气阀门定位器

如图 4.17 所示为气动执行机构与电/气阀门定位器配用框图。由图 4.17 可以看出，电/气阀门定位器与气动执行机构配套使用时，具有机械反馈部分。电/气阀门定位器将来自控制器或其他单元的 4～20 mA DC 电流信号转换成气压信号去驱动执行机构。同时，从阀杆的位移取得反馈信号，构成具有阀位移负反馈的闭环系统，因而不仅改善了执行器的静态特性，使输入电流与阀杆位移之间保持良好的线性关系，而且改善了气动执行器的动态特性，使阀杆的移动速度加快，减小了信号的传递滞后。

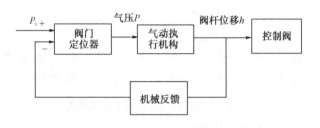

微课：电/气阀门
定位器的使用

图 4.17　气动执行机构与电/气阀门定位器配用框图

电/气阀门定位器的结构形式有多种，下面介绍的一种也是按力矩平衡原理工作的，主要由接线盒组件、转换组件、气路组件及反馈组件四部分组成。

（1）接线盒组件。包括接线盒、端子板及电缆引线等零部件。对于一般型和安全火花型，无隔爆要求。而对于安全隔爆复合型，则采取了隔爆措施。

（2）转换组件。其作用是将电流信号转换成气压信号。它由永久磁钢、导磁体、力线圈、杠杆、喷嘴、挡板及调零装置等零部件组成。

（3）气路组件。由气路板、气动放大器、切换阀、气阻及压力表等零部件组成。它的作用是实现气压信号的放大和自动/手动切换等。改变切换阀位置可实现手动和自动控制。

（4）反馈组件。由反馈机体、反馈弹簧、反馈拉杆及反馈压板等零部件组成。它的作用是平衡电磁力矩，使电/气阀门定位器的输入电流与阀杆位移呈线性关系，所以，反馈组件是确保定位器性能的关键部件之一。

电/气阀门定位器整个机体部分被封装在涂有防腐漆的外壳中，外壳部分应具有防水、防尘等性能。

如图 4.18 所示为电/气阀门定位器的工作原理图。由控制器来的 4～20 mA DC 电流信号输入线圈 6、7 时，使位于线圈之中的杠杆 3 磁化。因为杠杆位于永久磁钢 5 产生的磁场中，因此，两磁场相互作用，对杠杆产生偏转力矩，使它以支点为中心偏转。如信号增加，则图中杠杆左侧向下运动。这时固定在杠杆 3 上的挡板 2 便靠近喷嘴 1，使放大器背压升高，经放大输出气压作用于执行器的膜头上，使阀杆下移。阀杆的位移通过拉杆 10 转换为反馈轴 13 和反馈压板 14 的角位移。再经过调量程支点 15 使反馈机体 16 运动。固定在杠杆 3 另一端上的反馈弹簧 8 被拉伸，产生了一个负反馈力矩（与输入信号产生的力矩方向相反），使杠杆 3 平衡，同时阀杆也稳定在一个相应的确定位置上，从而实现了信号电流与阀杆位移之间的比例关系。

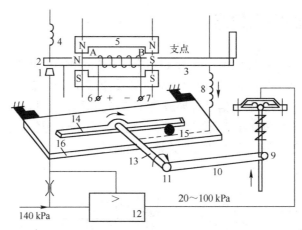

1—喷嘴；2—挡板；3—杠杆；4—调零弹簧；5—永久磁钢；6，7—线圈；8—反馈弹簧；9—夹子；

10—拉杆；11—固定螺钉；12—放大器；13—反馈轴；14—反馈压板；15—调量程支点；16—反馈机体

图 4.18　电/气阀门定位器工作原理图

电/气阀门定位器除了能克服阀杆上的摩擦力、消除流体作用力对阀位的影响、提高执行器的静态精度，由于它具有深度负反馈，使用了气动功率放大器，增加了供气能力，因而还可提高控制阀的动态性能，加快执行机构的动作速度；在需要的时候，还可通过改变机械反馈部分凸轮的形状修改控制阀的流量特性，以适应控制系统的控制要求。

4.5　执行器的选择

执行器是过程控制系统的一个重要环节，正确选用执行器是十分重要的。一般应根据介质的特点和工艺要求等来合理选用。在具体选用时，应从四方面来考虑：①控制阀结构形式及材料的选择；②控制阀口径的选择；③控制阀气开、气关方式的选择；④控制阀流量特性的选择。从应用角度来看，控制阀的结构形式及材料的选择和控制阀口径的选择是相当重要的。从控制角度来讲，更加关心控制阀气开、气关方式的选择和控制阀流量特性的选择。

4.5.1　执行器结构形式的选择

在工业生产中，被控介质的特性是千差万别的，有的属于高压，有的属于高黏度，有的具有腐蚀作用。流体的流动状态也各不相同，有的被控介质流量很小，有的流量很大，有的是分流，有的是合流。因此，必须适当地选择执行器的结构形式去满足不同的生产过程控制要求。

首先应根据生产工艺要求选择控制阀的结构形式，然后选择执行机构的结构形式。

控制阀结构形式的选择要根据控制介质的工艺条件（如压力、流量等）和被控介质的流体特性（如黏度、腐蚀性、毒性、是否含悬浮颗粒、介质状态等）进行全面考虑。

具体选择可参考 4.3.1 节中控制阀的种类，根据控制阀的特点来选择，一般大口径选用双座阀。当流体流过时，流体在阀芯前后产生的压差作用在上、下阀芯上，向上和向下的作用方向相反，大小相近，不平衡力较小。由于单座阀阀芯前后压差所产生的不平衡力较大，使阀杆产生附加位移，影响控制精度，因此，当阀的口径较小时，一般选用单座阀。

控制阀与气动薄膜执行机构配套使用时，执行器分气开式和气关式两种，因此一般要根据生产上的安全要求选择控制阀的结构形式。如果供气系统发生故障时，控制阀处于全开位置造成的危害较小，则选用气关式，反之选用气开式。另外，双导向阀芯的控制阀有正装和反装两种方式。所谓正装就是阀体直立，阀芯向下移动，流通截面减小；反装式与此相反。单导向阀芯的控制阀只有正装一种方式。

当控制阀的结构形式确定后就可选择执行机构的结构形式了。执行机构结构形式的选择一般要考虑下列因素。

（1）执行机构的输出动作规律。执行机构的输出动作规律大致分为比例式、积分式和双位式三种。

比例式动作的执行机构在稳态时的输出（即执行机构的位移）与输入信号成比例，通常按闭环系统（有负反馈）来构成，定位精度、线性度、移动速度等性能均比较高，因此目前得到广泛应用。

当积分式动作的执行机构有输入信号时，输出按一定速度（等速度）增减。当输入信号小于界限值时，输出变化速度为零（保持在某一开度）。

双位式动作的执行机构在有输入信号时全开，在无输入信号时全关。

（2）执行机构的输出动作方式和行程。执行机构的输出动作方式分直行程和角行程两种。行程也各有不同，应根据控制阀的结构形式来选择。一般对于提升式控制阀选用直行程，回转式控制阀选用角行程。由于通过机械转换可以改变动作方式，因此执行机构动作方式的选用有较大的灵活性。

（3）执行机构的静态特性和动态特性。比例式动作的执行机构由以下品质指标来定义静态和动态特性：灵敏限、纯滞后时间、过调量、调节时间、静差、非线性偏差、正反行程变差。

除上述三方面因素，还应考虑它的运行可靠性、检修维护工作量及投资等情况。根据各种执行机构的特点，一般按下列原则进行选择。

（1）控制信号为连续模拟量时，选用比例式执行机构，而控制信号为断续（开/关）方式时，应选择积分式执行机构。

（2）当采用气动仪表时，应选用气动执行机构。气动执行机构工作可靠、结构简单、检修维护工作量小，值得推广使用。当采用电动仪表时，除可选用电动执行机构外，也可考虑选用气动执行机构，以发挥气动执行机构的优越性。当配直行程控制阀（如直通单座阀、三通阀）时，应选择气动薄膜执行机构或气动活塞执行机构。气动薄膜执行机构的输出力通常能满足控制阀的要求，所以大多选用气动薄膜执行机构。但当所配的控制阀的口径较大或介质为高压差时，执行机构就必须有较大的输出力，此时，气动薄膜执行机构应配上一个阀门定位器，或者选用气动活塞执行机构。当配角行程控制阀（如蝶阀）时，应选用长行程执行机构。但是所需输出力矩较小时，也可选用气动薄膜执行机构或气动活塞执行机构，只要再加上一个杠杆和一个支点后，便可使其输出一个力矩。

（3）电动执行机构既可作为比例环节接收连续控制信号，也可作为积分环节接收断续控制信号，而且两种控制方式相互转换相当方便，所以当在控制方式上有特殊要求时，可考虑

选择电动执行机构。当系统中要求程序控制时，可选用能接收断续信号的电动执行机构。

（4）对于具有爆炸危险的场所或当环境条件比较恶劣（如高温、潮湿、溅水、有导电性尘埃）时，可选用气动执行机构。

4.5.2　控制阀流量特性的选择

目前，控制阀的流量特性有直线、等百分比、快开和抛物线四种。抛物线流量特性介于直线与等百分比特性之间，一般用等百分比流量特性来代替抛物线流量特性。这样，控制阀的流量特性在生产中常用的是直线、等百分比和快开三种。而快开特性主要用于两位式控制及程序控制中，因此，在选择控制阀流量特性时通常是指如何合理选择直线和等百分比流量特性。

控制阀流量特性的选择有数学分析法和经验法。前者还在研究中，目前较多采用经验法。一般可以从下面的几个方面来考虑。

1．根据过程特性选择

一个过程控制系统，在负荷变动的情况下，要使系统保持预定的控制品质，则必须要求系统总的开环放大系数在整个操作范围内保持不变。一般来说，变送器、控制器（已整定好）的放大系数基本上是不变的，但过程的特性往往是非线性的。为此，必须合理选择控制阀的特性，以补偿过程的非线性，达到系统总的放大系数近似为线性的目的，从而得到较好的控制质量。可见，控制阀流量特性的选择原则应符合：

$$K_V K_0 = 常数$$

式中，K_V——控制阀的放大系数；

K_0——过程的放大系数。

当过程的特性为线性时，应选择直线特性的控制阀，使系统总的放大系数保持不变。

当过程的特性为非线性时，如过程的放大系数随负荷干扰的增加而变小时，应选用放大系数随负荷干扰增大而变大的等百分比特性的控制阀，这样合成的结果使系统总的放大系数保持不变。

2．根据配管情况选择

在现场使用中，控制阀总是与设备和管道连在一起的，由于系统配管情况不同，配管阻力的存在会引起控制阀上压差的变化，使控制阀的工作流量特性和理想流量特性有差异。因此，首先应根据系统的特点来选择工作流量特性，然后考虑配管情况来选择相应的理想流量特性。选择原则可参照表 4.4 进行。

从表 4.4 可以看出，当 $S=1\sim0.6$ 时，控制阀两端的压差变化较小，由于此时理想流量特性畸变较小，因而，要求的工作特性就是理想流量特性。当 $S=0.6\sim0.3$ 时，控制阀两端的压差变化较大，不论要求的工作特性是什么，都选用等百分比理想流量特性。这是因为若要求的工作特性是线性的，理想特性为等百分比特性的控制阀，当 $S=0.6\sim0.3$ 时，经畸变后的工作特性已接近于线性了。当要求的工作特性为等百分比特性时，其理想特性曲线应比它更凹一些，此时可通过阀门定位器的凸轮外廓曲线来补偿。当 $S<0.3$ 时，已不适于控制阀工作，

因而必须从管路上想办法，使 S 值增大，再选用合适的流量特性的控制阀。因为当 $S<0.3$ 时，直线特性已严重畸变为快开特性，不利于调节。即使是等百分比理想特性，工作特性也已严重偏离理想特性，接近于直线特性，虽然仍能调节，但它的调节范围已大大减小，所以一般不希望 S 值小于 0.3。确定 S 的大小应从两方面考虑，首先应保证调节性能，S 值越大，工作特性畸变越小，对调节越有利。但 S 值越大，说明控制阀上的压差损失越大，将造成不必要的动力消耗。一般设计时取 $S=0.3\sim0.5$。对于气体介质，因阻力损失小，一般 S 值都大于 0.5。

表 4.4　根据配管情况选择

配管情况	$S=1\sim0.6$		$S=0.6\sim0.3$		$S<0.3$
阀的工作特性	直线	等百分比	直线	等百分比	不宜控制
阀的理想特性	直线	等百分比	等百分比	等百分比	不宜控制

3. 依据负荷变化情况选择

直线流量特性的控制阀在小开度时流量相对变化值较大，过于灵敏，容易引起振荡，阀芯、阀座极易受到破坏，在 S 值小、负荷变化幅度大的场合，不宜采用。等百分比流量特性的控制阀的放大系数随阀门行程的增加而增加，流量相对变化值是恒定不变的，因此它对负荷波动有较强的适应性。在全负荷或半负荷生产时都能很好地调节，从制造的角度来看也并不困难，在生产过程自动化中，等百分比流量特性的控制阀是应用最广泛的一种。

在负荷变化较大的场合，应选用等百分比流量特性的控制阀。因为等百分比流量特性的控制阀放大系数是随阀芯位移的变化而变化的。其相对流量变化率是不变的，因而能适应负荷变化情况。

另外，当控制阀经常工作在小开度时，也应选用等百分比流量特性的控制阀。因为直线流量特性的控制阀在小开度时，相对流量变化率很大，不宜进行微调。

当介质中有固体悬浮物时，为了不引起阀芯曲面的磨损，应选用直线流量特性的控制阀。

4.5.3　控制阀口径的选择

控制阀的口径选择对控制系统的正常运行影响很大。若控制阀口径选择过小，当系统受到较大扰动时，控制阀即使运行在全开状态，也会使系统出现暂时失控现象。若口径选择过大，运行中阀门会经常处于小开度状态，容易造成流体对阀芯和阀座的频繁冲蚀，甚至使控制阀失灵。因此，对控制阀口径的选择应该给予充分的重视。

控制阀口径的大小取决于流通能力 C。C 值的大小取决于阀门全开时的最大流量和压差的数值。在工程计算中，为了能正确计算流通能力，也就是合理选择控制阀的口径，首先要确定控制阀流量和压差的数值，同时应对控制阀的开度和可调比进行验算，以保证所选控制阀口径既能满足工艺上最大流量的需要，也能适应最小流量的调节。从工艺提供的数据到计算出流通能力，直到确定控制阀口径，需经过以下几个步骤。

（1）计算流量的确定：根据现有的生产能力、设备负荷及介质的状况，决定计算的最大

工作流量 Q_{max} 和最小工作流量 Q_{min}。

（2）计算压差的确定：根据已选择的控制阀流量特性及系统特点选定 S 值，然后确定计算压差，即控制阀全开时的压差。

（3）流通能力的计算：根据控制介质的类型和工况，选择合适的计算公式或图表，由已确定的计算流量和计算压差，求取最大和最小流量时的流通能力 C_{max} 和 C_{min}。

（4）流通能力 C 值的选用：根据已求取的 C_{max}，在所选用的产品类型的标准系列中，选取大于 C_{max} 值并与其最接近的那一级的 C 值（各类控制阀的 C 值可查有关手册中控制阀的主要参数表）。

（5）控制阀开度验算：根据已得到的 C 值和已确定的流量特性，验证一下控制阀的开度，一般要求最大计算流量时的开度不大于 90%，最小计算流量时的开度不小于 10%。

（6）控制阀实际可调比的验算：用计算求得的 Q_{min} 和所选控制阀的 R 值，验证一下可调比，一般要求实际可调比不小于 10。

（7）控制阀口径的确定：在上述验证合格以后，就可根据 C 值确定控制阀的口径了。

下面再把口径计算步骤中的几个问题做一下说明。

（1）最大工作流量的确定：为了使控制阀满足调节的需要，计算时应该按最大流量来考虑。最大流量与工艺生产能力、被控过程负荷变化、预期扩大生产等因素有关。在确定最大流量时，必须注意两种倾向：一种倾向是过多地考虑裕量，使控制阀的口径选得过大，这样不但造成经济上的浪费，而且将使控制阀经常处于小开度工作状态，可调比显著减小，调节质量下降；另一种倾向与此相反，只考虑眼前生产，片面强调调节质量，当生产力需要提高时，控制阀就不能适应，必须更换大一些口径的控制阀。

（2）压差的计算：要使控制阀能起到调节作用，必须在阀前后有一定的压差。压差的确定是控制阀计算中最关键的问题。控制阀上的压差占整个系统压差的比值越大，则控制阀流量特性的畸变越小，调节性能就能得到保证。但是控制阀前后压差越大，即阀上的压力损失越大，所消耗的动力越多。因此，在计算压差时，必须兼顾调节性能和动力消耗两个方面。在工程设计中，一般认为控制阀的压差为系统总压差的 30%～50%（$S=0.3$～0.5）是比较合适的。系统总压差是指系统中包括控制阀在内的与流量有关的动能损失，如管路、弯头、节流装置、热交换器、手动阀等局部阻力上的压力损失。

设 ΔP_V 为控制阀全开时的压差；$\sum \Delta P_F$ 为系统中除控制阀外各局部阻力引起压力损失的总和，则有：

$$S=\frac{\Delta P_V}{\Delta P_V+\sum \Delta P_F}$$

对上式变换后，可求得压差的计算公式为：

$$\Delta P_V=\frac{S\sum \Delta P_F}{1-S} \tag{4-11}$$

考虑到系统设备中静压经常波动会影响阀上压差的变化，使 S 值进一步下降，如锅炉给水调节系统，锅炉压力的波动会影响控制阀上压差的变化，此时，计算压差时还应增加系统设备中静压 P 的 5%～10%，即：

$$\Delta P_V=\frac{S\sum \Delta P_F}{1-S}+(0.05\sim0.1)P \tag{4-12}$$

根据系统具体情况，选取 S 值，在计算各局部阻力引起压力损失的总和 $\sum \Delta P_F$ 后，就可以计算控制阀两端的压差了。

（3）开度的验算：由于确定控制阀口径时 C 值需要在计算后根据标准中的系列数据进行选取，且考虑 S 值对全开时最大流量的影响等因素，还应对开度进行验算。控制阀工作时，一般希望最大开度在 90% 左右，不能太小，否则会使可调比缩小，阀门口径偏大，影响调节性能，同时也不经济。最小开度不小于 10%，否则液体对阀芯、阀座的冲蚀较严重，容易损坏阀芯而使特性变坏，甚至造成调节失灵。控制阀开度 K 的验算公式与控制阀的流量特性有关，验算公式具体如下。

对于直线流量特性控制阀，有：

$$K=\left[1.03 \times \sqrt{\dfrac{S}{S+\left(\dfrac{C^2 \times \Delta P / \gamma}{Q_i^2}-1\right)}}-0.03\right] \times 100\% \qquad (4\text{-}13)$$

对于等百分比流量特性控制阀，有：

$$K=\left[\dfrac{1}{1.48} \lg \sqrt{\dfrac{S}{S+\left(\dfrac{C^2 \times \Delta P / \gamma}{Q_i^2}-1\right)}}+1\right] \times 100\% \qquad (4\text{-}14)$$

式中，K——流量为 Q_i 时的阀门开度；

S——控制阀全开时的压差与系统总压差之比；

C——控制阀的流通能力；

ΔP——控制阀全开时的压差；

γ——介质的重度；

Q_i——被验算开度处的流量。

（4）可调比的验算：一般来讲，控制阀的理想可调比 R 为 30 左右。但实际上，受工作流量特性的影响、最大开度和最小开度的限制以及选用控制阀口径时对 C 值按标准中的系列数据进行选取和放大，会使可调比下降，一般只能达到 10 左右。因此，验算可调比时应按 $R_{实}=10\sqrt{S}$ 来进行。

可知，当 $S \geqslant 0.3$ 时，$R_{实} \geqslant 5.5$，说明控制阀实际可调的最大流量等于或大于最小流量的 5.5 倍，一般生产中 $Q_{max}/Q_{min} \geqslant 3$ 已能满足要求了。

当选用的控制阀不能同时满足工艺上最大流量和最小流量的调节要求时，除增加系统压力外，可采用两个控制阀进行分程控制来满足可调比的要求。

【例 4-2】 在某系统中，拟选用一台直通双座阀，根据工艺要求，最大流量 $Q_{max}=100$ m³/h，最小压差 $\Delta P_{min}=50$ kPa，最小流量 $Q_{min}=20$ m³/h，最大压差 $\Delta P_{max}=500$ kPa，阀为直线流量特性控制阀。$S=0.5$，被调介质为水，$\rho=1$ g/cm³，求所选控制阀的口径应取多大值？

解 （1）计算流量的确定：

$$Q_{max} = 100 \text{ m}^3/\text{h}$$
$$Q_{min} = 20 \text{ m}^3/\text{h}$$

（2）计算压差的确定：

$$\Delta P_{max} = 500 \text{ kPa}$$
$$\Delta P_{min} = 50 \text{ kPa}$$

（3）流通能力的计算：

$$C_{max} = Q_{max} \sqrt{\frac{\rho}{\Delta P_{min}}} = 100 \times \sqrt{\frac{1}{0.5}} = 140$$

（4）根据 $C_{max} = 140$，查直通双座控制阀产品的主要参数表，得到相应的流通能力 $C =$ 160。

（5）开度验算。

最大流量时控制阀的开度为：

$$K_{max} = \left| 1.03 \times \sqrt{\dfrac{S}{S + \left(\dfrac{C^2 \times \Delta P / \gamma}{Q_i^2} - 1 \right)}} - 0.03 \right| \times 100\%$$

$$= \left| 1.03 \times \sqrt{\dfrac{0.5}{0.5 + \left(\dfrac{160^2 \times 0.5 / 1}{100^2} - 1 \right)}} - 0.03 \right| \times 100\%$$

$$= 79.4\%$$

最小流量时控制阀的开度为：

$$K_{min} = \left| 1.03 \times \sqrt{\dfrac{S}{S + \left(\dfrac{C^2 \times \Delta P / \gamma}{Q_i^2} - 1 \right)}} - 0.03 \right| \times 100\%$$

$$= \left| 1.03 \times \sqrt{\dfrac{0.5}{0.5 + \left(\dfrac{160^2 \times 0.5 / 1}{20^2} - 1 \right)}} - 0.03 \right| \times 100\%$$

$$= 10.3\%$$

因为 $K_{max} < 90\%$，$K_{min} > 10\%$，故能满足要求。

（6）可调比的验算：

$$R_{实} = 10\sqrt{S} = 10\sqrt{0.5} = 7$$

而

$$\frac{Q_{max}}{Q_{min}} = \frac{100}{20} = 5$$

所以 $R_{实} > \dfrac{Q_{max}}{Q_{min}}$，能满足要求。

（7）根据以上参数，再查直通双座控制阀的主要参数表，即可求得控制阀口径 $D_g = 100$ mm。

4.6 气动薄膜控制阀性能测试

4.6.1 气动薄膜控制阀主要技术指标

气动执行器的主要技术指标有非线性偏差、正反行程变差、灵敏限、始点偏差、终点偏差、全行程偏差、流通能力误差、流量特性误差、薄膜气室或汽缸的气密性、控制阀的密封性、阀座关闭时允许的泄漏量等。

产生非线性偏差和正反行程变差的原因是：

（1）执行机构弹簧刚度的变化；

（2）薄膜有效面积的变化；

（3）阀杆与填料处的摩擦。

气动薄膜控制阀的主要技术指标如表 4.5 所示。

表 4.5 气动薄膜控制阀的主要技术指标

名称	控制阀种类									
	单座、双座角形阀		三通阀		高压阀		低温阀		隔膜阀	
	不带定位器	带定位器	不带定位器	带定位器	不带定位器	带定位器	不带定位器	带定位器	不带定位器	带定位器
非线性偏差/（%）	±4	1	±4	±4	±4	±1	±6	±1	±10	±1
正反行程变差/（%）	2.5	1	2.5	1	2.5	1	5	1	6	1
灵敏限/（%）	1.5	0.3	1.5	0.3	1.5	0.3	2	0.3	3	0.3
流通能力误差/（%）	±10（$C \leqslant 5$ 为 ±15）		±10		±10		±10（$C \leqslant 5$ 为 ±15）		±20	
流量特性误差/（%）	±10（$C \leqslant 5$ 为 ±15）		±10		±10		±10（$C \leqslant 5$ 为 ±15）			
允许泄漏量/（%）	单座、角形为 0.01 双座为 0.1		0.1		0.01		单座 0.01 双座 0.1		无泄漏	

4.6.2 技术指标的测试方法

下面介绍几种技术指标的测试方法。

1. 非线性偏差

测试装置如图 4.19 所示。

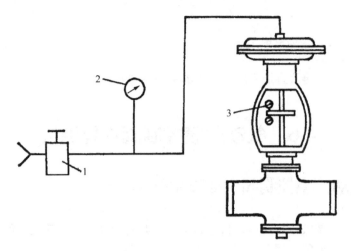

1—定值器；2—压力表；3—百分表

图 4.19 非线性偏差、正反行程变差、灵敏限测试装置

测试方法：将 $0.196133×10^5$ Pa 的气压信号输入薄膜气室中，然后增加气压直到 $0.980665×10^5$ Pa，使阀杆走完全行程。再将气压下降，使阀杆反向走完全行程。在阀杆的升降过程中，逐个记录每增减 $0.0784532×10^5$ Pa 的信号压力相应的位移量。将实际"信号—位移"关系与理论关系进行比较。

要求：除 $0.196133×10^5$ Pa 和 $0.980665×10^5$ Pa 两点外，实测值与理论值最大偏差不应超过表 4.5 中所列的指标。

2. 正反行程变差

正反行程变差的测试装置与方法和非线性偏差的测试装置与方法相同。

要求：同一信号压力值下的阀杆正反位移值的最大差值，不应超过表 4.5 中所列的指标。

3. 灵敏限

测试装置：和非线性偏差的测试装置相同。

测试方法：分别在 $0.2745862×10^5$ Pa、$0.588399×10^5$ Pa、$0.9022118×10^5$ Pa 信号压力所对应的位移处，增加和降低信号压力，当阀杆移动 0.01mm 时，记下所需要的信号压力变化值。

要求：所需要的信号压力变化值不得超过表 4.5 中所列的指标。

4. 流通能力

测试装置如图 4.20 所示，与一般流量校验装置相似。

测试方法：阀前取压点为（0.5～2.5）D（D 为管径），阀后取压点为（4～6）D。当薄膜气室所加信号压力是控制阀全开时，从高位槽来的恒定压力水流经控制阀到计量槽，通过改变控制阀前阀门 a 的开度，使控制阀前后压差 ΔP 恒定在 $0.4903325 \times 10^5 \sim 0.784532 \times 10^5$ Pa 之间。测出流过的流量，即可求出流通能力 C：

$$C = \frac{Q}{\sqrt{\Delta P}}$$

要求：实测 C 值和规定 C 值之差不得超过表 4.5 中所列的指标。

5. 流量特性

流量特性的测试装置如图 4.20 所示。

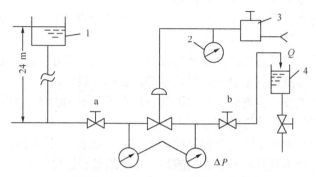

1—高位槽；2—压力表；3—定值器；4—计量槽

图 4.20　流通能力和流量特性测试装置

测试方法：按流通能力的测试方法进行，分别测相对开度为 5%、10%、20%、30%、40%、50%、60%、70%、80%、90%、100% 时的流通能力，由此得到控制阀的实测流量特性。

要求：实测流量特性与理论流量特性最大偏差不应超过表 4.5 中所列的指标。

6. 允许泄漏

在薄膜气室中输入规定的气压，使阀关闭，并将室温的水以规定的压力按流入方向输入阀中，测量阀另一端流出的泄漏量。允许的泄漏量不能超过表 4.5 中所规定的数值。

气动执行器制造厂在产品出厂前已进行了全面的性能测试，其中流量特性、流通能力等项仅为抽测。对于使用单位来说，主要测试调整非线性偏差、正反行程变差等技术指标。从调校的角度来看，始终点偏差、全行程偏差、非线性偏差、正反行程变差、灵敏限等项，影响其达到规定指标的因素归纳起来大都为阀杆、阀芯可动部分在移动过程中受到阻碍，有的是填料压得过紧，增大了阀杆的摩擦力；有的是由于阀杆与阀芯同心度不好或使用过程中阀杆变形，造成阀杆、阀芯移动时与填料及导向套摩擦。此外，压缩弹簧的特性变化及刚度不合适等均有可能影响上述几项指标。如果填料密封性不好，则可能是填料压盖松或填料本身老化造成的；如果泄漏量大，关不死，则可能是由阀芯或阀座受到腐蚀造成的，这时需要更换新的阀芯或阀座；若阀芯、阀座盖不严，则需要重新研磨。总之，在调校时，要在已了解控制阀本身的结构和原理的基础上，根据具体情况进行具体分析，找出原因，调整或更新零部件，使其达到预定的技术指标。

4.7 执行器的安装与维护

4.7.1 执行器的安装

执行器应安装在便于调整、检查和拆卸的地方。在保证安全生产的同时，还应该考虑节约投资、整齐美观。这里介绍一些安装原则。

（1）执行器最好正立垂直安装于水平管道上。在特殊情况下，需要水平或倾斜安装时，除小口径控制阀外，一般都要加装支撑。

（2）执行器应安装在靠近地面或楼板的地方，在其上、下方应留有足够的间隙，在管道标高大于 2 m 时，应尽量设在平台上，以便维护、检修和装卸。

（3）选择执行器的安装位置时，应选取其前后不小于 10D（D 为管道直径）的直管段的位置，以免控制阀的工作特性畸变太厉害。

（4）控制阀安装在管道上时，阀体上的箭头方向与管道中流体流动方向应相同。当控制阀的口径与管道的管径不同时，两者之间应加一个渐缩管来连接。

（5）为防止执行机构的薄膜老化，执行器应尽量安装在远离高温、震动、有毒及腐蚀严重的场地。

（6）当生产现场有检测仪表时，控制阀应尽量与其靠近，以利于调整。在不采用阀门定位器时，建议在膜头上装一个小压力表，以指示控制器来的信号压力。另外，要注意工艺过程对控制阀位置的要求。如常压分馏塔在气提塔侧线上的流量控制阀，应靠近气提塔，以保证常压分馏塔的液体出口线有一段液柱。又如当高位槽进行液位、流量调节时，对于密闭容器，因高位槽上部承受压力，故控制阀位置高低均可，但对于敞口容器，为使控制阀前后有较大的压差以利于调节，控制阀位置应装得低些。

（7）为了安全起见，控制阀应加旁通管路，并装有切断阀及旁路阀，以便在控制阀发生故障或维修时，通过旁路使生产过程继续进行。旁路组合的形式较多，现举常用的四种方案进行比较，如图 4.21 所示。

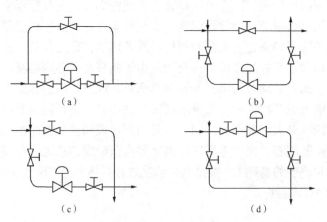

图 4.21　常用控制阀旁路组合形式

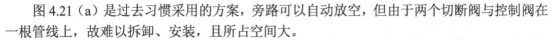

图 4.21 (a) 是过去习惯采用的方案，旁路可以自动放空，但由于两个切断阀与控制阀在一根管线上，故难以拆卸、安装，且所占空间大。

图 4.21 (b) 这种方案比较好，布置紧凑，占地面积小，便于拆卸。

图 4.21 (c) 这种方案也比较好，便于拆卸，但占地面积比图 4.21 (b) 所示的方案大一些。

图 4.21 (d) 这种方案只适用于小口径控制阀，否则执行器安装位置高，拆装不便。

4.7.2　执行器的维护

执行器的正常工作与维护、检修有很大关系。日常维护工作主要是观察阀的工作状态，使填料密封部分保持良好的润滑状态。定期检修能够及时发现问题。维护和检修时重点检查的部位有以下几个。

（1）阀体内壁：当控制阀用于高压差和腐蚀性介质的场合时，阀体内壁、隔膜阀的隔膜经常受到介质的冲击和腐蚀，必须重点检查耐压、耐腐蚀的情况。

（2）阀座：控制阀在工作时，因介质渗入，固定阀座用的螺纹内表面易受腐蚀而使阀座松弛，检查时应予以注意。

（3）阀芯：阀芯是控制阀工作时的活动部分，受介质的冲击最为严重。检修时，要认真检查阀芯各部分是否腐蚀、磨损，特别是在高压差的情况下，阀芯因汽蚀现象而磨损，更应予以注意。阀芯损坏严重时，应进行更换。另外，还应注意阀杆是否有类似现象，或与阀芯连接是否松动等。

（4）膜片和"O"形密封圈：检查执行机构的膜片和"O"形密封圈是否有老化或断裂损坏情况。

（5）密封填料：检查聚四氟乙烯填料是否老化，检查配合面是否损坏。

实训 5　执行器与电/气阀门定位器的认识与校验

1. 实训目标

（1）理解控制阀和电/气阀门定位器的主要结构及动作原理。

（2）掌握控制阀的一般校验方法。

2. 实训装置（准备）

（1）气动薄膜控制阀（ZMAP-16K 或 B）1 台。

（2）电/气阀门定位器 1 台。

（3）标准压力表（不低于 0.4 级，0～160 kPa）1 个。

（4）QGD-100 型气动定值器 1 台。

（5）电流发生器 1 台。

（6）标准电流表 1 台。

微课：执行器与电/气阀门
定位器的认识与校验

3. 实训内容

（1）控制阀行程校验。

（2）电/气阀门定位器与控制阀校验。

4. 实训步骤（要领）

1）控制阀行程校验

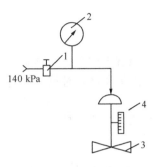

1—气动定值器；2—精密压力表；

3—控制阀；4—行程标尺

图 4.22 控制阀行程校验连接图

控制阀行程校验连接图如图 4.22 所示（若有百分表，则连接图可参照图 4.19）。

（1）用气动定值器输出来控制控制阀，调气动定值器，观察控制阀阀杆运动是否灵活连续，并判断是气开还是气关方式。

（2）测量始点、终点偏差。将输入压力从 20 kPa 增加到 100 kPa，使阀杆走完全行程，再在输入压力 20 kPa 始点和输入压力 100 kPa 终点，分别测量行程偏差，要求如下。

气开式：始点偏差不超过±2.5%，终点偏差不超过±4%。

气关式：始点偏差不超过±4%，终点偏差不超过±2.5%。

（3）测量全行程偏差。具体如下。

正行程校验，加输入信号使控制阀行程从 0 开始，然后依次使控制阀行程为 25%、50%、75%、100%，在压力表上读取各点信号压力值，将结果填入表 4.6 中。

反行程校验，加输入信号使控制阀行程从 100%开始，然后依次减少到 75%、50%、25%、0，在压力表上读取各点信号压力值，将结果填入表 4.6 中。

表 4.6 非线性偏差、变差记录表

理论行程	0	25%	50%	75%	100%
信号压力/kPa	20	40	60	80	100
实际正行程信号压力/kPa					
实际反行程信号压力/kPa					
非线性偏差/%					
变差/%					

2）电/气阀门定位器与控制阀的联校

按图 4.23 连线，经指导教师检查无误后，进行下列操作。

（1）电/气阀门定位器零点及量程的调整。

① 零点调整。给电/气阀门定位器输入 4 mA 的信号，其输出气压信号应为 20 kPa，控制阀阀杆应刚好启动。否则，可调整电/气阀门定位器的零点调节螺钉。

② 量程调整。给电/气阀门定位器输入 20 mA 的信号，其输出气压信号应为 100 kPa，控制阀阀杆应走完全行程。否则，调整量程调节螺钉。

零点和量程应反复调整，直到符合要求为止。

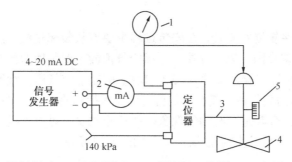

1—精密压力表；2—直流毫安表；3—反馈杆；4—控制阀；5—行程标尺

图 4.23 执行器与电/气阀门定位器联校连接图

（2）非线性误差及变差的校验。步骤同上面的控制阀行程校验中的方法，只是信号由电流发生器提供。将结果填入表 4.7 中。

5. 数据处理

计算非线性偏差和变差，将结果填入表 4.6 和表 4.7 中。

表 4.7 联校时非线性偏差、变差记录表

理论行程	0	25%	50%	75%	100%
信号电流/mA	4	8	12	16	20
实际正行程信号电流/mA					
实际反行程信号电流/mA					
非线性偏差/%					
变差/%					

6. 拓展实训（执行器的拆装练习）

1）执行机构的拆卸

对照结构图，卸下上阀盖，并拧动下阀杆，使之与阀杆连接螺母脱开。依次取下执行机构内的各个部件，记住拆卸顺序及各部件的安装位置，以便后续重新安装。

在执行机构的拆装过程中，可观察到执行机构的作用形式，通过薄膜与上阀杆顶端圆盘的相对位置即可分辨。若薄膜在上，则说明气压信号从膜头上方引入，气压信号增大使阀杆下移，弹簧被压缩，为正作用执行机构；反之，若薄膜在下，则说明气压信号从膜头下方引入，气压信号增大使阀杆上移，弹簧被拉伸，为反作用执行机构。

2）阀的拆卸

卸去阀体下方各螺母，依次卸下阀体外壳，慢慢转动并抽出下阀杆（因填料会对阀杆有摩擦作用），观察各部件的结构。在阀的拆卸过程中可观察到如下几点。

（1）阀芯及阀座的结构类型：拆开后可辨别阀门是单座阀还是双座阀。

（2）阀芯的正、反装形式：观察阀芯的正、反装形式后可结合执行机构的正、反作用来判断执行器的气开、气关形式。

（3）阀的流量特性：根据阀芯的形状可判断阀的流量特性。

3）执行器的安装

将所拆卸的各部件复位并安装，在安装过程中要遵从装配规程，注意膜头及阀体部分要安装紧固，以防介质和压缩空气泄漏。安装后的执行器要进行膜头部分的气密性实验，即通入 0.25 MPa 的压缩空气后，观察在 5 min 内的薄膜气室压力降低值，查看其是否符合技术指标要求，也可以用肥皂水检查各接头处，查看是否有漏气现象。执行器的安装对技能要求较高，下面给出安装过程中的关键手法操作图，如图 4.24 所示。

微课：执行器与阀门定位器的安装

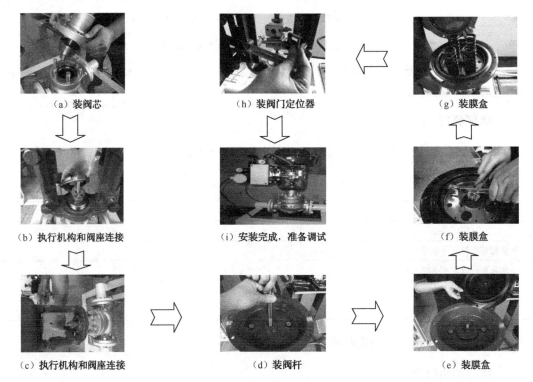

（a）装阀芯　　　　　　　（h）装阀门定位器　　　　　　（g）装膜盒

（b）执行机构和阀座连接　（i）安装完成，准备调试　　　（f）装膜盒

（c）执行机构和阀座连接　（d）装阀杆　　　　　　　　　（e）装膜盒

图 4.24　执行器安装过程中的隐性技能"显化"图

4）泄漏量的调整

执行器安装完毕后，用手钳夹紧下阀杆并任意转动，可改变阀杆的有效长度，最终改变阀芯与阀座间的初始开度，进而改变执行器的泄漏量，这是泄漏量调整的基本方法。

7. 实训报告

（1）写出型号 ZMAP-16B 的含义。

（2）写出控制阀行程校验步骤。

（3）写出气动执行器单校和电/气阀门定位器联校的区别。

（4）控制阀拆完重新装好后，改变控制阀膜头上的控制信号，发现阀杆不动作，试分析出现故障的可能原因。

思 维 导 图

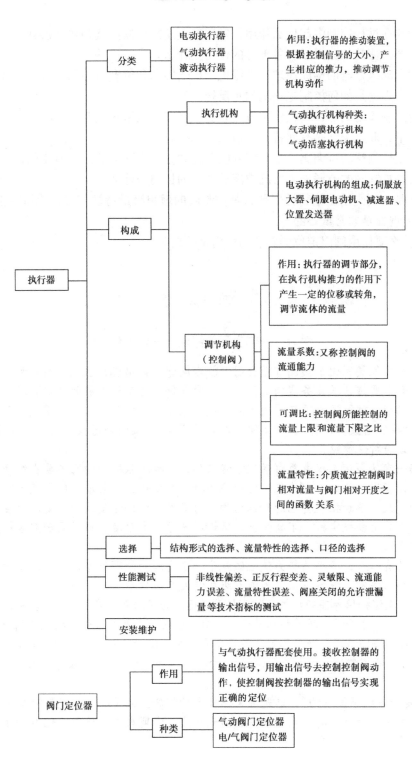

思考与练习题 4

1. 执行器在过程控制中起什么作用？常用的电动执行器与气动执行器有何特点？
2. 执行器由哪几部分组成？各部分的作用是什么？
3. 简述电动执行器的构成原理，伺服电动机的转向和位置与输入信号有什么关系？
4. 伺服放大器是如何控制电动机的正反转的？
5. 确定控制阀的气开、气关作用方式有哪些原则？试举例说明。
6. 直通单、双座控制阀有何特点，适用于哪些场合？
7. 什么是控制阀的可调比？串联或并联管道时会使实际可调比如何变化？
8. 什么是控制阀的流通能力？确定流通能力的目的是什么？
9. 什么是控制阀的流量特性？什么是控制阀的理想流量特性和工作流量特性？为什么说流量特性的选择是非常重要的？
10. 为什么要使用阀门定位器？它的作用是什么？

思 想 映 射

学习，一刻也不能停歇——陈大伟

陈大伟，安徽昊源化工集团有限公司电仪车间党支部书记、主任，自参加工作以来，他始终坚持科学严谨、求真务实的工作态度，紧扣仪表自动化发展的技术瓶颈问题，勤奋学习、刻苦钻研，破解了一项又一项难题，成为集团技术攻关领头人。曾先后荣获"全国技术能手""安徽省最美计量人""集团公司劳动模范""集团公司技术能手"等荣誉称号，享受国务院政府特殊津贴。

陈大伟一直从事化工仪表及自动化维修工作，天性不服输的他立志要在维修岗位上干出一番事业，实现自己的人生价值。他始终坚持以学知识、提素质、练本领为准绳，积极探索、勇于实践，不断拓展自己的知识结构。为满足企业快速发展的需要，他在理论水平和技术能力提升上积极实践，不断向老师傅请教学习，多角度、多层面研究分析生产实际难题，并把掌握的知识和技能灵活应用到生产工作中。

功夫不负有心人，多年的努力使他练就了一手高超的修理技术，以他名字命名的"陈大伟技能大师工作室"被推荐认定为国家级技能大师工作室。

陈大伟同志深知培养高级技工、技师任重道远。为了培养更多更好的高技能人才，他以工作室为平台，一方面注重培养技术骨干，针对自动化仪表维修编制了技能培训材料，开展形式多样的技能培训活动，使他们对相关设备有一个系统的认知；另一方面当发生设备故障时，他积极进行排查维修，在排查问题的同时给员工讲解故障原因、故障现象、故障处理方法等。

"求知是进步的不竭动力"，这是陈大伟坚定的信念。他将公司的发展与个人的理想相结合，扬帆远航，为公司的发展贡献自己的光和热，实现自身的价值，他用青春、智慧、汗水和真情诠释着无悔人生。

第 5 章

辅助仪表

知识目标:
（1）掌握安全栅和信号分配器的作用及使用方法。
（2）了解变频器在过程控制系统中的应用方案。
（3）掌握电源箱、电源分配器的使用方法。

技能目标:
（1）能运用安全栅和本安仪表构成安全火花防爆系统。
（2）能完成实际控制系统供电和信号连接。

素质目标:
（1）培养良好的工程规范意识。
（2）培养团队合作精神。

用过程控制仪表及装置构成自动化系统，除了需要使用变送器、控制器和执行器这些系统基本仪表，有时为了安全的需要、接线的需要或者节能的需要，常会用到一些辅助仪表，如安全栅、信号分配器、变频器和电源箱等。本章主要介绍安全栅、信号分配器、变频器、电源箱的工作原理及应用。

5.1 安　全　栅

安全栅是构成安全火花防爆系统的关键仪表，安装在控制室内，是控制室仪表和现场仪表之间的关联设备。其作用是：系统正常时保证信号的正常传输；系统故障时限制进入危险场所的能量，确保系统的安全火花性能。

目前常用的安全栅有齐纳式安全栅和变压器隔离式安全栅。

5.1.1 齐纳式安全栅

1. 齐纳式安全栅的工作原理

动画：齐纳式安全栅的工作原理

齐纳式安全栅是基于齐纳二极管（又称稳压管）反向击穿特性工作的。由限压电路、限流电路和熔断器三部分组成。其原理电路如图 5.1 所示，图中 R 为限流电阻，VD_{Z1}、VD_{Z2} 为齐纳二极管，FU 为快速熔断器。

系统正常工作时，安全侧电压 U_1 低于齐纳二极管的击穿电压 U_0，齐纳二极管截止，安全栅不影响正常的工作电流。但现场发生事故时，如短路，利用电阻 R 进行限流，避免进入危险场所的电流过大。当安全侧电压 U_1 高于齐纳二极管的击穿电压 U_0 时，齐纳二极管被击穿，进入危险场所的电压被限制在 U_0 上，同时安全侧电流急剧增大，快速熔断器 FU 很快被熔断，从而将可能造成危险的高电压立即与现场断开，保证了现场的安全。并联两个齐纳二极管是为了增加安全栅的可靠性。

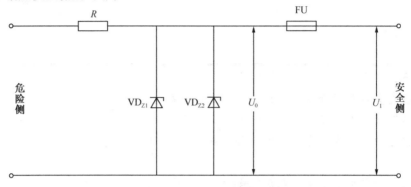

图 5.1　齐纳式安全栅原理图

齐纳式安全栅的优点是采用的器件非常少，体积小，价格便宜。缺点是必须本安接地，且接地电阻必须小于 1 Ω；危险侧本安仪表必须是隔离型的；齐纳式安全栅对供电电源电压响应非常大，电源电压的波动可能会引起齐纳二极管的电流泄漏，从而引起信号的误差或者发出错误电平，严重时会使熔断器快速烧断。

2. 齐纳式安全栅的应用

用齐纳式安全栅组成安全火花防爆系统时，一定要注意安全栅和仪表是否能够配套使用，对安全栅和仪表有没有什么特殊的要求。下面以 NF 系列齐纳式安全栅为例说明它的应用。

（1）齐纳式安全栅和两线制变送器的应用。齐纳式安全栅和两线制变送器的应用如图 5.2 所示。

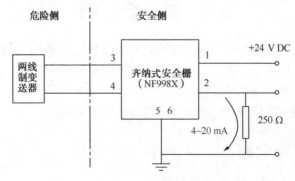

图 5.2　齐纳式安全栅和两线制变送器的应用

图 5.2 中的齐纳式安全栅一方面向两线制变送器供电，另一方面将两线制变送器产生的

4～20 mA DC 信号传送回来，由 250 Ω 精确电阻转换为 1～5 V DC 的电压信号送显示仪表或控制器。由变送器产生的信号也可通过信号分配器传送，其输出的多路信号可分别送显示仪表和调节仪表。

（2）齐纳式安全栅和电/气转换器的应用。控制器的输出往往送至电/气转换器或电/气阀门定位器，由气动执行器实现对被控对象的调节。由于控制器的输出方式不同，安全栅有两种连接方法，如图 5.3 和图 5.4 所示。

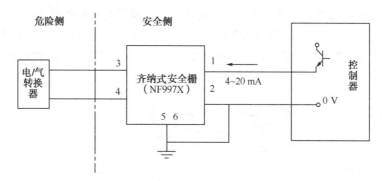

图 5.3　齐纳式安全栅连接发射极输出的控制器和电/气转换器的接线

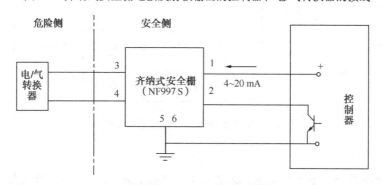

图 5.4　齐纳式安全栅连接集电极输出的控制器和电/气转换器的接线

发射极输出型的控制器可以和安全栅共地，故可采用单通道保护的安全栅；而集电极输出型控制器的两个输出端都不接地，故需采用双通道齐纳式安全栅。

5.1.2　变压器隔离式安全栅

变压器隔离式安全栅利用变压器或电流互感器将供电电源、信号输入端和信号输出端进行电气隔离，同时通过电子电路（限能器）限制进入危险场所的能量。变压器隔离式安全栅分为检测端安全栅（输入式安全栅）和操作端安全栅（输出式安全栅）两种。

1. 变压器隔离式安全栅的工作原理

1）检测端安全栅

微课：隔离式安全栅信号测试

检测端安全栅一方面为现场两线制变送器进行隔离供电；另一方面将现场变送器送来的 4～20 mA DC 信号按 1∶1 转换成与之隔离的 4～20 mA DC 信号或 1～5 V DC 信号送给安全

侧指示仪表或调节仪表等，并且在故障条件下通过限能器（限压或限流）限制进入危险场所的能量，使电压不超过 30 V DC，电流不超过 30 mA DC。其原理框图如图 5.5 所示，由 DC/AC 转换器、整流滤波器、调制器、解调放大器、限能器、隔离变压器 T_1 和电流互感器 T_2 等组成。

其中 DC/AC 转换器将 24 V DC 供电电源变换成 8 kHz 的交流方波电压，由隔离变压器 T_1 隔离后，经整流滤波为限能器和解调放大器提供工作电压，同时 8 kHz 的交流方波电压经调制器整流滤波转换成 24 V DC 电压信号，并由限能器限压后为现场变送器提供工作电压。能量传输路径如图中实线所示。而现场变送器产生的 4～20 mA DC 的测量信号经限能器限流后，由调制器转换成交流信号后由电流互感器 T_2 隔离并耦合至解调放大器，解调放大器又将其恢复成 4～20 mA DC（或 1～5 V DC）信号送至控制室显示仪表或调节仪表。信号传输路径如图中虚线所示。

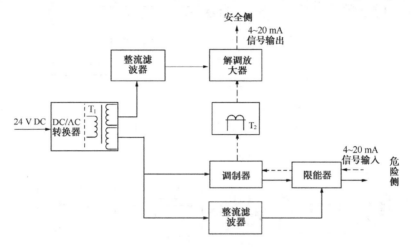

图 5.5　隔离式检测端安全栅原理框图

2）操作端安全栅

操作端安全栅将控制室（安全侧）送来的 4～20 mA DC 控制信号转换成与之隔离的、成正比（1：1）的电流信号送给现场执行器，同时对其进行限压和限流，防止危险能量进入危险场所。隔离式操作端安全栅原理框图如图 5.6 所示，由 DC/AC 转换器、整流滤波器、调制器、解调放大器、限能器、隔离变压器 T_1 和电流互感器 T_2 等组成。

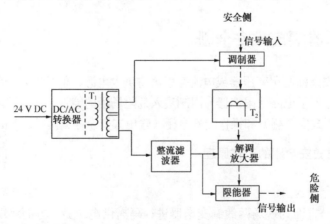

图 5.6　隔离式操作端安全栅原理框图

其中 DC/AC 转换器将 24 V DC 供电电源变换成 8 kHz 的交流方波电压，由隔离变压器 T_1 隔离后，一方面经整流滤波为限能器和解调放大器提供工作电压，另一方面 8 kHz 的交流方波电压供给调制器将控制室送来的 4～20 mA DC 控制信号调制成交流信号，由电流互感器 T_2 隔离并耦合至解调放大器，解调放大器将其恢复成 4～20 mA DC 信号并由限能器限压、限流后送给执行器。图中实线为能量传输路径，虚线为信号传输路径。

2. 变压器隔离式安全栅的应用

图 5.7 是利用变压器隔离式检测端安全栅 DFA-1100 和变压器隔离式操作端安全栅 DFA-1300 及 DDZ-Ⅲ 型控制器 DTZ-2100 组成的安全火花型单回路调节系统。

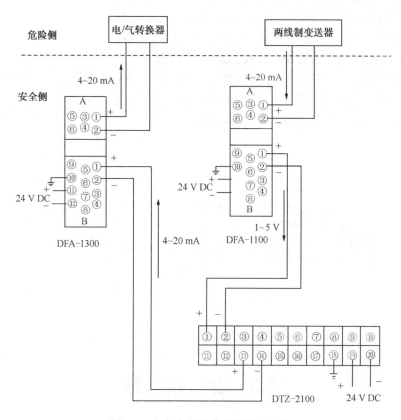

图 5.7　安全火花型单回路调节系统

由图可知，现场两线制变送器送来的 4～20 mA DC 信号由检测端安全栅 DFA-1100 进行隔离、传递并转换成 1～5 V DC 的信号，送到控制器按一定的控制规律运算后，得到的 4～20 mA DC 控制信号被送到操作端安全栅 DFA-1300 进行隔离、传递，然后送给电/气转换器，再由气动执行器控制被控对象。

5.2　信号分配器

信号分配器主要是将一路输入转换成两路或多路输出，实现信号的转换、分配和隔离等功能。因具体使用要求不同，其功能不尽相同。有的信号分配器还可对多路信号进行处理。

图 5.8 是一种信号分配器原理图。它将 4～20 mA DC 输入信号经 250 Ω 的精密电阻转换为两路以上 1～5 V DC 信号输出。其中 A 端为输入，B 端和 C 端为输出，D 端作为输入信号和输出信号的公共负端。它最多处理 5 路输入信号，常用于盘装仪表的信号连接及配线。

有时会遇到一个信号向两个设备（如显示仪表和控制仪表）同时输送信号的情况，若这两个设备不共地，就有可能在两个设备之间产生干扰，甚至使仪表不能工作。针对此类情况必须使用隔离式信号分配器。图 5.9 是隔离式信号分配器的一个应用例子。隔离式信号分配器 WS15242D 用 24 V DC 供电，把来自两线制变送器的 4～20 mA DC 信号转换成与之隔离的两路输出信号，一路为 4～20 mA DC，一路为 1～5 V DC，分别送给控制器和显示仪表，且两路输出之间也是隔离的。这里电源和输入、输出之间也是相互隔离的。

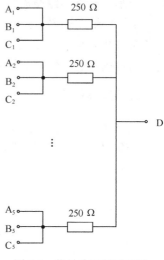

图 5.8　信号分配器原理图

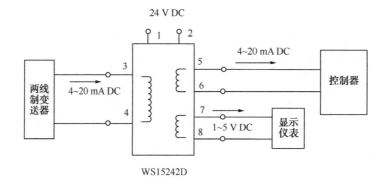

图 5.9　隔离式信号分配器的应用

5.3　变　频　器

变频器即变频调速器，是通过改变电动机电源的频率来调整电动机转速的。变频调速器是 20 世纪 80 年代开始使用并迅速发展起来的，目前已应用到各个生产领域。在自动化领域，变频调速器可以作为系统的执行部件，接收来自控制器的控制信号，并根据控制信号的大小改变输出电源的频率来调节电动机转速；也可作为系统中的调节部件，单独完成系统的调节和控制工作。下面介绍变频调速器的组成及工作原理。

变频调速器的结构框图如图 5.10 所示。电源输入回路将输入的电源信号进行整流变成直流信号，然后由逆变电路根据主控电路发来的控制命令，将整流后的直流电源信号调制成某种频率的交流电源信号输出给电动机。输出频率可在 0～50 Hz 之间变化。电源频率降低，电源电压也随之降低，使得电动机的瞬时功率下降，从而减少了电源消耗。

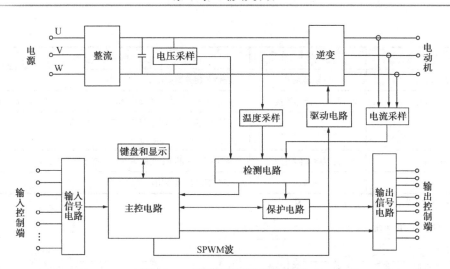

图 5.10　变频调速器的结构框图

主控电路以 CPU 为核心，接收从键盘或输入控制端来的给定频率值的控制信号以及从传感器来的运行参数，进行必要的运算，输出 SPWM 波的调制信号至逆变器的驱动电路，使逆变器按要求工作。同时把需要显示的信号送显示器，把用户通过功能预置所要求的状态信息送输出控制电路。

下面以三菱 FR-D700 变频器（如图 5.11 所示）为例说明变频器接线回路、操作面板和参数设置。

图 5.11　三菱 FR-D700 变频器

1. 三菱 FR-D700 变频器主回路接线

（1）L1、L2、L3 端子接三相交流工频电源（市电 380 V/220 V），不能接单相交流电源。

（2）U、V、W 输出端子接三相交流异步电动机，电动机接成三角形△或星形 Y。主回路端子说明见表 5.1，主回路端子接线如图 5.12 所示。

表 5.1　FR-D700 变频器主回路端子说明

端子记号	端子名称	端子功能说明
R/L1、S/L2、T/L3*	交流电源输入	连接工频电源。 当使用高功率因数变流器（FR-HC）及共直流母线变流器（FR-CV）时，不要连接任何东西

端 子 记 号	端 子 名 称	端子功能说明
U、V、W	变频器输出	连接三相笼型电动机
＋、PR	制动电阻器连接	在端子＋和 PR 间连接选购的制动电阻器（FR-ABR、MRS）
＋、－	制动单元连接	连接制动单元（FR-BU2）、共直流母线变流器（FR-CV）以及高功率因数变流器（FR-HC）
＋、P1	直流电抗器连接	拆下端子＋和 P1 间的短路片，连接直流电抗器
GND	接地	变频器机架接地用，必须接大地

注：* 单相电源输入时，变为端子 L1、N。

图 5.12　FR-D700 变频器主回路端子接线

2. 三菱 FR-D700 变频器的操作面板及使用

（1）变频器操作面板。FR-D700 变频器操作面板如图 5.13 所示。

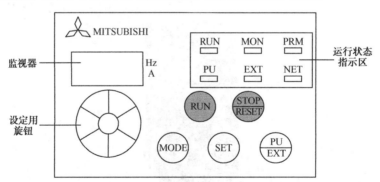

图 5.13　FR-D700 变频器操作面板

操作面板各按键功能见表 5.2。

表 5.2　FR-D700 变频器操作面板各按键功能

按钮/旋钮	功　　能	备　　注
PU/EXT 键	切换 PU/外部操作模式	PU：PU 操作模式； EXT：外部操作模式； 使用外部操作模式（用另外连接的频率设定旋钮和启动信号运行）时，按下此键，使 EXT 显示为点亮状态
RUN 键	运行指令正转	反转用 P.40 设定
STOP/RESET 键	停止和复位	
SET 键	确定各设定	确定后会交替闪烁

续表

按钮/旋钮	功　能	备　注
MODE 键	模式切换	切换各模式
设定用旋钮	变更频率设定；参数的设定值	

操作面板单位表示及运行状态见表 5.3。

表 5.3　FR-D700 变频器操作面板单位表示及运行状态

指示灯显示	说　明	备　注
RUN 显示	运行时点亮/闪烁	亮灯：正转运行中 慢闪烁（1.4 s 循环）：反转运行中 快闪烁（0.2 s 循环）：非运行中
MON 显示	监视器显示	监视模式时亮灯
PRM 显示	参数设定模式显示	参数设置模式时亮灯
PU 显示	PU 操作模式时亮灯	计算机连接运行模式时，为慢闪烁
EXT 显示	外部操作模式时亮灯	计算机连接运行模式时，为慢闪烁
NET 显示	网络运行模式时亮灯	
监视用 LED 显示	显示频率、参数序号等	

基本功能参数一览表见表 5.4。

表 5.4　FR-D700 变频器基本功能参数一览表

序　号	变频器参数	出　厂　值	设　定　值	功　能　说　明
1	P 1	50	50	上限频率（50 Hz）
2	P 2	0	0	下限频率（0 Hz）
3	P 7	5	5	加速时间（5 s）
4	P 8	5	5	减速时间（5 s）
5	P 9	0	0.35	电子过电流保护（填电动机额定电流）
6	P 160	9999	0	扩张功能显示选择
7	P 79	0	4	操作模式选择（0～7）
8	P 73	1	1	0～5 V 输入
9	P 4	50 Hz	50 Hz	3 速设定（高速）
10	P 5	30 Hz	30 Hz	3 速设定（中速）
11	P 6	10 Hz	10 Hz	3 速设定（低速）

3. 三菱 FR-D700 变频器基本参数的设置

（1）通过控制面板进行频率设定，实施启动/停止操作（PU 运行模式/全面板控制），变频器开环无级调速接线如图 5.14 所示。旋转频率设定旋钮，把 P.79 参数值设定为 1。

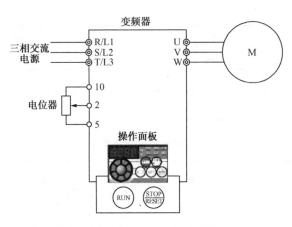

图 5.14　变频器开环无级调速接线

（2）通过 STF、STR 端子分别实施正转、反转启动/停止操作，通过面板进行频率设定，将 P.79 参数值设定为 3（PU/EXT 混合模式）。

（3）通过模拟信号进行频率设定（电压输入），即通过电位器调节频率，用 0～5 V 模拟电压作为给定量，进行开环无级调速。

（4）用控制面板上的 RUN、STOP 按键实施启动、停止操作，外接电位器实现调频调速；P.79＝4 指示灯"PRM"亮起，表示进入参数设置模式。交替闪烁即表示参数设置成功。一个参数设置完，按 2 次 SET 键，自动进入下一个参数的设置。所有参数设置完，按 2 次 MODE 键，进入等待运行的监视模式，指示灯 MON 亮起。

（5）外接开关从端子 STF、STR 分别实施正转、反转启动/停止操作，如图 5.15 所示。外接电位器实现调频调速。

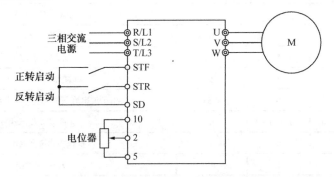

图 5.15　变频器正转、反转调速接线

在化工生产中，变频器常用于软启动或节能的控制方案中。例如，锅炉燃烧时炉膛压力控制系统常用变频器来实现风量控制。大型锅炉运行时炉膛内的压力基本是一个常数，压力过高或过低都会给锅炉的正常运行带来不良影响，常需要调整鼓风量使锅炉能够处于最佳的运行状态。炉膛压力控制系统根据炉膛压力检测信号与给定值进行比较，将偏差送控制器进行运算，得到的控制信号送执行器调整送风量，而此时风机电动机照常以额定的转数运转。采用变频器后，控制系统发生了变化。系统框图如图 5.16 所示。与传统的控制系统相比，用变频器取代了原有的执行部件，它是通过改变风机电动机的转速来改变送风量的。由于变频器具有多种输入方式，能够方便地与自动控制仪表相结合，因此在自动化领域的应用前景十分广阔。

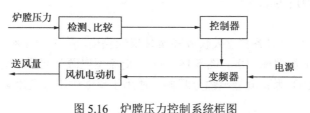

图 5.16　炉膛压力控制系统框图

5.4　电源箱及电源分配器

5.4.1　电源箱

电源箱是为电动单元组合仪表集中供电的稳压电源装置，作用是将 220 V 的交流电转换为 24 V 的直流电。下面以 DFY 型电源箱为例说明其工作原理。

DFY 型电源箱有过压、欠压、过载和短路保护等功能。当接有备用电源时，若出现过压或欠压故障，DFY 型电源箱会立即切断本电源，并把备用电源自动接上，保证仪表正常供电，同时有报警信号输出；当出现短路故障时，DFY 电源箱切断电源输出并发出报警，此时不会接上备用电源。待短路故障排除后，无须人工干预，自动恢复正常电压输出，对仪表系统继续供电。

该电源还有 24 V 交流电压输出，可供记录仪电动机用电及其他需要 24 V 交流电压的设备用电。

DFY 型电源箱原理框图如图 5.17 所示，主要由电源变压器、整流滤波器、稳压电路和保护电路等组成。其中，采样电路、比较放大电路和调整元件构成稳压电路。

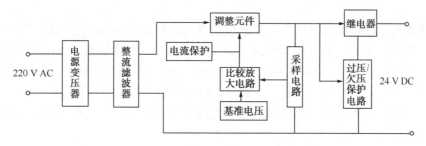

图 5.17　DFY 型电源箱原理框图

工作原理是：220 V AC 电压经变压器降压后由整流滤波器将其转换为直流电。稳压电路通过采样电路取出输出电压的一部分和基准电压相比较，其差值经放大后去控制调整元件，使输出电压保持稳定。

5.4.2　电源分配器

电源分配器主要用于对各种盘装仪表和架装仪表供电，有交流型和直流型之分。图 5.18 所示为 10 回路电源分配器原理图。图 5.18（a）为交流型电源分配器，适用于两线供电的交、直流仪表；图 5.18（b）为直流型电源分配器，适用于单线供电、公用零线不经开关的仪表。

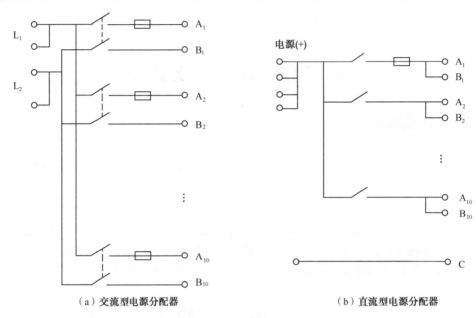

（a）交流型电源分配器　　　　　　　　　　（b）直流型电源分配器

图 5.18　电源分配器

5.4.3　现场总线仪表电源

普通的直流电源不能直接给现场总线仪表供电，因为直接连接会使数字通信信号通过直流电源而短路，为此，应在电源与现场总线之间接入一电感线圈。考虑到电感与终端器的电容可能形成振荡电路，因此要串联一个电阻，用电阻与电感串联形成无源电源阻抗器。无源电源阻抗器在使用中有一个很大的缺点，就是仪表的静态电流（直流）在 $50\ \Omega$ 电阻上将引起一个高热量消耗，更坏的情况是引起电源电压降低，而有源电源阻抗器能较好地解决这一问题。

（1）现场总线仪表阻抗器（PSI302）。Smar 公司的 PSI302 是一台有源电源阻抗器，它是非隔离的，执行 FF 标准。PSI302 的工作如同一个非常稳定的电压调节器，并对交流信号进行阻抗控制，因而它也是一个阻抗调节器。除此之外，它结合了各种保护电路，如输入保护电路和输出保护电路，还有总线终端器。

PSI302 的组成框图如图 5.19 所示。PSI302 不能直接用在危险区域，若用在危险区域，则必须使用安全栅，以隔离安全区与危险区。

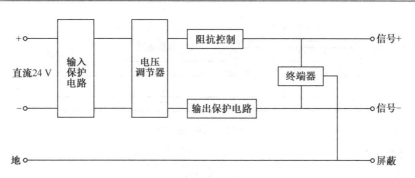

图 5.19　PSI302 的组成框图

（2）现场总线仪表电源（PS302）。Smar 公司的 PS302 是一个非本质安全的供电设备，它可以接收交流输入（90～260 V，47～400 Hz 或同等的直流），提供一个 24 V 直流电压输出，输出电流最大为 1.5 A，且具有短路、过流保护功能，适合与 PSI302 相配合给现场总线供电。

PS302 能给多达 5 个满负荷的 PSI302 供电。若输出发生过载、短路等，PS302 内部开关可以自动关断，进而保护电路安全。当输出恢复正常条件时，PS302 还能自动接通电源，恢复供电。现场总线仪表与 PS302 的连接如图 5.20 所示。PS302 冗余并联时，不需要任何附加元件。

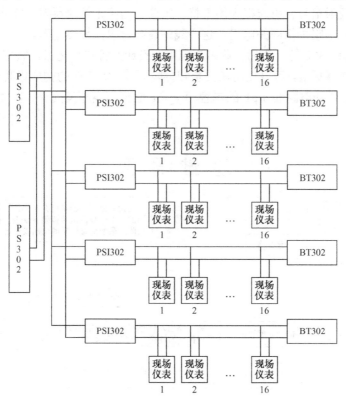

图 5.20　现场总线仪表与 PS302 的连接

（3）现场总线终端器（BI302）。在传输线路中，当传输介质在某点特征阻抗发生变化时，信号的一部分能量会在此被反射，另一部分能量会透过此点，如图 5.21 所示。

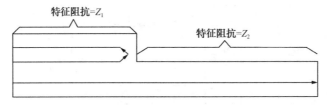

图 5.21　线路的反射

电压反射系数：

$$R = \frac{Z_2 - Z_1}{Z_2 + Z_1} \tag{5-1}$$

电压透过系数：

$$I = 1 - \frac{Z_2 - Z_1}{Z_2 + Z_1} = \frac{2Z_1}{Z_2 + Z_1} \tag{5-2}$$

可见，若在某点前后，其 Z_1 与 Z_2 不相等，则电压反射系数 R 与 $Z_2 - Z_1$ 的差值成正比，这个反射信号的方向与信号传输方向正好相反，它将叠加在传输信号上，使原始信号产生较大的畸变，严重时甚至使整个网络通信瘫痪。

此外，在线路末端如果任其自然终止，即 $Z_2 = \infty$，则电压透过系数为 0，反射系数为 1（即全部反射），反射信号会引起很大的干扰。因此，为防止终端反射，需要在线路末端接一个与传输电缆的特征阻抗相同的电阻，这个线路终端电阻称为终端器。

Smar 公司的 BT302 是一个为工业用户应用而设计的特殊终端器，它完全遵守 FF 标准，并符合本质安全防爆标准，可以使用在安全和危险区域。BT302 的构成极其简单，由一个 RC 电路组成，用 100 Ω 的电阻和 1 μF 的电容相串联。它使用高精度元件，以免因温度变化而引起漂移。

思 维 导 图

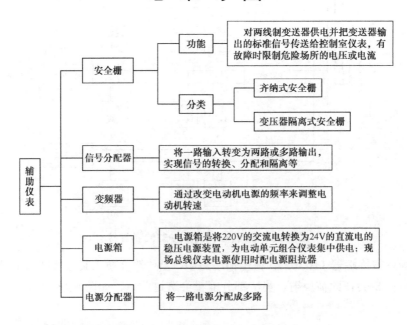

思考与练习题 5

1. 安全栅有哪些作用？
2. 说明齐纳式安全栅的工作原理。
3. 说明检测端安全栅和操作端安全栅的构成及基本原理。
4. 电源箱中的稳压电路是如何工作的？
5. 说明电源分配器的作用及构成。
6. 说明信号分配器的作用及构成。
7. 说明电源阻抗器的作用及构成。

思 想 映 射

小小笔记本 成就大工匠——刘丛涛

　　记笔记，在同学们的日常学习中，是再平常不过的普通行为习惯。有的同学把记笔记当作记录重点内容、梳理知识体系的好方法；有的同学把记笔记当作跟随老师讲课思路、避免自己走神的好措施；还有同学把笔记写成了艺术品，文字整洁、分布科学，看上一眼就让人赏心悦目。但今天要说的这个人，他已不是一名在校学生，却十几年如一日坚持着记笔记，并依靠着这一本本小小的笔记本，成长为中国石油省部级技能专家，他就是兰州石化公司高级技师刘丛涛。

　　2000 年，刘丛涛进入企业电仪岗位工作，一开始他的表现并不突出，脑子不灵光、手上不利索，再加上不善言语，成为车间里默默无闻的那一个。但刘丛涛有一个与众不同的小习惯，就是口袋里一直装着一个小笔记本。不管是自己在现场遇到技术问题，还是跟着师傅在现场进行技术实施，总能看到他不停地在本子上记啊记。一开始同事们都很好奇，都来看看他记什么，无非就是热电阻接线方法、现场模拟信号的测试方法等，这有什么好记的呢？不是每天都在干么，时间一长同学们对他记笔记都习以为常了。

　　记笔记的习惯，刘丛涛一坚持就是二十几年，那小小的笔记本已经存了一个柜子，笔记本上的内容更多的是预估模型、总线通信等前沿主流技术细节。小小的笔记本伴随着刘丛涛一步一个脚印，踏踏实实地从一名普通的专科毕业生，逐步成长为车间技能骨干、公司技能能手直至省部级技能专家，成为了真正掌握现场核心技术的大工匠。刘丛涛在他的笔记本上经常留有一句自勉的话：勤能补拙，坚持可破。

第6章

集散控制系统

知识目标:

(1) 了解 DCS 的结构特点。

(2) 掌握 JX-300XP 系统现场控制站和操作员站的硬件组成及其功能。

(3) 掌握 JX-300XP DCS 控制系统的组态方法。

技能目标:

(1) 能完成 JX-300XP 控制站硬件卡件设置。

(2) 能对工艺装置进行测点统计并命名。

(3) 能使用 JX-300XP 组态软件完成总体信息设置。

(4) 能使用 JX-300XP 组态软件完成控制站组态。

(5) 能使用 JX-300XP 组态软件完成流程图生成,系统报警数据日志、报表生成,实时曲线、历史曲线生成等。

素质目标:

(1) 培养使用计算机与相关软件的应用能力。

(2) 培养对生产装置任务书的资料查找与阅读能力。

(3) 能够设计工程项目工作计划、行动方案。

随着计算机技术、控制技术和通信技术的发展,出现了一种新型控制装置,即集散控制系统。从集散控制系统层次化的结构来看,其最基本的功能就是传统控制器的功能,由于集散控制系统融合了计算机技术和通信技术,因此,集散控制系统还具有过程管理、生产管理和经营管理功能。本章主要从过程控制的角度介绍集散控制系统,重点介绍完成实时控制的现场控制站和生成控制回路算法及完成监控任务的操作员站。

6.1 概　　述

6.1.1 集散控制系统的基本概念

分散控制系统(Distributed Control System,DCS)又称集中分散控制系统,简称集散控制系统，是一种集计算机技术、控制技术、通信技术和 CRT 技术为一体的新型控制系统。集散控制系统通过控制站对工艺过程各部分进行分散控制，通过操作站对整个工艺过程进行集中监视、操作和管理。它采用分层多级、合作自治的结构形式，体现了控制分散、危险分散，而操作、管理集中的基本设计思想。目前，在石油、化工、冶金、电力、制药等行业获得广泛应用。

6.1.2 集散控制系统的特点

1. 集散控制系统采用层次化体系结构

集散控制系统的体系结构分为四个层次，如图 6.1 所示。

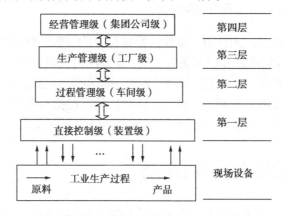

图 6.1 集散控制系统体系结构

（1）直接控制级。直接控制级直接与现场各类设备（如变送器、执行器等）相连，对所连接的装置实施监测和控制；同时，它还向上传递装置的特性数据和采集到的实时数据，并接收上一层发来的管理信息。

（2）过程管理级。这一级主要有操作站、工程师站和监控计算机。过程管理级监视各站的所有信息，功能包括集中显示和操作、控制回路组态、参数修改和优化过程处理等。

（3）生产管理级。生产管理级也称产品管理级。这一级上的管理计算机根据各单元产品的特点以及库存、销售等情况，实现生产的总体协调和控制。

（4）经营管理级。这是集散控制系统的最高级，与办公自动化系统相连接，可实施全集团公司的综合性经营管理和决策。

2. 集散控制系统具有多样化的控制功能

集散控制系统的现场控制站，一般都具有多种运算控制算法及其他数学和逻辑功能，如 PID 控制、前馈控制、自适应控制、四则运算和逻辑运算等，还有顺序控制和各种联锁保护、报警功能。根据控制对象的要求不同，把这些功能有机地组合起来，能方便地满足系统的要求。

3. 集散控制系统操作简便，系统扩展灵活

集散控制系统具有功能强大且操作灵活方便的人机接口，操作员通过 CRT 和功能键可以

对过程进行集中监视和操作，通过打印机可以打印各种报表及需要的信息。DCS 的部件设计采用积木式的结构，可以以模板、模板箱甚至控制柜（站）等为单位，逐步增加。用户可以方便地从单台控制站扩展成小规模系统，将小规模系统扩展成中规模或大规模系统。可根据控制对象生成所需的自动控制系统。

4. 集散控制系统的可靠性高，维护方便

集散控制系统的控制分散，因而局部故障的影响面小，并且在设计制造时已考虑到元器件的选择，采用冗余技术、故障诊断、故障隔离等措施，大大提高了系统的可靠性。DCS 积木式模板的功能单一，便于装配和维修更换；系统配置有故障自诊断程序和再启动等功能，故障检查和维护方便。

5. 集散控制系统采用局部网络通信技术

通过高速数据通信总线，把检测、操作、监视和管理等部分有机地连接成一个整体，进行集中显示和操作，使系统操作和组态更为方便。集散控制系统配备有不同模式的通信接口，可方便地与其他计算机连接，组成工厂自动化综合控制和管理系统。随着 DCS 向开放式系统发展，符合开放式系统标准的各制造厂商的产品可以相互连接与通信，并进行数据交换，第三方的应用软件也能应用于系统中，从而使 DCS 的功能更加强大。

6.1.3　集散控制系统的发展趋势

随着集散控制系统的发展及其在工业控制领域越来越多的应用，集散控制系统充分表现出比模拟控制仪表更优越的性能。但是，目前广泛使用的传统的集散控制系统，用于对工业生产过程实施监视、控制的过程监控站仍然是集中式的；现场信号的检测、传输和控制与常规模拟仪表相同，即通过传感器或变送器检测信号，并将其转换成 4～20 mA 信号以模拟方式传输到集散控制系统。这种方式精度低、动态补偿能力差、无自诊断功能。同时，各集散控制系统制造厂商开发和使用各自的专用平台，使得不同集散控制系统制造厂商的产品之间相互不兼容，互换性差。

随着新技术的不断应用，以及用户对集散控制系统使用的更高要求，集散控制系统领域有许多新进展，主要表现在以下几个方面。

1. 向开放式系统发展

对于传统的集散控制系统，不同制造厂商的产品不兼容。基于 PC 的集散控制系统成为解决这一问题的有效方法。PC 具有丰富的软硬件资源、强大的软件开发能力，尤其是 OPC（OLE for Process Control）标准的制定，大大简化了 I/O 驱动程序的开发，降低了系统的开发成本，使得操作界面的性能得到提高。目前，国内已有基于 PC 操作站的集散控制系统产品，可以集成不同类型的集散控制系统、PLC、智能仪表、数据采集与控制软件等。在这种集散控制系统中，用户可以根据自己的实际情况自由地选择不同制造厂商的产品。

2. 采用智能仪表，使控制功能下移

在集散控制系统中，广泛采用智能仪表、远程 I/O 和现场总线等，使现场测控功能进一步下移，实现真正的分散控制。

3. 集散控制系统与 PLC 功能相互融合

传统的集散控制系统主要用于连续过程控制中，而 PLC 则常用于逻辑控制、顺序控制中。在实际应用时，有些较大的、复杂的过程控制系统既需要连续过程控制功能，也需要逻辑和顺序控制功能。有的集散控制系统的控制器既可以实现连续过程控制，也可以实现逻辑、顺序和批量控制；有的集散控制系统提供专门的实现逻辑或批量控制的控制器和相应软件；也有的集散控制系统可以用软件编程来取代硬件逻辑控制，这样使得集散控制系统和 PLC 的区别和界限变得比较模糊。

4. 现场总线集成于集散控制系统

现场总线的出现促进了现场设备向数字化和网络化方向发展，并且使现场仪表的控制功能更加强大。现场总线集成于集散控制系统是现阶段控制网络的发展趋势。现场总线集成于集散控制系统有以下三种方式。

（1）现场总线与集散控制系统 I/O 总线上的集成。如 Fisher-Rosemount 公司的集散控制系统 Delta V 采用的就是这种方案。

（2）现场总线与集散控制系统网络层的集成。如 Smar 公司的 302 系列现场总线产品，可以实现在集散控制系统网络层集成其现场总线功能。

（3）现场总线通过网关与集散控制系统并行集成。这种方式通过网关连接在一个工厂中并行运行的集散控制系统和现场总线系统。如 SUPCON 的现场总线系统，利用 HART 协议网桥连接系统操作站和现场仪表，实现现场总线设备管理系统操作站与 HART 协议现场仪表之间的通信功能。

集散控制系统将采用智能化仪表和现场总线技术，从而彻底实现分散控制；OPC 标准的出现将解决控制系统的共享问题，使不同系统间的集成更加方便；基于 PC 的解决方案将使控制系统更具开放性；Internet 在控制系统中的应用，将使数据访问更加方便。总之，集散控制系统将通过不断采用新技术向标准化、开放化和通用化的方向发展。

6.2 JX-300XP DCS

微课：JX-300XP DCS

JX-300XP 控制系统由工程师站、操作员站、控制站、过程控制网络等组成。

工程师站是为专业工程技术人员设计的，内装有相应的组态平台和系统维护工具。通过系统组态平台生成适合于生产工艺要求的应用系统，具体功能包括：系统生成、数据库结构定义、操作组态、流程图画面组态、报表程序编制等。使用系统的维护工具软件可实现过程控制网络调试、故障诊断、信号调校等。

操作员站是由工业 PC、CRT、键盘、鼠标、打印机（可选）等组成的人机系统，是操作人员完成过程监控管理任务的环境。高性能工控机、卓越的流程图机能、多窗口画面显示功能可以方便地实现生产过程信息的集中显示、集中操作和集中管理。

控制站是系统中直接与现场打交道的输入/输出（I/O）处理单元，完成整个工业过程的实时监控功能。控制站可冗余配置，灵活、合理。在同一系统中，任何信号均可按冗余或不冗余连接。对于系统中重要的公用部件，如主控制卡、数据转发卡和电源箱等，一般采用 100% 冗余。

过程控制网络实现工程师站、操作员站、控制站的连接，完成信息、控制命令等的传输，双重化冗余设计，使得信息传输安全、高速。JX-300XP 控制系统采用三层通信网络结构，如图 6.2 所示。

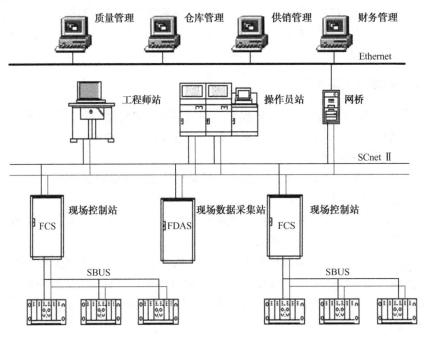

图 6.2　JX-300XP 控制系统结构

最上层为信息管理网，采用符合 TCP/IP 协议的以太网，连接各个控制装置的网桥及企业内各类管理计算机，用于工厂级的信息传送和管理，是实现全厂综合管理的信息通道。中间层为过程控制网（名称为 SCnet II），采用双高速冗余工业以太网 SCnet II 作为其过程控制网络，连接操作员站、工程师站与控制站等，传输各种实时信息。底层为控制站内部网络（名称为 SBUS），采用主控制卡指挥式令牌网，用于站内信息交换。

6.2.1　现场控制站（FCS）

1．现场控制站的功能

微课：现场控制站构成及功能

现场控制站是系统实现数据采集和过程控制的重要站点，一般安装在靠近现场的地方，以消除长距离传输存在的干扰。主要完成数据采集、工程单位变换、控制和联锁算法、控制输出、通过系统网络将数据和诊断结果传送到系统服务器等功能。

2. 现场控制站的构成

JX-300XP 控制系统控制站内部以机笼为单位。机笼固定在机柜的多层机架上，每只机柜最多配置 5 只机笼：1 只电源箱机笼和 4 只卡件机笼（可配置控制站各类卡件）。卡件机笼根据内部所插卡件的型号不同分为两类：主控机笼（配置主控制卡）和 I/O 机笼（不配置主控制卡）。主控机笼可以配置 2 块主控制卡、2 块数据转发卡、16 块 I/O 卡件；I/O 机笼可以配置 2 块数据转发卡、16 块 I/O 卡件。主控制卡必须插在机笼最左端的两个槽位。在一个控制站内，主控制卡通过 SBUS 网络可以挂接 8 个 I/O 或远程 I/O 单元（即 8 个机笼），8 个机笼必须安装在两个或者两个以上的机柜内。主控制卡是控制站的核心，可以冗余配置，保证实时过程控制的完整性。主控制卡采用高度模件化结构，用简单的配置方法实现复杂的过程控制。

（1）专用机柜。机柜常配有机笼、密封门、冷却风扇等，用来安装现场控制站的各种功能卡件。

（2）主控制卡 XP243。主控制卡（又称主控卡）是控制站软硬件的核心，协调控制站内软硬件资源和各项控制任务。它是一个智能化的独立运行的计算机系统，可以自动完成数据采集、信息处理、控制运算等各项功能。通过过程控制网络与过程控制级（操作站、工程师站）相连，接收上层的管理信息，并向上传递工艺装置的特性数据和采集到的实时数据；向下通过 SBUS 和数据转发卡的程控交换与智能 I/O 卡件实时通信，实现与 I/O 卡件的信息交换（现场信号的输入采样和输出控制）。XP243 采用双微处理器结构，协同处理控制站的任务，功能更强，速度更快。

主控制卡承担控制站网络通信功能。主控制卡的结构如图 6.3 所示。主控制卡面板上具有两个互为冗余的 SCnet Ⅱ通信端口和 7 个 LED 状态指示灯。

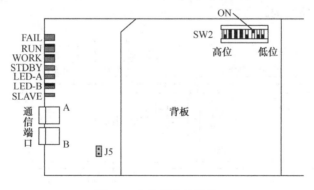

图 6.3　主控制卡的结构

① 网络端口。

PORT-A（RJ-45）：通信端口 A，通过双绞线 RJ-45 连接器与冗余网络 SCnet Ⅱ的 0#网络相连；

PORT-B（RJ-45）：通信端口 B，通过双绞线 RJ-45 连接器与冗余网络 SCnet Ⅱ的 1#网络相连；

SBUS 总线接口：主控制卡的 SLAVE CPU 负责 SBUS 总线（I/O 总线）的管理和信息传输，通过欧式接插件物理连接实现了主控制卡与机笼内母板之间的电气连接，将 XP243 的

SBUS 总线引至主控机笼,机笼背部右侧安装有四个双冗余的 SBUS 总线接口（DB9 芯插座）。

② LED 状态指示灯。

FAIL：故障报警或复位指示；

RUN：工作卡件运行指示；

WORK：工作/备用指示；

STDBY：准备就绪指示，备用卡件运行指示；

LED-A：本卡件的通信端口 A 的通信状态指示灯；

LED-B：本卡件的通信端口 B 的通信状态指示灯；

SLAVE：SLAVE CPU 运行指示，包括网络通信和 I/O 采样运行指示。

冗余主控制卡处于正常工作过程中，RUN 是工作卡件的运行指示，STDBY 是备用卡件的运行指示，而工作卡的 STDBY 和备用卡 RUN 都处于"暗"的状态。

③ 主控制卡的网络节点地址（SCnet Ⅱ）设置。通过主控制卡上拨号开关 SW2 的 S8、S7、S6、S5、S4，采用二进制码计数方法进行地址设置，自左至右代表高位到低位，即左侧 S4 为高位，右侧 S8 为低位，"ON"表示"1"，"OFF"表示"0"。主控制卡的网络地址不可设置为 00#和 01#。如果主控制卡按非冗余方式配置，即单主控制卡工作，卡件的网络地址必须有以下格式：ADD，其中 ADD 必须为偶数，2≤ADD＜31；而且 ADD＋1 的地址被占用，不可作其他节点地址用。如果主控制卡按冗余方式配置，两块互为冗余的主控制卡的网络地址必须设置为以下格式：ADD、ADD＋1 连续，且 ADD 必须为偶数，2≤ADD＜31。

（3）数据转发卡 XP233。XP233 是 I/O 机笼的核心单元，是主控制卡连接 I/O 卡件的中间环节，它一方面驱动 SBUS 总线，另一方面管理本机笼的 I/O 卡件。通过数据转发卡，一块主控制卡（XP243）可扩展 1 到 8 个 I/O 机笼，即可以扩展 1 到 128 块不同功能的 I/O 卡件。图 6.4 为 SBUS 的网络结构。

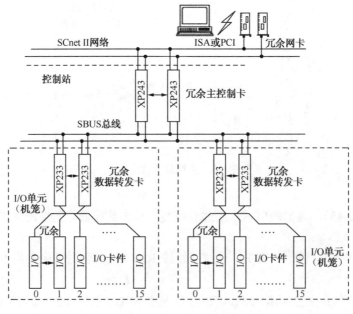

图 6.4　SBUS 网络结构

XP233 具有冷端温度采集功能，负责整个 I/O 单元的冷端温度采集，冷端温度测量元件采用专用的电流环回路温度传感器，可以通过导线将冷端温度测量元件延伸到任意位置处（如现场的中间端子柜），节约热电偶补偿导线。冷端温度的测量也可以由相应的热电偶信号处理单元独自完成，即各个热电偶信号采集卡件都各自采样冷端温度，冷端温度测量元件安装在 I/O 单元接线端子的底部（不可延伸），此时补偿导线必须一直从现场延伸到 I/O 单元的接线端子处。

XP233 数据转发卡的结构如图 6.5 所示。

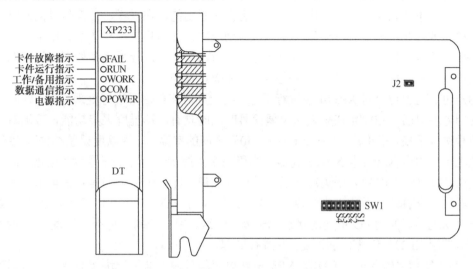

图 6.5　XP233 数据转发卡的结构

① 地址（SBUS 总线）跳线 S1～S4（SW1）。XP233 卡件上共有八对跳线，其中四对跳线 S1～S4 采用二进制码计数方法读数，用于设置卡件在 SBUS 总线中的地址，S1 为低位（LSB），S4 为高位（MSB）。跳线用短路块插上为 ON，不插上为 OFF。按非冗余方式配置（即单卡工作时），XP233 卡件的地址 ADD 必须符合以下格式：ADD 必须为偶数，$0 \leqslant ADD < 15$；而且 ADD+1 的地址被占用，不可作其他节点地址用。按冗余方式配置时，两块 XP233 卡件的 SBUS 地址必须符合以下格式：ADD、ADD+1 连续，且 ADD 必须为偶数，$0 \leqslant ADD < 15$。

② 冗余跳线。采用冗余方式配置 XP233 卡件时，互为冗余的两块 XP233 卡件的 J2 跳线必须都用短路块插上（ON）。

需要注意的是：XP233 地址在同一 SBUS 总线中，即同一控制站内统一编址，不可重复；SW1 拨位开关的 S5～S8 为系统保留资源，必须设置成 OFF 状态。

（4）输入/输出卡件。

① 电流信号输入卡 XP313。XP313 电流信号输入卡可测量 6 路电流信号（II 型或 III 型），并可为 6 路变送器提供+24 V 隔离配电电源。它是一块带 CPU 的智能型卡件，对模拟电流输入信号进行调理、测量的同时，还具备卡件自检及与主控制卡通信的功能。XP313 卡的 6 路信号调理分为两组，其中 1、2、3 通道为第一组，4、5、6 通道为第二组，同一组内的信号调理采用同一个隔离电源供电，两组间的电源及信号互相隔离，并且都与控制站的电源隔离。当卡件被拔出时，卡件与主控制卡通信中断，系统监控软件显示此卡件通信故障。

可通过跳线选择是否需要向变送器配电，也可通过跳线选择通道是否冗余，可通过组态选择信号类型（Ⅱ 型或 Ⅲ 型标准电流信号）、卡件地址、滤波参数等。

② 电压信号输入卡 XP314。XP314 电压信号输入卡是智能型带有模拟量信号调理的 6 路模拟信号采集卡，每一路可单独组态并接收各种型号的热电偶以及电压信号，将其调理后再转换成数字信号并通过数据转发卡 XP233 送给主控制卡 XP243。XP314 卡的 6 路信号调理分为两组，其中 1、2、3 通道为第一组，4、5、6 通道为第二组，同一组内的信号调理采用同一个隔离电源供电，两组之间的电源和信号互相隔离，并且都与控制站的电源隔离。卡件可单独工作，也能以冗余方式工作。卡件具有自诊断功能，在采样、处理信号的同时，也在进行自检。卡件冗余配置时，一旦工作卡自检到故障，立即将工作权让给备用卡，并且点亮故障灯报警，等待处理。工作卡和备用卡对同一点信号同时进行采样和处理，无扰动切换。单卡工作时，一旦自检到错误，卡件也会点亮故障灯报警。

用户可通过上位机对 XP314 卡进行组态，决定其对何种信号进行处理，并可随时在线更改，使用方便灵活。XP314 在采集热电偶信号时同时具有冷端温度采集功能，冷端对一热敏电阻信号进行采集，采集范围为 −50℃～+50℃ 之间的室温，冷端温度误差 ≤1℃。冷端温度的测量也可以由数据转发卡 XP233 完成，当组态中主控制卡将冷端设置为"就地"时，主控制卡使用 I/O 卡（XP314）采集冷端温度并进行处理，即各个热电偶信号采集卡件都各自采样冷端温度，冷端温度测量元件安装在 I/O 单元接线端子的底部（不可延伸），此时补偿导线必须一直从现场延伸到 I/O 单元的接线端子处；当组态中主控制卡将冷端设置为"远程"时，主控制卡使用 XP233 卡采集冷端温度并进行处理。

③ 热电阻信号输入卡 XP316。XP316 热电阻信号输入卡是一块智能型、分组隔离、专用于测量热电阻信号的可冗余的四路 A/D 转换卡。每一路可单独组态并可以接收 Pt100、Cu50 两种热电阻信号，将其调理后转换成数字信号，并通过数据转发卡 XP233 送给主控制卡 XP243。

XP316 卡的四路信号调理分为两组，其中 1、2 通道为第一组，3、4 通道为第二组，同一组内的信号调理采用同一个隔离电源供电，两组之间的电源和信号互相隔离，并且都与控制站的电源隔离。卡件可单独工作，也能以冗余方式工作。热电阻信号以并联方式接入互为冗余的两块 XP316 卡中，真正做到了从信号调理这一级开始冗余。同时，卡件具有自诊断和与主控卡通信的功能；在采样、处理信号的同时，也在进行自检。如果卡件处于冗余状态，一旦工作卡自检到故障，就立即将工作权让给备用卡，并且点亮故障灯报警，等待处理。工作卡和备用卡同时对同一点信号进行采样和处理，切换时无扰动。如果卡件为单卡工作，一旦自检到错误，卡件也会点亮故障灯报警。用户可通过上位机对 XP316 卡进行组态，决定其对具体某种信号进行处理，并可随时在线更改，使用方便灵活。

④ 电流信号输出卡 XP322。XP322 为 4 路点点隔离型电流（Ⅱ 型或 Ⅲ 型）信号输出卡。作为带 CPU 的高精度智能化卡件，具有实时检测输出信号的功能，它允许主控制卡监控输出电流。XP322 的原理框图如图 6.6 所示。

CH1～CH4 表示第 1～4 通道；通过跳线可以对卡件的工作状态进行设置，也可以为每个通道选择不同的带负载能力。LOW 档：Ⅱ 型信号为 1.5 kΩ，Ⅲ 型信号为 750 Ω；HIGH 档：Ⅱ 型信号为 2 kΩ，Ⅲ 型信号为 2 kΩ。

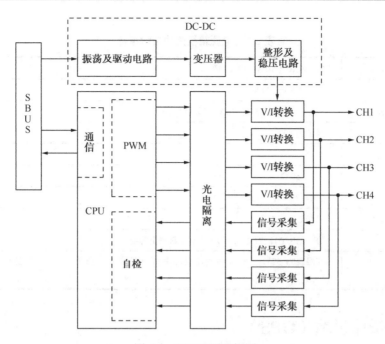

图 6.6　XP322 原理框图

⑤ 电平信号输入卡 XP361。XP361 是 8 路电平信号输入卡,能够快速响应电平信号输入,采用光电隔离方式实现数字信号的准确采集。卡件具有自诊断功能(包括对数字量输入通道工作是否正常进行自检)。通过跳线可以对电平信号的电压范围进行选择,如图 6.7 所示。

图 6.7　用跳线选择电压范围

⑥ 晶体管开关量输出卡 XP362。XP362 是智能型 8 路无源晶体管开关量输出卡,可通过中间继电器驱动电动执行装置。采用光电隔离方式,不提供中间继电器的工作电源;具有输出自检功能。负载能力为每点 50 mA(24 V,吸收电流),每卡 400 mA。

⑦ 干触点开关量输入卡 XP363。XP363 是智能型 8 路干触点开关量输入卡。采用光电隔离方式,卡件提供隔离的 24 V 直流巡检电压,具有自检功能。

(5)机笼母板 XP211。XP211 是 JX-300XP 系统的机笼母板,提供 20 个卡件插槽:2 个主控制卡插槽、2 个转发卡插槽和 16 个 I/O 卡插槽,以及 8 个系统扩展端子、4 个 DB9 针型插座和 1 个电源接线端子。DB9 针型插座用于 SBUS 互连,即机笼与机笼之间的互连;电源端子给机笼中所有的卡件提供 5 V 和 24 V 直流电源;I/O 端子配合可插拔端子把 I/O 信号引至相应的卡件上。除以上功能外,XP211 母板还提供主控制卡与转发卡、转发卡与 I/O 卡件之间数据交换的物理通道,同时与机笼一起给卡件提供支撑和固定作用。

(6)电源箱机笼。电源箱机笼为控制柜提供电源,是控制柜的动力源泉,其技术指标如表 6.1 所示。

表 6.1　电源箱机笼的技术指标

输入电压和频率	220 V AC±10%，50±3 Hz
输出电压	4.5～5.5 V，24 V
最大输出电流	5 V　额定电流 5 A；24 V　额定电流 6 A
效率	额定为 80%
纹波系数	≤1%
正常工作温度	0℃～50℃
正常工作湿度	（10～90）%（无凝结）
储存和运输温度	−40℃～＋70℃
绝缘强度	符合 GB/T 18271.2—2000 规定的 I 级安全等级
绝缘电阻	在温度为 32℃～38℃、相对湿度为 90%～95% 的环境条件下，指定绝缘间的绝缘电阻不小于 100 MΩ

6.2.2　操作员站（OPS）

1．操作员站的功能

操作员站显示并记录来自各控制单元的过程数据，是操作人员与生产过程的操作接口。通过人机接口，实现适当的信息处理和集中的生产过程操作。

（1）显示功能。操作站的 CRT 是 DCS 和现场操作运行人员的主要界面，它有强大、丰富的显示功能。

① 模拟参数显示。可以用模拟方式（棒图）、数字方式和趋势曲线方式显示过程量、设定值和控制输出量；对非控制变量也可用模拟或数字方式显示其数值和变化过程。

② 系统状态显示。以字符方式、模拟方式或图形颜色等显示工艺设备有关的开关状态（运行、停止、故障等）、控制回路的状态（手动、自动、串级等）以及顺序控制的执行状态。

③ 多种画面显示。可显示的画面如下：

● 总体画面用于显示系统的工艺结构和重要状态信息；

● 分组画面用于显示一组的详细状态；

● 控制回路画面用于显示一个控制回路的详细数据；

● 流程图画面用模拟图表示工艺过程和控制系统，流程图由背景图和动态信息两部分组成，动态信息部分包括模拟量和开关量。

● 报警画面用来显示报警信息和报警列表记录。

● 设备状态画面用来显示 DCS 的组成结构、网络状态和工作站状态。

此外，还可显示各类变量目录画面、系统组态画面、工程师维护画面等。

（2）报警功能。对操作员站、现场控制站和打印机等进行诊断，发生异常时提供多种形式的报警功能，如利用画面灯光和模拟音响等方式实现报警。

（3）操作功能。DCS 的操作功能依靠操作员站实现，这些功能包括以下三个方面。

① 对系统中控制回路进行操作管理，包括设定 PID 控制器参数、切换控制回路（手动、

自动、串级）和手动控制回路输出等。

② 控制报警越限值，设定和改变过程参数的上下限报警值及报警方式。

③ 紧急操作处理，操作员站提供对系统的有关操作功能，以便在紧急状态时进行操作处理。

（4）报表打印功能。DCS 的报表打印功能不但减轻了运行人员手工定时抄写报表的负担，而且生成的报表外形美观，内容丰富，极大地方便了生产过程的运行和管理。DCS 的报表打印功能一般包括：定时打印各种报表；DCS 运行状态信息打印；操作信息打印，随时打印操作员的各种操作，以备需要时检查；故障状态打印，在生产过程发生故障时，自动打印故障前后一段时间的有关参数，作为故障分析的依据。

（5）组态和编程功能。系统的组态以及有关的程序编制也是在操作员站（有工程师站权限的）完成的，这些工作包括系统硬件组态、流程画面的生成、记录报表的生成、各种控制回路的组态以及对已有组态进行修改等。

2. 操作员站的结构组成

操作员站的硬件组成包括：工控 PC（IPC）、彩色显示器、鼠标、键盘、SCnet II 网卡、专用操作员键盘（可选）、操作台、打印机等。工程师站硬件配置与操作员站硬件配置基本一致，无特殊要求，它们的区别仅在于系统软件的配置不同，工程师站除了安装有操作、监视等基本功能的软件外，还装有相应的系统组态、系统维护等应用工具软件。

（1）工控 PC。操作员站的硬件以高性能的工业控制计算机为核心，具有超大容量的内部存储器和外部存储器，可以根据用户的需要选择 22"/17"显示器。通过配置两个冗余的 10 Mbps SCnet II 网络适配器，实现与系统过程控制网连接。操作员站可以是一机多 CRT，并配有键盘、鼠标（或轨迹球）等外部设备。

（2）操作员键盘。操作员站配备专用的操作员键盘，其操作功能由实时监控软件支持，操作员通过专用键盘并配以鼠标就可实现所有的实时监控操作任务，如图 6.8 所示。

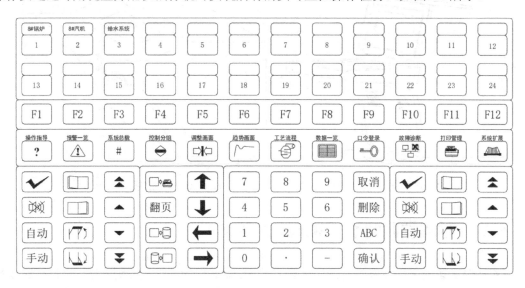

图 6.8 操作员键盘

操作员键盘共有 96 个按键，分为自定义键、功能键、画面操作键、屏幕操作键、回路操作键、数字修改键、报警处理键及光标移动键等。操作员键盘具有如下特征。

① 跟标准 PC 的 101/102 键盘接口完全兼容，无特殊的驱动程序，内部采用微动开关，使用寿命长。

② 采用图形化的键盘布局和标识，操作简便、快捷。

③ 采用独立的金属外壳封装，防水、防尘。

④ 支持 AdvanTrol 软件的实时操作，如报警一览、总貌画面、趋势画面、控制分组、流程图、信息修改等。

⑤ 常用键冗余布置，包括报警确认、消音、手/自动、翻页、开/关、增/减、快增/快减。

⑥ 功能强大，有多达 24 个自定义键，可根据用户的要求自行定义功能。

（3）报表打印机。报表输出的功能可分散在各个操作员站/工程师站上完成，也可以设立独立的打印站，其配置要求与操作员站一致。对打印机的选型无特殊要求，AdvanTrol 软件和工程师站软件 SCKey 支持 Windows 可设置的所有打印机型号。建议采用性能可靠的宽行针式打印机或宽行激光打印机。

（4）操作台。操作台是放置操作员站的平台，分为立式操作台、平面式操作台两种，

立式操作台将 CRT 嵌入一个方形门框内，将 IPC 放置在封闭的箱体内。在立式操作台内有一个放置 CRT 的可调式抽动平台，当 CRT 从操作台背面放入抽动平台上后，可以上下调节平台，使 CRT 的塑性表面与操作台的表面边框吻合。IPC 从操作台的背面放入并置于下面的一个平台上。IPC 的背部朝后，以便接线，如图 6.9 所示。

在平台式操作台的平台中央放置 CRT，将 IPC 放置在封闭的箱体内。从操作台的背面放入 IPC 并放置在下面的一个平台上。IPC 的背部朝后，以便接线，如图 6.10 所示。

在这两种操作台内都配有报警扬声器，安装时应将操作员站/工程师站内声卡输出的报警声音与扬声器可靠连接。

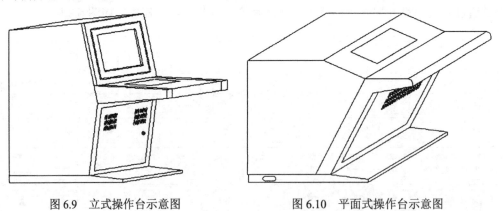

图 6.9　立式操作台示意图　　　　图 6.10　平面式操作台示意图

6.2.3　过程控制网络（SCnet Ⅱ 网络）

JX-300XP 系统采用双高速冗余工业以太网 SCnetⅡ作为其过程控制网络。它直接连接系统的控制站、操作站、工程师站、通信接口单元等，是传送过程控制实时信息的通道，具有

很高的实时性和可靠性,通过挂接网桥,SCnet Ⅱ 可以与上层的信息管理网或其他厂家设备连接。各节点的通信接口均采用了专用的以太网控制器,数据传输遵循 TCP/IP 和 UDP/IP 协议。SCnet Ⅱ 网络采用双重化冗余结构,如图 6.11 所示。在其中任意一条通信线发生故障的情况下,另一条信息通道将负责整个系统的通信任务,使通信仍然畅通,通信网络仍保持正常的数据传输。

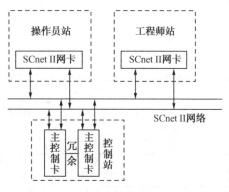

图 6.11　SCnet Ⅱ 网络双重化冗余结构

对于数据传输,除专用控制器所具有的循环冗余校验、命令/响应超时检查、载波丢失检查、冲突检测及自动重发等功能外,应用层软件还提供路由控制、流量控制、差错控制、自动重发(对于物理层无法检测的数据丢失)、报文传输时间顺序检查等功能,保证了网络的响应特性,使响应时间小于 1 s。

在保证高速可靠传输过程数据的基础上,SCnet Ⅱ 还具有完善的在线实时诊断、查错、纠错等手段。系统配有 SCnet Ⅱ 网络诊断软件,内容覆盖了网络上每一个站点(操作员站、数据服务器、工程师站、控制站、数据采集站等)、每个冗余端口(0#和 1#)、每个部件(HUB、网络控制器、传输介质等),网络上各组成部分经诊断后的故障状态被实时显示在操作员站上以提醒用户及时维护。

6.2.4　JX–300XP DCS 的软件系统

JX-300XP DCS 软件包可分成两大部分,一部分为系统组态软件,包括用户组态软件(SCSecurity)、系统组态软件(SCKey)、图形化编程软件(SCControl)、语言编程软件(SCLang)、流程图制作软件(SCDrawEx)、报表制作软件(SCFormEx)、二次计算组态软件(SCTask)、ModBus 协议外部数据组态软件(AdvMBLink)等;另一部分为系统运行监控软件,包括实时监控软件(AdvanTrol)、数据服务软件(AdvRTDC)、数据通信软件(AdvLink)、报警记录软件(AdvHisAlmSvr)、趋势记录软件(AdvHisTrdSvr)、ModBus 数据连接软件(AdvMBLink)、OPC 数据通信软件(AdvOPCLink)、OPC 服务器软件(AdvOPCServer)、网络管理和实时数据传输软件(AdvOPNet)、历史数据传输软件(AdvOPNetHis)、网络文件传输(AdvFileTrans)等。

系统运行监控软件安装在操作员站和运行的服务器、工程师站中,通过各软件的相互配合,实现控制系统的数据显示、数据通信及数据保存。系统运行监控软件构架如图 6.12 所示。

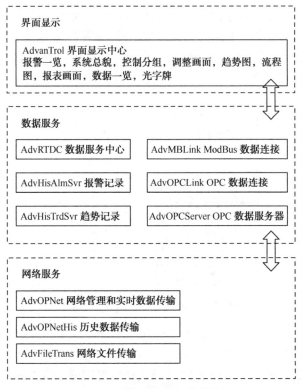

图 6.12　系统运行监控软件构架

系统组态软件通常安装在工程师站，各功能软件之间通过对象链接与嵌入技术，动态地实现模块间各种数据、信息的通信、控制和管理。这部分软件以 SCKey 系统组态软件为核心，各模块彼此配合，相互协调，共同构成系统结构及功能组态的软件平台，如图 6.13 所示。

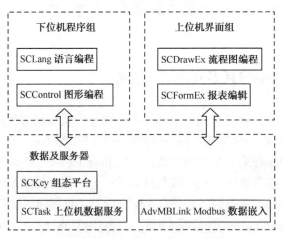

图 6.13　系统组态软件构架

6.3　DCS 应用系统组态方法

系统组态是指集散控制系统实际应用于生产过程控制时，需要根据设计要求，预先将硬件设备和各种软件功能模块组织起来，以使系统按特定的状态运行。具体来讲，就是用集散控制系统所提供的功能模块、组态软件以及组态语言，组成所需要的系统结构和操作画面，完成所需要的功能。此处以 JX-300XP DCS 应用系统组态为例，介绍基于组态软件的工业控制系统的一般组建过程，如图 6.14 所示。

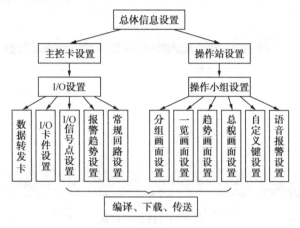

图 6.14　工业控制系统组建过程

1. 总体信息设置

打开系统组态软件，登录后，新建一个组态工程文件，工程文件中有控制站、操作站和操作小组，DCS 系统架构如图 6.15 所示。

图 6.15　DCS 系统架构

（1）主控卡设置。选中"控制站"，单击"增加"按钮，选择相应系统的主控卡型号，设置各项参数，如图 6.16 所示。需要注意的是，一个系统最多有 15 个控制站。

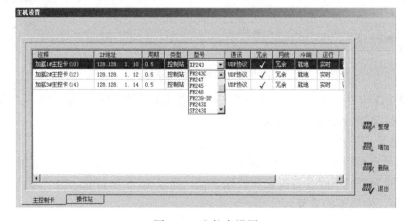

图 6.16　主控卡设置

（2）操作站设置。选中"操作站"，单击"增加"按钮，设置操作站地址并选择相应类型，如图 6.17 所示。工程师站 IP 地址为 128.128.1.130，计算机名为"ES130"；普通操作站的 IP 地址为 128.128.1.131、128.128.1.132，计算机名为"OS131""OS132"。

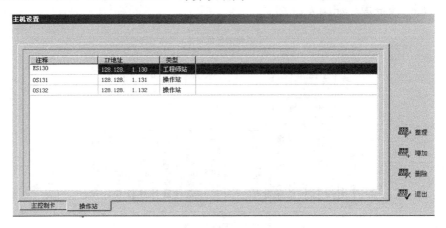

图 6.17　操作站设置

2. 控制站组态

（1）设置数据转发卡。依次选择"控制站"→"I/O 输入"，选择"数据转发卡"标签，单击"增加"按钮，输入注释并设置地址，如图 6.18 所示。

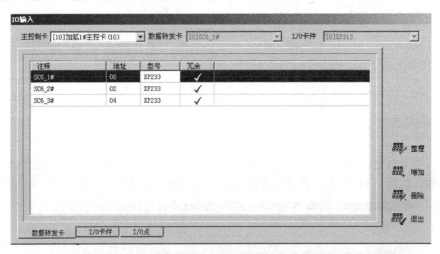

图 6.18　数据转发卡设置

（2）设置 I/O 卡件。选择"I/O 卡件"标签，使其跳到屏幕最前面。单击"增加"按钮，选择相应的卡件类型，如图 6.19 所示。

（3）I/O 信号点组态。

① I/O 信号点位号设置。选择"I/O 点"标签，使其跳到屏幕最前面，如图 6.20 所示。信号点位号不能为空，不能含有汉字和特殊字符，要求 10 个字符长，由字母、_和数字组成，以字母和_起头，位号不能重复。

图 6.19 I/O 卡件设置

图 6.20 I/O 信号点位号设置

② 模拟量输入参数设置。在选择的模拟量输入卡件上，单击"参数"按钮，进入参数设置界面，如图 6.21 所示。

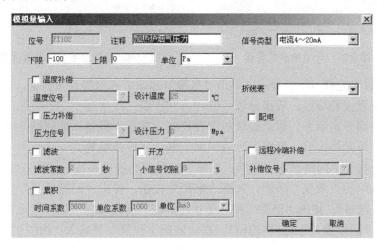

图 6.21 模拟量输入参数设置

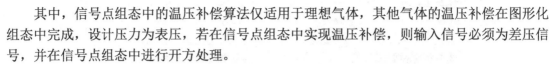

其中，信号点组态中的温压补偿算法仅适用于理想气体，其他气体的温压补偿在图形化组态中完成，设计压力为表压，若在信号点组态中实现温压补偿，则输入信号必须为差压信号，并在信号点组态中进行开方处理。

对于累积，在单位项中填入所需累积单位，软件提供部分常用单位，亦可根据需要自定义单位。时间系数与单位系数的计算方法如下。

工程单位：单位 1/时间 1

累积单位：单位 2

时间系数＝时间 1/秒

单位系数＝单位 2/单位 1

[举例] 工程单位：m³/h，累积单位：km³，首先把工程单位转化为（m³/s），需要除以 3600；再把 m³ 转化为 km³，需要除以 1000；总共除以 3600×1000，所以时间系数为 3600，单位系数为 1000。

③ 模拟量输出参数设置。在选择的模拟量输出卡件上，对输出特性和信号类型进行设置，如图 6.22 所示。图中Ⅲ型表示 4～20 mA 信号，正输出可理解为 10%的信号对应 5.6 mA，而负输出可理解为 10%的信号对应 18.4 mA。

④ 开关量参数设置。在选择的开关量设置卡件上，对开关状态、开关描述按实际工程要求设置，如图 6.23 所示。

⑤ 趋势服务组态设置。选择 I/O 信号点，单击"趋势"按钮进入趋势服务组态设置界面，进行趋势服务组态参数设置，如图 6.24 所示。

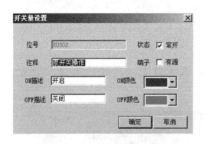

图 6.23　开关量参数设置

图 6.22　模拟量输出参数设置

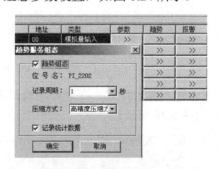

图 6.24　趋势服务组态参数设置

⑥ 报警设置。选择 I/O 信号点，单击"报警"按钮进入报警设置界面，如图 6.25 所示。各类报警均可设置报警等级。等级分成（0～9）共十级，数字越小，等级越高。

（4）常规控制方案组态。组态提供的常规控制方案有手操器、单回路、串级、单回路前馈、串级前馈、单回路比值、串级变比值、乘法器、采样控制等。

常规控制方案（单回路组态）举例：加热炉烟气压力控制系统，如图 6.26 所示。单击组态软件操作菜单中的"常规"按钮，选择"增加"按钮，弹出"回路设置"条。在"控制方案"中选择"单回路"，弹出"回路设置"工作栏。在"回路设置"工作栏设置回路参数，包括"回路位号""回路输入""回路输出"。在"回路 1 位号"处输入"PIC102"，在"回路 1 注释处"输入"加热炉烟气压力控制"，在"回路 1 输入"处链接选择"PI102"，在"输出位号 1"处链接选择"PV102"，单击"确定"按钮即完成。

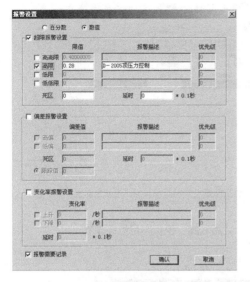
（a）模拟量报警设置

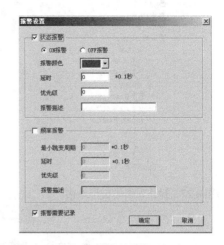
（b）开关量报警设置

图 6.25 报警参数设置

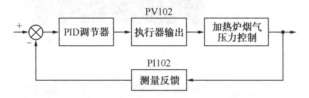

图 6.26 加热炉烟气压力控制系统

如果实际组态时发现常规控制方案不能满足工程需求，则可以采用自定义控制方案，通过编程语言完成控制方案组态。

3. 操作站组态

操作站组态采用树形结构，如图 6.27 所示。

操作站组态引入操作小组，因为并不是每个操作站都需要查看所有的操作站组态内容，选定操作小组，在各操作站组态画面中设定该操作站关心的内容，这些内容可以在不同的操作小组中重复选择。

（1）操作小组组态。单击相应的命令行或按钮，添加操作小组，并进行正确的设置，如图 6.28 所示。

（2）趋势画面设置。单击工具栏中"趋势"图标，单击"增加"按钮，将自动添加一页空白页，根据任务要求修改"页名称"，在"趋势布局"页逐一添加趋势位号，在"普通趋势位号"下，单击"？"按钮，选择"I/O"数据，如图 6.29 所示。

（3）数据一览画面设置。

① 单击工具栏中"一览"图标，弹出"一览画面设置"对话框，如图 6.30 所示。单击"增加"按钮，将自动添加一页空白页。

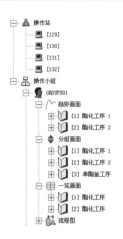

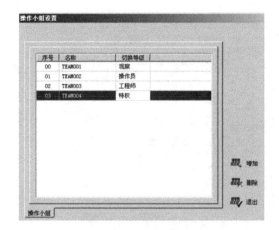

图 6.27　操作站组态树形结构　　　　　　图 6.28　操作小组组态设置

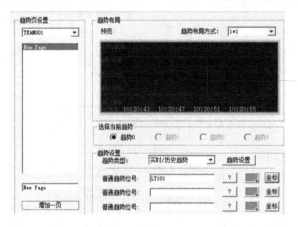

图 6.29　趋势画面组态设置

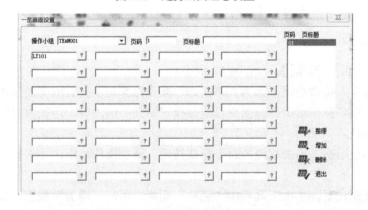

图 6.30　数据一览画面组态设置

②　在"页标题"栏输入"数据一览"，采用同样的方法增加 3 个页标题，分别在这 3 个页标题下单击"？"按钮，连接对应的位号，先单击"整理"按钮，再单击"退出"按钮。

（4）控制分组组态。

①　单击工具栏中"分组"图标，将弹出"分组画面设置"对话框，如图 6.31 所示。单击"增加"按钮，将自动添加"分组画面设置"页。

② 按照工程要求，增加多个分组，在"页标题"下分别添加常规回路、开关量等参数，连接对应的位号，完成对应的设置。

（5）流程图组态。

① 流程图绘制。打开流程图绘制软件，对流程图进行绘制。依次执行菜单栏中的"工具"→"模板窗口"命令，根据工艺要求，对比模板图形，选中图形后，右击选择"导出"命令。可以使用绘图界面左侧的"直线""矩形""管道""文字"等工具，结合"模板窗口"，根据工艺要求，合理绘制静态流程图。

② 动态数据关联。动态数据关联用于显示动态位号的实时数值。单击绘图界面左侧的"数据"按钮，

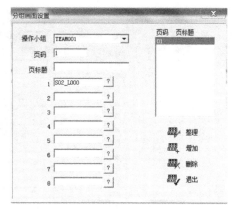

图 6.31　分组画面设置

出现动态数据框，双击动态数据框，弹出"动态数据设置"对话框，在"选择位号"中连接相应的位号，也可以设置相应的数据显示。

（6）报表组态。在组态软件中，单击菜单栏中的"报表"按钮，在弹出的页面单击"增加"按钮，弹出"报表设置"对话框，单击"编辑"按钮，将打开报表编辑界面。

① 静态报表组态。报表建立方法与 Excel 表中的操作相似，具体设置如图 6.32 所示。

	A	B	C	D	E	F	G	H	I
1					原料加热炉报表（班报表）				
2			班组	组长	记录员		年　月　日		
3	时间								
4	内容	描述							
5	TI106	温度							
6	TI107	温度							
7	TI108	温度							
8	TI101	温度							
9									
10									
11									
12									
13									
14									

图 6.32　静态报表设置

② 动态报表组态。

"显示时间"设置：选中"时间"后的所有行，右击，选择"填充"→"时间对象"命令，弹出"填充序列"栏，选择"时间对象"，单击"确定"按钮；

"显示位号"设置：将整行选中，右击，选择"填充"→"位号"命令，打开数据库，选中需显示的位号，然后单击"确定"按钮；

"事件定义"设置：单击工具栏中"数据"按钮，在弹出的页面选中"事件定义"，输入表达式（如 getcurhour () mod 1＝0，getcursec () mod 10＝0），单击回车键确认，退出系统。

（7）总貌组态。

① 单击工具栏中的"总貌"图标，在弹出的页面单击"增加"按钮，将自动添加一页新的总貌画面，如图 6.33 所示。

② 设置索引画面。单击工具栏中的"总貌画面"图标，在弹出的页面单击"增加"按钮，在"页标题"（索引画面）处点击"索引画面"所示图标，添加相应的内容，索引画面里的在"操作主机"下添加位号。

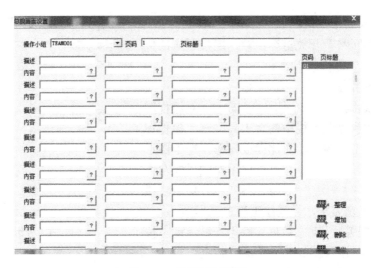

图 6.33 总貌画面设置

4. 编译、下载、传送

编译主要进行位号处理、逻辑检查，把组态数据转化为操作站数据和控制站数据；编译时除了调用系统组态部分的编译程序，还将调用流程图、报表、语言编程和图形编程部分的编译程序，只有在编译结果正确的情况下，才能进行数据备份、数据传送和数据下载。

数据下载时可以检查控制站内的数据（文件名、日期、时间、大小、特征），以确定是否需要进行下载。

传送时目的站的 FTP SERVER 软件必须已打开才能传送，操作小组和目的站的地址要选对，选中"直接重启动"复选框时，若目的站的监控软件已打开，则在目的站运行的 AdvanTrol 监控软件在传送结束后将自动重载组态文件。

实训 6　DCS 系统的认识与操作

1. 实训目标

（1）了解生产工艺流程，熟悉工艺过程对控制的要求。
（2）熟悉测点情况、传感器类型、安装位置、仪表盘、电气元件接线、电源部分等。
（3）熟悉 DCS 的组成。

2. 实训装置

本装置包括高级过程控制装置 CS2000 实训系统、JX-300XP DCS 系统。

1）CS2000 过程控制实验装置

CS2000 过程控制实验装置包括控制台供电系统、实验对象及现场仪表系统等几部分，如图 6.34 所示。具体来说，包括一组有机玻璃三容水箱，每个水箱装有液位传感器；具有两路供水系统，一路由循环水泵、调节阀、孔板流量计、EJA 差压变送器组成，另一路由变频器、循环水泵、涡轮流量计组成,通过阀门切换,任何一组供水可以到达任意一个水箱。另外,为实现温度控制,该实验装置专门设计了一个常压电加热锅炉、一台强制对流换热器。常压电加热锅炉分内胆和夹套两层,内胆由电加热器提供热源,由一路供水系统提供水源,锅炉内胆装有防干烧装置来确保设备安全;夹套由一路供水系统提供冷却水。通过改变电加热器的加热功率或冷却水/待加热水的流量来影响内胆水温和夹套水温。

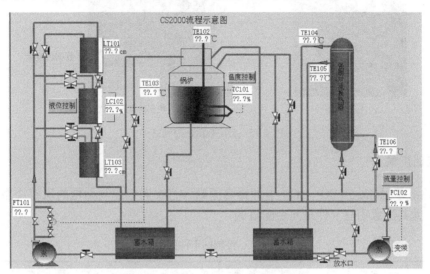

图 6.34　CS2000 过程控制实验装置

2)控制屏

控制屏提供 220 V 的交流电源、24 V 的直流电源,可作为其他设备的供电电源,并设有总电源、24 V 直流电源、泵、变频器、控制阀、加热器的开关。

3)JX300-XP 系统

实训用 JX300-XP 系统包括 1 个控制站、1 个操作员站和 1 个工程师站,其中操作员站和工程师站是装有 JX300-XP 系统软件的 PC,控制站如图 6.35 所示。控制站采用控制机柜一个,用于安装电源模块 XP251-1、主控卡 XP243、数据转发卡 XP233、网络集线器 SUP2118M 和I/O 卡等。其中 I/O 卡有 11 块,6 路电压信号输入卡 XP314 有 3 块,6 路电流信号输入卡 XP313有 3 块,4 路热电阻信号输入卡 XP316 有 2 块,4 路频率输入卡 XP335 有 1 块,4 路模拟量输出卡 XP322 有 2 块;这些卡件用于完成模拟量、脉冲量的采集和控制等功能。

4)实训工具

数字万用表 1 台;网线若干;300 mm 扳手和 200 mm 扳手各 1 把;螺钉旋具 1 把。

3. 实训内容

(1)掌握控制站和操作站的硬件配置情况。
(2)熟悉被控对象的构成、工艺要求和控制要求等。
(3)熟悉仪表回路接线。

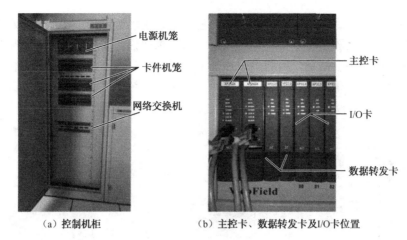

（a）控制机柜　　　　　　　（b）主控卡、数据转发卡及I/O卡位置

图 6.35　JX-300XP 控制站

4. 实训步骤

（1）熟练掌握 JX-300XP DCS 卡件命名原则，将实训室控制站内的所有类型卡件列在表 6.1 中，尤其注意哪些卡件是冗余配置的。

表 6.1　控制站卡件列表

卡 件 型 号	卡 件 名 称	卡 件 数 量	冗 余	卡 槽 位 置
合　　计				

（2）了解被控对象的工艺情况，确定测点位号以及传感器名称、型号、规格、用途等，并填写传感器汇总表 6.2、被控对象测点列表 6.3 和控制方案列表 6.4。

表 6.2　传感器汇总表

序 号	图 位 号	型 号	规 格	名 称	用 途

表 6.3 被控对象测点列表

类　型	序　号	测点/位号	传感器规格	卡　件
模拟量输入	1			
	2			
	3			
	4			
模拟量输出	1			
	2			
	3			
	4			
开关量输入	1			
	2			
开关量输出	1			
	2			
...				
合计				

表 6.4 控制方案列表

序　号	被控变量	控制方案	输入信号及位号	输出信号及位号	备　注

（3）对照实物，观察和认识 JX-300XP DCS 通信系统的构成，理解 SCnet Ⅱ 通信系统、SBUS 的性能和特性。

（4）总结并列出 JX-300XP DCS 控制站主控卡 XP243 和数据转发卡 IP 地址设置范围，填入表 6.5 中。

表 6.5 主控卡和数据转发卡 IP 地址列表

名　称	IP 地址		备　注
	网　络　码	IP 地址	

（5）检查主控卡、数据转发卡的硬件跳线和冗余跳线是否符合规定，注意，应与其 IP 地址设置绝对一致。

5. 拓展实训（仪表回路查线）

（1）按图 6.36 所示检查采用变频器控制锅炉注水的控制回路接线。

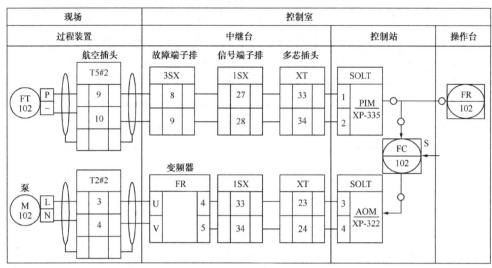

图 6.36　锅炉注水控制系统接线图

（2）按图 6.37 所示检查带有防干烧的锅炉温度控制回路接线。

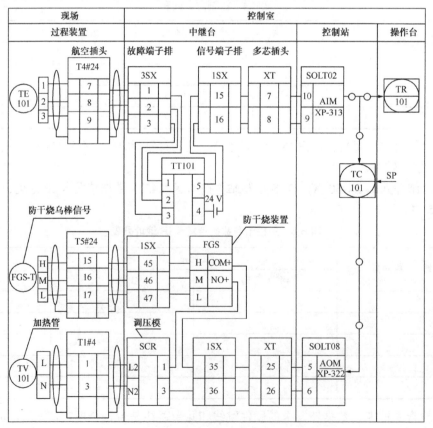

图 6.37　锅炉温度控制系统接线图

（3）按图 6.38 所示检查采用电动控制阀控制中水箱液位的控制回路接线。

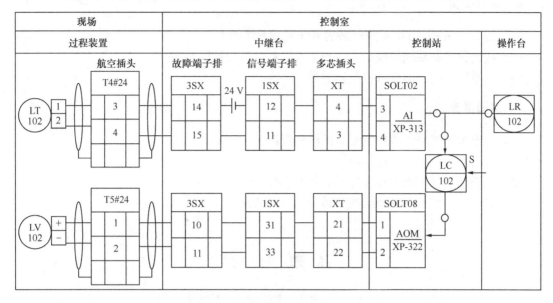

图 6.38 中水箱液位控制系统接线图

注意：所有接线如有改动请做好记录，为下次系统组态调试做好准备。

实训 7 水箱液位串级控制系统的组态

1. 实训目标

（1）熟悉 DCS 的组成。
（2）掌握 JX-300XP DCS 组态软件的使用方法。
（3）掌握水箱液位串级控制系统的组态方法。

2. 实训装置（准备）

（1）实训对象及控制屏、JX-300XP DCS。
（2）数字万用表 1 台；信号连接线若干，网线 6 根；300 mm 扳手和 200 mm 扳手各 1 把；螺钉旋具 1 把。

3. 实训内容

（1）水箱液位串级控制系统总体设置组态。
（2）水箱液位串级控制系统算法组态。
（3）水箱液位串级控制系统流程画面组态。
（4）水箱液位串级控制系统报表组态。
（5）水箱液位串级控制系统调试。

4. 实训步骤

（1）请参照第 6.3 节中系统组态的方法完成系统组态。

（2）按过程控制系统的投运方法投运水箱液位串级控制系统。

（3）在系统监控画面调试控制器参数。

5. 实训报告

（1）画出水箱液位串级控制系统的结构框图。

（2）写出 DCS 系统生成的步骤。

（3）从操作站复制出 PID 参数的设置值和生成的流程图。

（4）综合分析水箱液位串级控制系统的调试效果。

思 维 导 图

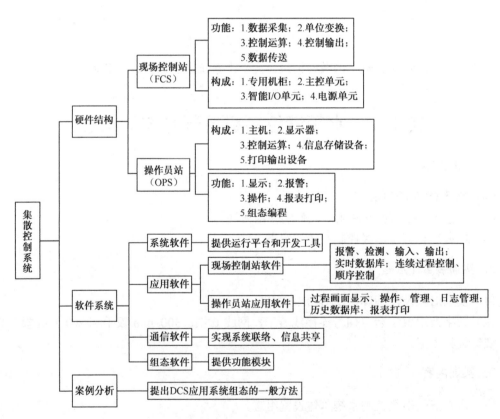

思考与练习题 6

1. 简述 DCS 的特点及其发展趋势。

2. DCS 的硬件体系主要包括哪几部分？

3. DCS 的现场控制站一般应具备哪些功能？

4. DCS 操作员站的典型功能一般包括哪些方面？

5. DCS 软件系统包括哪些部分？各部分的主要功能是什么？

6. 简述 JX-300XP DCS 的网络结构及其特点。

7. DCS 的应用系统组态过程主要包括哪几个步骤？

思 想 映 射

龙川工匠——刘鸿英

刘鸿英，扬州石化有限责任公司一名仪表维修技师，先后被评为扬州市江都区能工巧匠、龙川工匠、江苏石油勘探局"巾帼岗位标兵"、扬州市"首席技师"。她说她是幸运的，自己的努力被大家看到，得到认可，这本身就是一种幸福。

在科技日新月异发展的时代，仪表行业的发展更是一日千里。她接触的仪表从最初的气动更新为智能，盘装表升级为计算机控制仪表系统，面对知识结构的全面更新，勤奋好学的她一边研读设备资料，一边结合实际生产工艺完善工艺仪表控制过程。2000 年，她参加化纤分厂德国 Neumag 公司集成的西门子控制系统的安装、调试工作。2009 年，参加化工分厂美国艾默生 DeltaV 控制系统的组态以及安装、调试工作。2011 年，主持完成炼油分厂美国霍尼韦尔 TPS 控制系统的安装、组态工作。2014 年，她编写 ARGG 装置仪表拆除施工方案，由于设计巧妙、安排精细，为公司节约了电缆采购费用近 20 万元。2016 年，她主持完成了污水装置的加药系统改造，将现场人工手动加药改成操作室内自动定时加药。2017 年，她参与 TPS 系统网络故障攻关，成功解决了核心通信电缆频繁出现故障的难题。2018 年，她主持完成了炼油分厂 DCS 系统改造工程，在施工过程中，她优化仪表控制方案，巧用心思开发了新的中文操作面板，提高了操作界面的可续性和便捷性。正是因为她的兢兢业业，DCS 改造工程中近 5000 根电缆接线达到零出错，1046 个仪表点及控制方案被准确无误地植入新系统中，有力地保障了顺利开工。2019 年年初，她根据公司长周期运行的要求，主编了仪表标准化巡检指导书，在指导书中制定仪表分级巡检细则，详细规范了仪表巡检工作。

长期在一线工作让刘鸿英明白，实践是最好的老师。因此，不管是对待简单的仪表基础维护工作，还是对待高深的程序编写组态工作，她都用最笨的方法做——就是不厌其烦地反复做，反复核对，反复调试，反复总结。在仪表岗位摸爬滚打多年，仪表控制系统的组态、自动化控制方案设计成为她的强项。她正在用自己的双手开启平凡的快乐，让梦想在快乐中慢慢实现！

第7章

智能式现场仪表

知识目标：

（1）了解 HART 协议技术和现场总线技术的原理及特点。

（2）理解 EJA、3051、ST3000、LSⅢ-PA 智能式差压变送器的组成原理和性能特点。

（3）掌握 EJA、3051、ST3000、LSⅢ-PA 智能式差压变送器的使用方法。

（4）理解 TT302 智能式温度变送器的组成原理和性能特点。

（5）掌握 TT302 智能式温度变送器的使用方法。

（6）掌握 DVC5010 智能式阀门定位器和现场控制阀的配套使用方法。

技能目标：

（1）能操作智能终端设置 EJA、3051、ST3000 差压变送器的位号、单位、零点和量程。

（2）能运用过程管理器设置 LSⅢ-PA 差压变送器，并能用三键对 LSⅢ-PA 差压变送器进行现场操作。

（3）能写出 DVC5010 智能式阀门定位器在现场控制阀上的安装、校准方法。

素质目标：

（1）依托智能仪表安装校验的环境，培养岗位意识及岗位适应能力

（2）培养积极学习、主动学习、自我学习的良好习惯。

　　随着计算机技术、通信技术、集成电路技术的发展，现场总线技术正在迅猛发展，它给用户一个直观简单的使用界面和标准的"功能块"，用户可以使用那些图形化的语言来构建自己的系统。基于现场总线技术的智能式现场仪表由于具有数字化、智能化、小型化等特点，能够满足目前 DCS 和现场总线系统等自动控制系统高精度、数字通信、自诊断等要求，正在逐渐替代处于工业自动控制系统现场的模拟变送器和执行器。本章主要介绍几种目前技术比较成熟的智能式差压变送器、智能式温度变送器和智能式阀门定位器。

7.1　现场总线技术

7.1.1　现场总线技术的产生和发展

自 1983 年 Honeywell 公司推出智能化现场仪表 ST-3000 100 系列变送器后,全世界越来越多的厂商都相继推出各具特色的智能仪表。为解决开放性资源的共享问题,从用户到厂商都强烈要求形成统一标准,这促进了现场总线技术的发展。目前,有影响力的现场总线技术包括基金会现场总线、LonWorks、ProfiBus、CAN、HART 等,除 HART 外均为全数字化现场总线协议。从现场总线技术的形成来看,它是控制、计算机、通信、网络等技术发展的必然结果,而智能仪表为现场总线技术的应用奠定了基础。

全数字化意味着取消模拟信号的传送方式,要求每一个现场设备都具有智能及数字通信能力,使操作人员或其他设备(如传感器、执行器等)能向现场发送指令,同时也能实时地得到现场设备各方面的情况(如测量值、环境参数、设备运行情况、设备校准与自诊断情况、报警信息、故障数据等)。此外,原来由主控制器完成的控制运算也分散到了各个现场设备上,大大提高了系统的可靠性和灵活性。现场总线技术的关键在于系统的开放性,强调对标准的共识与遵从,打破了传统生产厂商各自标准独立的局面,保证了来自不同厂商的产品可以集成到同一个现场总线系统中,并且可以通过网关与其他系统共享资源。

目前,一方面现场总线标准正处在完善和发展阶段,另一方面传统的基于 4~20 mA 的模拟设备还在广泛应用于工业控制各个领域,因此,立即全数字化是不现实的。为满足从模拟到全数字化的过渡,HART 协议应运而生。它采用频移键控(FSK)技术在 4~20 mA 模拟信号上叠加不同的频率信号来传送数字信号。由于 4~20 mA 模拟信号标准将在今后相当长的时间内存在,因此学习基于 HART 协议技术的现场仪表和基于现场总线技术的智能仪表都具有重要意义。

7.1.2　HART 协议

1. HART 协议简介

可寻址远程传感器高速通道(Highway Addressable Remote Transducer,HART)开放通信协议,是美国 Rosemount 公司于 1985 年推出的一种用于现场智能仪表和控制室设备之间的通信协议。HART 装置提供具有相对低的带宽和适度响应时间的通信,经过 30 多年的发展,HART 技术已经十分成熟,并已成为全球智能仪表的工业标准。

HART 协议采用基于 Bell202 标准的 FSK 频移键控信号,在低频的 4~20 mA 模拟信号上叠加幅度为 0.5 mA 的音频数字信号进行双向数字通信,数据传输速率为 1.2 Mbit/s。由于 FSK 信号的平均值为 0,故不影响传送给控制系统模拟信号的大小,保证了与现有模拟系统的兼容性。在 HART 通信协议中,主要的变量和控制信息由 4~20 mA 信号传送,在需要的情况下,另外的测量、过程参数、设备组态、校准、诊断信息通过 HART 协议访问。

HART 协议采用半双工的通信方式，它参考 ISO/OSI（开放系统互连参考模型），采用简化的三层模型结构，即第一层物理层、第二层数据链路层和第七层应用层。

第一层：物理层。规定了信号的传输方法、传输介质，为了实现模拟通信和数字通信同时进行而互不干扰，HART 协议采用频移键控技术，在 4～20 mA 模拟信号上叠加一个频率信号，该频率信号采用 Bell202 国际标准，数字信号的传输速率设定为 1200 bit/s，1200 Hz 代表逻辑 "1"，2200 Hz 代表逻辑 "0"，信号幅值为 0.5 mA，如图 7.1 所示。

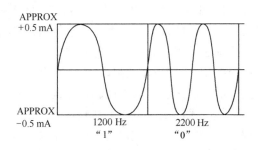

图 7.1　基于 Bell202 标准的 FSK 频移键控信号

通信介质的选择视传输距离长短而定。通常采用双绞线、同轴电缆作为传输介质，最大传输距离可达 1500 m。线路总阻抗应在 230～1100 Ω 之间。

第二层：数据链路层。规定了 HART 帧的格式，实现建立、维护、终止链路通信功能。HART 协议根据冗余检错码信息，采用自动重复请求发送机制，消除由于线路噪声或其他干扰引起的数据通信出错，实现通信数据无差错传送。

现场仪表要执行 HART 指令，操作数必须合乎指定的大小。每个独立的字符包括 1 个起始位、8 个数据位、1 个奇偶校验位和 1 个停止位。由于数据的有无和长短并不恒定，所以 HART 数据的长度也是不一样的，最长的 HART 数据包含 25 KB。

第七层：应用层。为 HART 命令集，用于实现 HART 指令。命令分为三类，分别是通用命令、普通命令和专用命令。

2. HART 协议远程通信硬件

现场仪表的 HART 协议部分主要完成数字信号到模拟电流信号的转换，并实现对主要变量和测量、过程参数、设备组态、校准及诊断信息的访问。图 7.2 是 HART 协议通信模块结构框图。

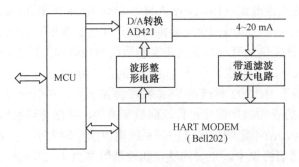

图 7.2　HART 协议通信模块结构框图

HART 通信部分主要由 D/A 转换和 HART MODEM 及其附属电路来实现。其中，D/A 转换的作用是直接将数字信号转换成 4～20 mA 电流输出，以输出主要的变量。HART MODEM 及其附属电路的作用是对叠加在 4～20 mA 环路上的信号进行带通滤波放大后，HART 通信单元如果检测到 FSK 频移键控信号，则由 HART MODEM 将 1200 Hz 的信号解调为"1"，将 2200 Hz 信号解调为"0"，再通过串口通信将数字信号送到 MCU，MCU 接收命令帧，进行相应的数据处理。然后，MCU 产生要发回的应答帧，应答帧的数字信号由 MODEM 调制成相应的 1200 Hz 和 2200 Hz 的 FSK 频移键控信号，经波形整形后，由 AD421 叠加在环路上发出。

D/A 转换采用 AD421，它是美国 ADI 公司推出的一种单片高性能数模转换器，由环路供电，16 位数字信号以串行方式输入，可以将数字信号直接转换成 4～20 mA 电流输出。

HART MODEM 采用 Smar 公司的 HT2012，是符合 Bell202 标准的半双工调制解调器，实现 HART 协议规定的数字通信的编码和译码。它一方面与 MCU 的异步串行通信口进行串行通信，另一方面将输入不归零的数字信号调制成 FSK 信号，再经 AD421 叠加在 4～20 mA 的回路上输出，或者将回路信号经带通滤波、放大整形后取出 FSK 信号解调为数字信号，从而实现 HART 通信。

由于 HART 数字通信的要求，有 0.5 mA 的正弦波电流信号叠加在 4 mA 电流上，整个硬件电路必须保证在 3.5 mA 以下也能正常工作，因此实现系统的低功耗设计非常重要。

3. HART 通信软件

HART 通信程序是整个现场仪表软件设计的关键。在 HART 通信过程中，主机（上位机）发送命令帧，现场仪表通过串口中断接收到命令帧后，由 MCU 进行相应的数据处理，产生应答帧，由 MCU 触发发送中断，发出应答帧，从而完成一次命令交换。

（1）在加上电源或复位后，主程序要对通信部分进行初始化，主要包括波特率设定、串口工作方式设定、清除通信缓冲区、开中断等。

（2）在初始化完成后，通信部分就一直处在准备接收的状态下，一旦上位机有命令发来，HT2012 的载波检测口变为低电平，触发中断，启动接收，程序就进入接收部分。然后完成主机命令的解释并根据命令去执行相应的操作，最后按一定的格式生成应答帧并送入通信缓冲区，启动发送，完成后关闭 SCI。

（3）在发送应答帧之后，再次进入等待状态，等待下一条上位机命令。

HART 协议因具有结构简单、工作可靠、通用性强的特点，逐渐成为全球应用最广的现场通信协议，已成为工业上实际的标准。

7.1.3　现场总线协议

现场总线是用于过程控制现场仪表与控制室之间的一个标准的、开放的、双向的多站数字通信系统。随着计算机技术、通信技术、集成电路技术的发展，以全数字式现场总线（FieldBus）为代表的互连规范，正在迅猛发展和扩大。采用现场总线可以使控制系统的结构简单；系统安装费用减少且易于维护；用户可以自由选择不同厂商、不同品牌的现场设备，以达到最佳的系统集成，基于上述一系列的优点，现场总线技术正越来越受到人们的重视。

由于现场总线的国际标准未能建立，目前现场总线的种类较多，工业上常用的现场总线有基金会现场总线 FF、LonWorks、ProfiBus 和 CAN 等。

1. FF 总线

现场总线基金会（FieldBus Foundation，FF）是国际公认的、唯一不附属于企业的非商业化国际标准化组织。其宗旨是制定单一的国际现场总线标准。FF 协议的前身是以美国 Fisher-Rosemount 公司为首，联合 Foxboro、Yokogawa、ABB、西门子等 80 家公司制定的 ISP 协议，还有以 Honeywell 公司为首，联合欧洲等地的 150 家公司制定的 World FIP 协议。迫于用户的压力，支持 ISP 和 World FIP 的两大集团于 1994 年 9 月握手言和并成立了 FF。FF 以 ISO/OSI 模型为基础，以其物理层、数据链路层和应用层为 FF 通信模型的相应层次，并在此基础上增加了用户层。基金会现场总线分为低速现场总线和高速现场总线两种。低速现场总线 H1 的传输速率为 31.25 kbit/s，高速现场总线 HSE 的传输速率为 100 Mbit/s，H1 支持总线供电和本质安全特性。无中继器时的最大通信距离为 1900 m，有中继器时可延长到 9500 m。非总线供电时，最多可直接连接 32 个节点；在总线供电时，最多可直接连接 13 个节点；在本质安全要求时，可直接连接 6 个节点。如加中继器，最多可连接 240 个节点。通信介质可为双绞线、光缆或无线电。

FF 采用可变长帧结构，每帧有 0～251 有效字节。全世界已有上百家用户和制造商成为 FF 的成员。FF 董事会囊括了世界上几乎所有的主要自动化设备供应商。FF 成员所生产的自动化设备占全世界市场 90%以上的份额。FF 强调中立与公正，所有的成员均可参加规范的制定和评估，所有的技术成果由 FF 拥有和控制。由中立的第三方负责产品的注册和测试等。因而，FF 具有一定的权威性、公正性和广泛性。

2. LonWorks

局部操作网络（Local Operating Network，LonWorks）是由美国 Echelon 公司研制，于 1990 年正式公布的现场总线网络。采用了 ISO/OSI 模型中完整的七层协议，采用面向对象的设计方法，通过网络变量把网络通信设计简化为参数设置。网络的传输介质可以是双绞线、同轴电缆、光纤、射频线、红外线、电力线等，在传输距离小于 130 m 时，最高传输速率为 1.25 Mbit/s。最远传输距离为 27 km，通信速率为 78 kbit/s，节点总数可达 32000 个。LonWorks 总线的信号传输采用可变长帧结构，每帧的有效字节数可取 0～288，其所采用的 Lon Talk 通信协议被封装在神经元芯片（Neuron）中。该技术包括一个被称为 LNS 网络操作系统的管理平台，对 LonWorks 控制网络提供全面的管理和服务，如安装、配置、监测、诊断等。LonWorks 又可通过各种连接设备接入 IP 数据网络和因特网，与 IT 应用实现无缝结合。

3. ProfiBus

ProfiBus 自 1984 年开始研制现场总线产品，现已成为欧洲首屈一指的开放式现场总线系统，在欧洲市场占有率大于 40%，广泛应用于加工自动化、楼宇自动化、过程自动化、发电与输配电等领域。1996 年 6 月，ProfiBus 被采纳为欧洲标准 EN 50170 第二卷。PNO 为其用户组织，核心公司有西门子公司、E+H 公司、Samson 公司、Softing 公司等。

ProfiBus 技术特性：ProfiBus 以 ISO 7498 为基础，以 OSI 作为参考模型，定义了物理传输特性、总线存取协议和应用功能。ProfiBus 家族包括 ProfiBus-DP、ProfiBus-PA、ProfiBus-FMS。ProfiBus-DP（Decentralized Periphery）是一种高速和便宜的通信连接，用于自动控制系统和设备级分散的 I/O 之间进行通信。ProfiBus-FMS（FieldBus Message Specification）用来解决车间级通用性通信任务。与 LLI（Lower Layer Interface）构成应用层，FMS 包括应用协议并向用户提供可广泛选用的强有力的通信服务，LLI 协调了不同的通信关系，并向 FMS 提供不依赖设备访问的数据链路层。ProfiBus-PA（Process Automation）是专为过程自动化而设计的，它可使传感器和执行器连接在一根公用的总线上。根据 IEC 61158-2 国际标准，ProfiBus-PA 可用双绞线供电技术进行数据通信，数据传输采用扩展的 ProfiBus-DP 协议和描述现场设备的 PA 规定。当使用电缆耦合器时，ProfiBus-PA 装置能很方便地连接到 ProfiBus-DP 网络上。

4. CAN

控制器局域网（Controller Area Network，CAN）由物理层、链路层和应用层构成。它是由 RoberBosch 公司于 1986 年为解决现代汽车中众多测量控制部件之间的数据交换而开发的一种串行数据通信总线。现已被列入 ISO 国际标准，称为 ISO 11898。CAN 的主要技术特点如下。

（1）CAN 网络上的节点不分主从，任一节点均可在任意时刻主动地向网络上其他节点发送信息，通信方式灵活，利用这一特点可方便地构成多机备份系统。

（2）CAN 网络上的节点信息具有不同的优先级，可满足对实时性的不同要求，高优先级的数据最多可在 134 μs 内得到传输。

（3）CAN 采用非破坏性总线仲裁技术，当多个节点同时向总线发送信息时，优先级较低的节点会主动地退出发送，而最高优先级的节点可不受影响地继续传输数据，从而节省了总线冲突的仲裁时间。

（4）CAN 只需通过报文滤波即可实现点对点、一点对多点及全局广播等几种方式传送与接收数据，无须专门的"调度"。

（5）CAN 的直接通信距离最远可达 10 km（传输速率为 5 kbit/s 以下）；通信速率最高可达 1 Mbit/s（此时通信距离最长为 40 m）。

（6）CAN 上的节点数主要取决于总线驱动电路，目前可达 110 个；报文标志符可达 2032 种（CAN2.0A），而扩展标准（CAN2.0B）的报文标志符几乎不受限制。

总之，现场总线技术最本质的三大特点是：信号传输数字化、控制功能分散化、开放性与互操作性。

7.2　智能式差压变送器

7.2.1　EJA 智能式差压变送器

1994 年日本横河电机公司推出了 EJA 智能式差压变送器，其外形如图 7.3 所示。1998 年年初又在此基础上推出了改进型 EJA×××A 系列智能式差压变送器。两个系列的变送器结构原理是一样的，只是后者的性能比前者有了较大的提高。

1. 构成原理

图 7.3　EJA 智能式
差压变送器

EJA 智能式差压变送器原理框图如图 7.4 所示。它由单晶硅谐振式传感器和智能电/气转换部件两个主要部分组成。单晶硅谐振式传感器上的两个 H 形振动梁分别将差压、压力信号转换为频率信号，并采用频率差分技术，将两频率差数字信号直接输出到脉冲计数器计数，计数到的两频率差值传递到微处理器内进行数据处理。特性修正存储器的功能是存储单晶硅谐振式传感器在制造过程中的机械特性和物理特性，通过修正以满足传感器特性要求的一致性。

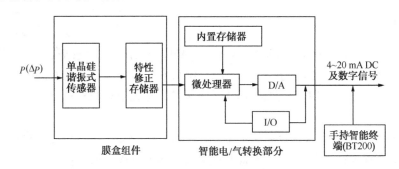

图 7.4　EJA 智能式差压变送器原理框图

智能电/气转换部分采用大规模集成电路，并将放大器制成专用集成化小型电路 ASIC，从而减少了零部件，提高了放大器自身的可靠性，其体积也可以做得很小。智能电/气转换部分的功能如下。

（1）将传感器送来的信号，经微处理器（CPU）处理和 D/A 电路，转换成一个对应于设定测量范围的 4～20 mA 模拟信号输出。

（2）内置存储器存放单晶硅谐振式传感器在制造过程中的机械特性和物理特性，包括环境温度特性、静压特性、传感器输入/输出特性以及用户信息（位号、测量范围、阻尼时间常数、输出方式、工程单位等）。经 CPU 对它们进行运算处理和补偿后，可使变送器获得优良的温度特性、静压特性及输入/输出特性。

（3）通过输入/输出接口（I/O 接口）与外部设备（如手持智能终端 BT200 或 HART475 和 DCS 中带通信功能的 I/O 卡），以数字通信的方式传递数据。由于叠加在模拟信号上的数字信号的平均值为 0，因此数字频率信号对 4～20 mA DC 模拟信号不产生任何扰动影响。

EJA 有两个通信协议，一个是横河公司的 Brain 通信协议，频率为 2.4 kHz；另一个是 HART 通信协议，频率为 1.2 kHz。两个协议是不兼容的：叠加在 4～20 mA DC 模拟信号上，只能是 Brain 或 HART 数字信号中的一种。

2. 检查和调整

1）安装接线

如图 7.5 所示为变送器的接线端子，电源线接在"SUPPLY"的 4 号＋、－端子上，因为

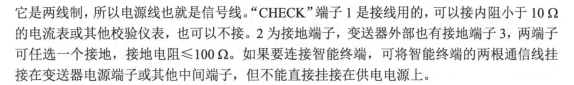

它是两线制，所以电源线也就是信号线。"CHECK"端子 1 是接线用的，可以接内阻小于 10 Ω 的电流表或其他校验仪表，也可以不接。2 为接地端子，变送器外部也有接地端子 3，两端子可任选一个接地，接地电阻≤100 Ω。如果要连接智能终端，可将智能终端的两根通信线挂接在变送器电源端子或其他中间端子，但不能直接挂接在供电电源上。

2）检查

变送器是否正常运行，可以用以下两种方法进行检查。

（1）使用智能终端 BT200 检查的方法如下所述。

① 将 BT200 的通信线连接在变送器回路中，并打开电源；

② 按"ENTER"键，智能终端上即能显示仪表型号、位号及自检情况；

③ 再按"F1"键，便显示仪表百分比输出、工程单位输出、放大器温度，并且每 7 s 刷新一次；

④ 变送器的测量范围、膜盒部件、规格型号等都可以在 BT200 上检查。

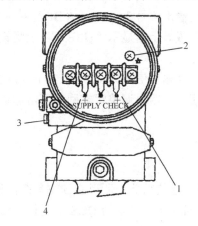

1—检查端子；2—接地端子；3—接地端子；4—电源端子

图 7.5　变送器的接线端子

⑤ 如果 BT200 连到变送器后显示"Communication error"，则表示通信线路有故障，无法通信。

⑥ 如果变送器有故障，则显示"Self Check Error"（自检错误），此时要按功能键"F2"以进一步检查故障在哪一部分。

（2）使用内藏显示器检查的方法如下所述。

① 如果线路发生故障，则内藏显示器上无显示。

② 如果变送器发生故障，则显示器上显示故障代码，如"E07"等。然后根据说明书上代码所对应的故障，逐个加以解决。

3）零点调整

对变送器的零点调整有两种方法。

（1）使用变送器壳体上的调零螺钉。在变送器的外壳上有调零螺钉，如零位不对，可以用它来进行调整。但是有时仪表工为防止不相关的人乱调零点，用智能终端 BT200 将外调螺钉设在"禁止"状态，这时不能用外调螺钉调整。因此，在调整之前，先要将外调螺钉设在允许状态。

（2）使用智能终端 BT200 进行调整，调整方法见 BT200 的操作说明。如果智能终端使用 Hart475，其调整操作可参考附录 A：Hart475 操作菜单（EJA110A EM）。

4）量程调整

对变送器的量程调整也有两种方法：一是通过智能终端，二是通过外调螺钉。关于前一种方法，在后面的智能终端的操作部分中将有所介绍；当无智能终端时，用外调螺钉调量程的方法具体如下。

① 打开电源，并预热 5 min；

② 向变送器内通 0 kPa 的压力；

③ 用钝头细棒按下内藏显示器面板上的量程设置按钮，内藏显示器显示"LSET"（下限设定）；

④ 调节外部调零螺钉，使输出信号为 0（4 mA DC）；

⑤ 按下量程设置按钮，内藏显示器显示"HSET"（上限设定）；

⑥ 接通测量范围上限压力；

⑦ 调节外部调零螺钉，直至输出信号为 100%（20 mA DC）；

⑧ 按下量程设置按钮，使变送器由调整状态回到正常测量状态。

3. HART475 智能终端

1）简要说明

智能式差压变送器具有智能通信功能，所以它的测量范围设定、调整、自诊断可以在智能终端上进行，也可以在执行相同通信协议的 DCS 上进行。EJA 智能式差压变送器带 Brain 规程数字通信时，其智能终端为 BT200，带 HART 协议数字通信时，可以和 Rosemount 公司的手持终端 HART475（含 FF 协议）通信。现介绍 HART475 的通信方法。

HART475 智能终端的外形如图 7.6 所示。它由显示单元和键盘组成。采用智能终端可在控制室、现场及回路的任何一点处与变送器通信。连接点与电源之间必须具有一个至少 250 Ω 的电阻与变送器并联，连接是不分正负极的。现场通信器在启动 475 现场通信器后出现第一个菜单是主菜单，如图 7.7 所示。使用该菜单运行 HART 和现场总线应用程序，查看设置菜单，与 PC 通信，启动书写面板等。

2）475 的 HART 功能

475 现场通信器上的 HART 应用程序可对连接的 HART 设备进行通信配置，还可创建和编辑组态，并运行诊断。

（1）HART 通信端口设置。475 现场通信器顶端有三个连接接线件的端口。各红色端口是各自协议的正极。黑色端口为两个协议共享的公共端口。保护盖可以确保任一时刻只有一对端口露出，如图 7.8 所示为 475 现场通信器的 HART 通信端口。

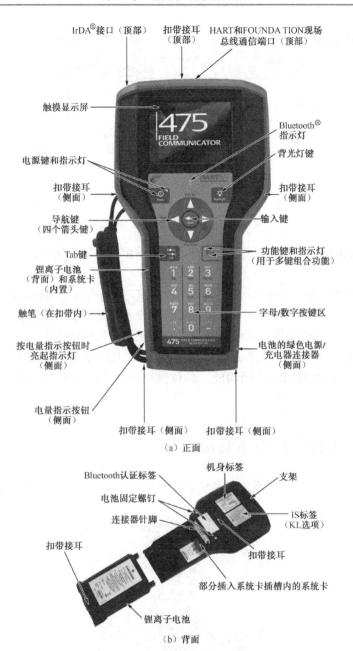

图 7.6 HART475 智能终端的外形

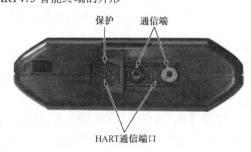

图 7.7　475 现场通信器主菜单　　　图 7.8　475 现场通信器的 HART 通信端口设置

（2）475 现场通信器 HART 回路接线。475 现场通信器的 HART 回路接线如图 7.9 所示。

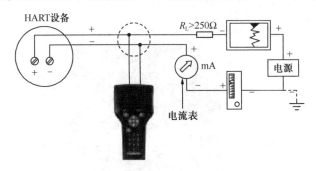

图 7.9　475 现场通信器的 HART 回路接线

（3）启动 HART 应用程序。按住电源键，直至该键上的绿色指示灯闪烁，打开 475 现场通信器。

触击 现场通信器的主菜单。如果在线的 HART 设备与 475 现场通信器已连接，则会自动显示 HART 应用程序在线菜单。如果没有连接设备，则几秒钟后显示 HART 应用程序主菜单。要返回 475 现场通信器主菜单，按下键盘上的向左键或触击窗口上的后退箭头。此时出现是否退出 HART 应用程序的提示，选择"是"。在 HART 应用程序主菜单上，可选择离线、在线、实用工具和 HART 诊断功能。具体操作可参考压力变送器 HART 菜单树，见附录 B。

7.2.2　3051 智能式差压变送器

罗斯蒙特 3051 智能式差压变送器是由美国艾默生公司生产的，其外形如图 7.10 所示。

图 7.10　3051 智能式差压变送器的外形

1. 3051 智能式差压变送器的组成

3051 智能式差压变送器的主要组件是传感器模块和电子装置外壳。传感器模块包含充油传感器系统（隔膜、充油系统和传感器）和传感器电子装置。传感器电子装置安装在传感器模块内，包括温度传感器（RTD）、存储器以及电容/数字转换器（C/D 转换器）。来自于传感器模块的电信号被传送到电子装置外壳中的输出电子装置上。电子装置外壳内包含输出电子装置板、就地零点和量程按钮及接线端子块。3051 智能式差压变送器的组成框图如图 7.11 所示。

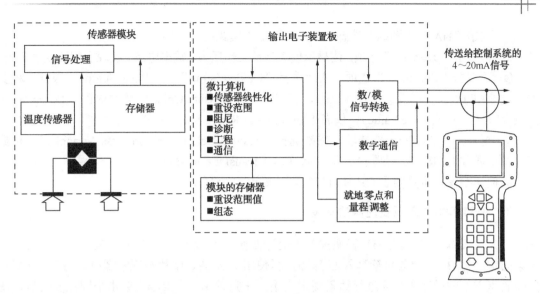

图 7.11　3051 智能式差压变送器的组成框图

当压力施加在隔膜上时，油使中央膜发生偏斜，从而改变电容。此电容信号在 C/D 转换器中被转换为数字信号。然后，微处理器从热电阻温度传感器获取信号，并由 C/D 转换器计算变送器的正确输出。随后，此信号被发送给 D/A 转换器，D/A 转换器把信号转回模拟信号，并把 HART 信号叠加在 4～20 mA 输出上。

2. 3051 智能式差压变送器参数设置

（1）3051 智能式差压变送器的回路接线。对于 4～20 mA HART 设备，应按图 7.12 所示连接设备。为了保证成功通信，在手操器回线连接和电源之间必须有至少 250 Ω 电阻。手操器可连接在变送器接线端子块的"COMM"端子上，或者跨负载电阻连接。对于 4～20 mA HART 输出，跨"TEST"端子连接会造成无法成功通信。

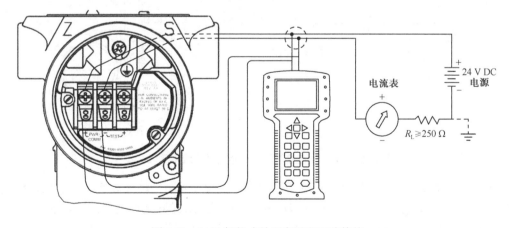

图 7.12　3051 智能式差压变送器回路接线

（2）使用手持式通信器 HART475 组态的步骤具体如下。

① 将 HART475 的通信线连接在 3051 智能式差压变送器的回路中，并打开电源；

② 双击"HART"图标，选择"Online"工作模式；

③ 再双击"Overview"选项，便显示仪表当前工作压力、输出电流、仪表上限和仪表下限。

④ 再双击"Configure"选项，依次选择"Guided Setup"→"Basic Setup"，根据工程要求通过 HART475 分别设置位号（Tag）、工程单位（Pressure Units）、阻尼时间（Damping）、仪表上限（Upper Range Value）、仪表下限（Lower Range Value）；

⑤ 再双击"Configure"选项，依次选择"Manual Setup"→"Process Variables"，根据工程要求通过 HART475 设置输出及显示方式（Transfer Function）。

其他详细操作可见附录 C：Hart475 操作菜单（3051C）。

3. 3051 智能式差压变送器的安装

（1）仪表本体安装。3051 智能式差压变送器使用 L 型支架（B4）安装，并与安装底座支架固定。将 B4 支架与包箍套入 U 形圈，再使用 U 形圈、垫片与锁紧螺母，将 B4 支架与安装底座支架的横环或竖环进行锁紧固定连接。在完成 B4 支架垂直或水平固定安装后，使用两个锁紧螺栓，将 3051 智能式差压变送器与 B4 支架进行锁紧固定连接，3051 智能式差压变送器的垂直或水平安装图如图 7.13 所示。安装时，螺栓、螺母应对角锁紧，不允许一次锁死。

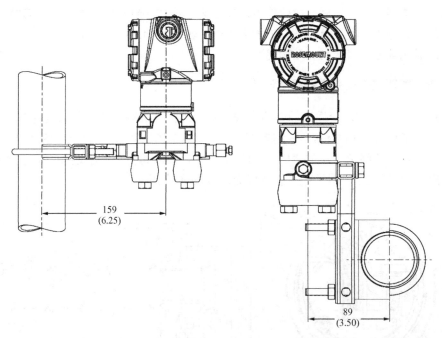

图 7.13　3051 智能式差压变送器的垂直或水平安装图

（2）导压管布置。过程介质和变送器之间的导压管必须精确地传递压力，以获得精确测量值。有五个可能的误差来源：压力传递渗漏、摩擦损耗（尤其是在使用清洗功能时）、液体管线中夹杂气体、气体管线中混入液体以及支管之间有密度变化。变送器相对于工艺管道的最佳位置取决于工艺介质本身。

（3）瞬变保护接线端子块使用。3051 智能式差压变送器通常能够承受在静电放电或感应开关瞬变时出现的能量级别的电气瞬变。但是，高能瞬变（如在雷击点附近的接线中感应的瞬变）可能损坏变送器。这时，可将瞬变保护接线端子块作为预装选件（变送器型号中的选件代码 T1）来订购，或作为备件来订购，用于改造现场现有的变送器，如图 7.14 所示。

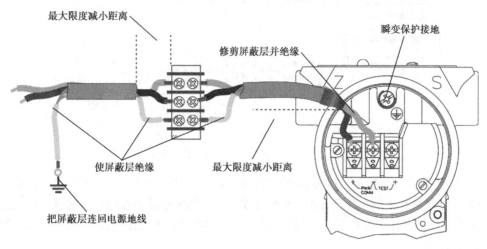

图 7.14　连接线对和接地

需要注意的是：除非变送器外壳正确接地，否则瞬变保护接线端子块不能提供瞬变保护。不要把瞬变保护接地线与信号线一起走线，这是因为若发生雷击，则接地线可能承载过高电流。

7.2.3　ST3000 智能式差压变送器

ST3000 智能式差压变送器由美国 Honeywell 公司开发，其外形如图 7.15 所示。它是带微处理器的智能式差压变送器，具有优良的性能和出色的稳定性。它能测量气体、液体和蒸气的流量、压力和液位。对于被测量的差压输出 4～20 mA 模拟量信号和数字量信号。它也能通过 DE 协议实现 SFC（智能现场通信器）与 Honeywell 公司 DCS（如 TDC3000）和数据库的双向通信，从而方便进行自诊断、测量范围重新设置和自动调零。

图 7.15　ST3000 智能式差压变送器的外形

1. ST3000 智能式差压变送器的工作原理和组成

1）工作原理

该变送器由敏感元件和转换部分组成，其原理框图如图 7.16 所示。

被测压力（差压）作用到传感器上，使其阻值发生相应变化。阻值变化通过电桥转换成电信号，再经过模/数转换器送入微处理器。同时，将环境温度和静压通过另外两个辅助传感器（温度传感器和静压传感器）转换为电信号，再经模/数转换器送入微处理器。经微处理器运算后送至数/模转换器输出 4～20 mA DC 标准信号或相应的数字信号。

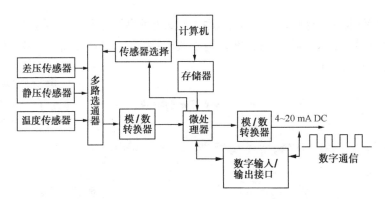

图 7.16　ST3000 智能式差压变送器原理框图

ST3000 智能式差压变送器和通常的扩散硅压力变送器相比有较大的不同。主要是敏感元件为复合芯片，并装有微处理器及引入了软件补偿。在制造变送器的过程中，将每一台变送器的压力、温度、静压特性存入变送器的 EPROM 中，工作时则通过微处理器对被测信号进行处理。

2）敏感元件

敏感元件使用单晶硅材料，采用硅平面微细加工工艺和离子注入技术，形成压敏电阻。这种复合型的硅压敏电阻芯片为正方形，厚为 0.254 mm，边长为 3.43～3.75 mm，压敏电阻放置在圆形膜的边缘。相邻电阻取向不同，因而受压后的阻值变化相反。电阻值的变化由电桥检测，由于单晶硅的许多方向都对压力敏感，因而在不同的静压下相同的差压值不能保证输出相同的信号，为此需要对静压进行修正。静压敏感电阻设置在紧靠玻璃支撑管的地方。由于硅片与玻璃的压缩系数不同，因此静压敏感电阻可感受静压信号，信号仍由电桥检出。温度敏感元件为普通的热敏电阻。

3）转换部分

转换部分的作用是在微处理器的控制下采集传感器送来的复合信号并对其进行补偿、运算，再经模/数转换器转换成相应的 4～20 mA DC 信号输出。采样的典型速率为：在 20 s 内，差压采集 120 次、静压采集 12 次、温度采集 1 次。微处理器根据差压、静压和温度这三个信号，查询记录此复合芯片特性的存储器，再经运算后得出一个高精确度的信号。

在转换部分还有一个存储器，它是变送器的数据库，存有变送器的量程、测量单位、编号、阻尼时间、输出方式等，凡是可由 S-SFC 设定的数据都存放在此数据库内。

2. S-SFC 智能现场通信器

S-SFC 智能现场通信器用于对智能仪表进行组态（线性化或开方、阻尼时间、压力单位、量程）、校正、自诊断，检查输入压力、输出信号以及恒流输出设定和打印等。

1）工作原理

S-SFC 智能现场通信器可以连接在变送器和电源之间连线的任意位置上，进行简单的双向通信。

其通信步骤如下。

（1）S-SFC 输出［WAKE-UP］脉冲。

（2）变送器接收［WAKE-UP］脉冲，即从模拟输出状态转换到通信状态。

（3）S-SFC 发出指令，变送器接收指令。变送器输出相应的回答，S-SFC 接收该回答。变送器输出相应的回答后，自动恢复到模拟输出状态。

2）主要功能

使用 S-SFC 智能现场通信器可在现场或实验室实现下述功能。

（1）组态（可对下列项目进行选择、设定、显示和变更）。

① 量程。

② 输出形式：有线性、百分比、开方、正作用、反作用等。

③ 阻尼时间：可在 0～32 s 之间确定。

④ 测量单位：有 10 种。

（2）量程调整：不需加标准信号就可变更量程。

（3）自诊断。

① 组态、检查。

② 通信检查。

③ 变送器检查。

④ 生产过程检查。

（4）校验调整：可对零点及上限进行调整。

（5）显示：变送器内存储器数据及 SFC 内存储器数据的显示。

（6）可作为 4～20 mA DC 电流源。

3）部件及键盘说明（S-SFCⅡ型）

（1）部件说明。

① 卷纸室：装有一卷热敏打印纸。

② 打印机：作为任选件提供，每行打印 24 个字符，打印智能现场仪表数据和通信数据，与 SFC 组成一体机。

③ 显示：用两行显示智能现场仪表的信息和数据（每行 16 个字符）。

④ 电源开关：打开电源开关时，SFCⅡ自动进行自诊断。

⑤ 通信电缆插座：用于插入通信电缆套，要求使用厂家提供的专用电缆。

⑥ 电池充电器插座：用于插入蓄电池充电器插头。

（2）键盘说明。

① 键操作基本原理：按数字键或功能键，显示器上没有响应时表示输入没有成功。

② 色标类别：按各个键具有的功能，将键分成五种色标。

　　绿色键：主要用于与智能现场仪表联络并显示智能现场仪表参数。

　　橙色键：主要用于实现与智能现场仪表通信以及选择读出菜单。

　　橄榄色键：用于输入数字。

　　棕黄色键：主要用于诊断和检验。

　　白色键：主要用于键盘控制和辅助操作。

③ 多功能键的操作。若要输入键右上角的字符，应先按 ALPHA 键，使显示器出现光标，

然后按想要输入的符号键。

若要输入键中心的功能、数字或符号，确认好显示器上的光标位置，直接按需要的键。

若要输入键上方的功能：则先按 SHIFT 键，使显示器上出现 SHIFT 字样，再按所需功能键。

④ 各个键的功能。

［DEREAD］ ID：开始与智能现场仪表通信，在显示窗上出现智能现场仪表的 TAG（标号），在此可读出、写或修改 TAG 号。

［DEREAD］：开始数字通信。

［CONF］B CONF：为校正智能现场仪表启动组态功能或重新设定智能现场仪表的参数。

［DAMP］C DAMP：显示或修改阻尼时间。

［UNIT］ D UNIT：显示或修改用于表达流率的工程单位。

［LRVE］0% LRVE0%：显示智能现场仪表输出范围的下限值。在该智能现场仪表中，此值固定在 0。下限值表示智能现场仪表输出为 0（或模拟输出为 4 mA DC）时的流率。

［URVF］ URVF100%：显示智能现场仪表输出范围的上限值。上限值表示智能现场仪表输出为 100%（或模拟输出为 20 mA DC）时的流率。

［DECONF MENU ITEM］ MENU ITEM：显示并选择相同层次和相同功能中的不同项目。

DECONF：显示并选择作为数字信号输出的变量。

［SET］ G SET：在智能现场仪表的操作中不用此键。

［NEXT］ H NEXT：在组态功能期间向前滚动显示内容。

［PREV］ L PREV：在组态功能期间向后滚动显示内容。

［OUTPUT］ J OUTPUT：显示从智能现场仪表传送到主控制系统的一个百分比值。

INPUT：将由智能现场仪表测量的瞬时流率作为实际值。

［CORRECT］ K CORRECT：使智能现场仪表调零，调零可以在用 INPUT 键读一数值时进行。

RESET：将智能现场仪表内部参数恢复到制造厂设定值。

ENTER：将"YES"输入到荧光屏显示。显示器向上或向下移动一个级或者将 SFC II 输入的数据写到智能现场仪表数据库中。

NON-VOL：将 SFC II 输入的数据写到智能现场仪表的非易失存储器（EEPROM）中。

［9］PRINT 9：输入数字 9。

PRINT：打印智能现场仪表的内部数据。将这种打印操作称为配置打印。

［8］FEED 8：输入数字 8。

FEED：使打印纸前进一行，并显示下列字样。

［PRINT FEED］显示这个字样时，每按一次键打印纸就前进一行，按 CLR 键消除此功能。

［SWVER］3 ：输入数字 3。

SWVER：显示智能现场仪表和 SFC 的软件译本。

［ACTPR］ O ACTPR：打印智能现场仪表对每个键操作的响应。

［SCRPAD］ SCRPAD：将一备忘录写到智能现场仪表数据库中。

［TIME］ TIME：显示当时的年、月、日和时分。

A-DE：模拟和数字通信之间的转换。

［STAT］：显示智能现场仪表自诊断的结果。

F/S DIR：在智能现场仪表操作中不用此键。

［SPAN］　SPAN：显示当前示值范围。

URL：无效。

［ALPHA］　ALPHA：先按此键输入一个字母字符，显示框光标并允许输入键右上角的数字。

［SHIFT］　SHIFT：先按此键输入键上方标注的功能，显示 SHIFT 并允许输入这些功能。

［CLR］　CLR：清除显示窗口的内容，并将 SFC Ⅱ 置于输入等待状态后再按此键，荧光屏显示回答"NO"。

3. 回路连接

回路连接如图 7.17 所示。

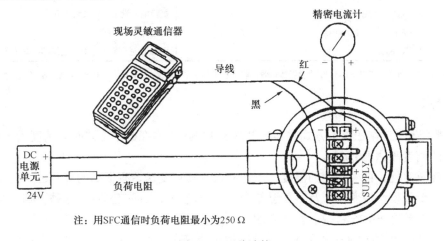

图 7.17　回路连接

4. 回路自诊断方法简介

ST3000 智能式差压变送器具有自诊断功能，使用 SFC 就可通过自诊断功能检查变送器通信、回路和操作状态。具体诊断信息的说明如表 7.1 所示。

表 7.1　ST3000 智能式差压变送器故障诊断信息说明表

类　别	诊 断 信 息	说　明
非临界误差	CORRECT RESET#	需重新进行校正
	EXCESS ZERO CORR#	零校准量过大
	EXCESS SPAN CORR#	量程校准量过大
	M.B OVERLOAD OR ETERBODYFAULT#	输入压力过大或变送器有故障
	NO DAC TEMP COM#	已丢失电子模件的温度补偿数据
	SENSOR OVER TEMP#	传感器温度过高
	STATUS UNKNOWN#	现行状态未知

续表

类　别	诊断信息	说　明
临 界 误 差*	CHAR PROM FAULT	传感器特性化 PROM 有故障
	ELECTONIC FAULT	电子系统有故障
	METERDODY FAULT	变送器仪表有故障
	SUSPECT INPUT	输入错误
通 信 错 误	FAILED COMN	通信不能执行
	HI RES/LOW VOLT	回路负荷电阻过大/电源电压过低
	ILLEGAL RESPONSE	SFC 和变送器不能正常通信
	INVAUD REQUEST	请求不能进行的功能
	LOW LOOP RES	LKD 回路电阻值太小
	NO XMTR RESPONSE	变送器不做应答
操 作 故 障	ENTRTY＞SENRANGE	输入范围过大
	EXCESSIVE OUTPUT	恒稳电流设定值超过允许范围
	KEYNOT ALLOWED	击错键
	＞RANGE	用 SFC 进行算术运算的结果超出显示范围

＊：此时 ID、OUTPUT 和 STATUS 功能仍然有效，临界状态信息显示 3 s，然后显示 PRESS STATUS。

5. 特点

（1）精度高。工作在模拟方式时其精度为±0.1%，工作在数字方式时其精度为±0.075%。许多产品的精度高达±0.05%。

（2）高重复性。由于完美的温度、压力补偿，使得变送器有很高的重复性，而不像传统变送器那样受昼夜温差变化（及冬夏温差变化）引起的过大误差影响，这种影响远高于传统变送器的参考精度±0.25%，高达±0.025%，甚至更高。

（3）高可靠性。ST3000 变送器的高可靠性是传统变送器的 8 倍。其平均无故障时间可达100 多年。这样的惊人数字是智能式差压变送器集成了当代高新科技成果的证明。

（4）宽迁移率。ST3000 变送器的迁移率可达＋1900%、－2000%，而普通变送器为＋500%、－600%。

（5）宽域温度、静压力补偿。在机器人生产线上，对每一台变送器的全工作温度（88 个补偿点）、压力范围逐点进行测试，并将全部数据存于各自的 EPROM 中，以便大幅度地改善变送器的性能。

（6）宽量程比。宽范围的量程比，使得变送器本身的实用性、适用性得以提高，给用户及设计者带来方便，减少备品备件的库存量。在测量流量变化大的场合，用一台 ST3000 变送器可以代替两台传统变送器解决流量的测量问题。

（7）完善的自诊断功能。可以通过 SFC 完成自诊断，可提供 27 种诊断信息，共有三个级别的诊断：变送器级、回路级、系统级。在 SFC 智能现场通信器上可显示 13 种工程单位。

（8）双向通信。通过 SFC 可以对变送器编程、检查、校验和重新组态。如果能将变送器与 DCS 联合使用，可在万能操作站上观察到全部特征参数，并可以在 TDC3000 的键盘上编程、校验和组态等。

传统的变送器在调校时，应拆离现场进行离线校验，这既影响生产又是很烦琐的工作。

许多变送器分别安装在高塔顶、深井处或高压区、高温区、核辐射区、危险爆炸的场合、剧毒区，甚至人们很难到达的地点等。这样就会使人们在校验现场仪表时冒生命危险，有时很难开展工作。智能式差压变送器可以在线且不必将变送器从现场拆下，在仪表室就可以方便、安全地对变送器进行校验、调整和重新组态等。

7.2.4 LSⅢ-PA 智能式差压变送器

LSⅢ-PA 智能式差压变送器是由兰州炼油化工仪表厂引进西门子公司技术开发的，其外形如图 7.18 所示。将圆盖用螺钉分别固定在变送器的前面和后面，其中，前盖安装一个观察玻璃窗，以便在数字表头上直接读取所测得的数值；电气接线盒的入口既可以安装在左侧，也可以安装在右侧，方便现场接线；既可以使用三个输入键进行本地编程，又可以通过 ProfiBus 接口进行远程编程；对于特殊应用场合的参数可通过 ProfiBus-PA 接口获取；符合本安和隔爆类型要求的变送器，可以安装在有潜在爆炸危险的区域内。

1. LSⅢ-PA 智能式差压变送器工作原理

LSⅢ-PA 智能式差压变送器采用模块化设计方法，其结构由差压测量装置和电子装置两部分组成。

（1）差压测量装置。LSⅢ-PA 智能式差压变送器差压测量装置的结构如图 7.19 所示。差压通过密封膜片和填充液作用于硅压力传感器上。如果超出测量极限，过载膜片将受压发生形变，直至一个密封膜片支撑在测量元件的腔体上，以保护硅压力传感器过载。测量膜片由于受到所施加的差压而变形，于是分布在膜片中的四个电桥压电电阻的阻值将发生变化，从而使电阻桥路的输出电压与差压成比例地变化。

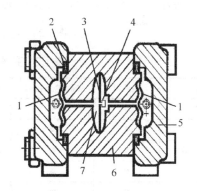

1—密封膜片；2—O 形圈；3—过载膜片；4—硅压力传感器；

5—过程法兰；6—测量元件本体；7—填充液

图 7.18 LSⅢ-PA 智能式差压变送器的外形　　　图 7.19 差压测量装置的结构

（2）电子装置。电子装置工作原理如图 7.20 所示。输入差压 ΔP 可以由传感器转换为电子信号，并由仪表放大器进行放大，在 A/D 转换器中转换为数字信号。数字信号将在微处理器内进行计算，其线性度和温度响应将通过电气隔离接口在 ProfiBus-PA 上进行校正、传送，测量元件、电子装置的数据以及参数数据都保存在两片非易失性存储器 EEPROM 中。第一片存储器与测量元件耦合连接，第二片存储器与电子装置连接。因此，对电子装置和测量元件的更换非常容易。

2. LSⅢ-PA 智能式差压变送器的使用方法

图 7.20 中的三个输入键可用于直接在现场对变送器进行本地编程，ProfiBus 接口可进行远程编程，如进行参数设定，在数字表头上观察测量结果、出错信息和操作模式等。具体参数化方法如表 7.2 所示。

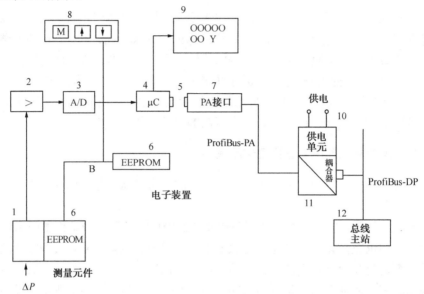

1—测量元件传感器；2—仪表放大器；3—A/D 转换器；4—微处理器；5—电气隔离；6—非易失性存储器；
7—ProfiBus-PA 接口；8—三个输入键；9—数字表头；10—电源；11—DP/PA 耦合器；12—总线主站

图 7.20　电子装置工作原理

表 7.2　变送器参数化方法

参数化方法	输入键	ProfiBus 接口	参数化方法	输入键	ProfiBus 接口
电气阻尼	●	●	小数点位置	●	●
调零	●	●	总线地址		●
按键或功能失效	●	●	特性曲线调整	●	●
测量值显示	●	●	特性曲线输入		●
显示的物理单位	●	●	可自由编程的 LCD		●
诊断					
·事件计数器　·从属指示器　·维护定时器　·仿真功能　·零点校正显示　·极限变送器　·过载报警					

注：●表示可以。

由于带有状态值和诊断值的测量结果在 ProfiBus-PA 上进行循环数据传送，对参数化和出错信息的输出进行非循环数据传输，因此，需要借助 SIMATIC PDM（过程设备管理器）工具，使用用户接口，通过软件程序组态生产现场的变送器，可以简单地设置、修改过程数据并检查数据是否可靠。此外，还可以在线监控选定的过程值、报警以及设备状态信息。

SIMATIC PDM 的核心功能具体如下。

（1）设置和修改设备参数。

（2）设定点比较以及实际参数分配。

（3）条目可靠性检查。

（4）仿真。

（5）诊断。

（6）管理。

（7）调试功能，如过程设备电路测试数据。

（8）通过 Life List，无须组态知识即可诊断参数分配和现场设备。

7.3　智能式温度变送器

7.3.1　智能式温度变送器的特点

智能式温度变送器有采用 HART 协议通信方式的，也有采用现场总线通信方式的。前者技术比较成熟，产品的种类也比较多；后者的产品近几年才问世，国内尚处于研究开发阶段。通常来说，智能式温度变送器具有如下特点。

（1）通用性强。智能式温度变送器可以与各种热电阻或热电偶配合使用，并可接收其他传感器输出的电阻或毫伏信号，量程可调范围很宽，量程比大。

（2）使用方便灵活。通过上位机或手持终端可以对智能式温度变送器所连接的传感器的类型、规格以及量程进行任意组态，并可对变送器的零点和满度值进行远距离调整。

（3）具有各种补偿功能。可实现对不同分度号热电偶、热电阻的非线性补偿，热电偶冷端温度补偿，热电阻的引线补偿，零点、量程的自校正等，并且补偿精度高。

（4）具有控制功能。可以实现现场就地控制。

（5）具有通信功能。可以与其他各种智能化的现场控制设备以及上层管理控制计算机实现双向信息交换。

（6）具有自诊断功能。定时对变送器的零点和满度值进行自校正，以避免产生漂移；对输入信号和输出信号回路断线报警，对被测参数超限报警，对变送器内部各芯片进行监测，在工作异常时给出报警信号等。

本节以 Smar 公司的 TT302 智能式温度变送器为例进行介绍。

7.3.2　TT302 智能式温度变送器

1. 概述

TT302 智能式温度变送器是 Smar 公司生产制造的符合 FF 通信协议的第一代现场总线智能仪表，其外形如图 7.21 所示。它主要通过热电阻（RTD）或热电偶测量温度，也可以使用其他具有电阻或毫伏输出的传感器，如高温计、负载传感器、电阻位置指示器等。由于采用数字技术，它能够使用多种传感器，量程范围宽，可进行单值或差值测量，现场与控制室之间接口简单，并可大大减少安装、运行及维护的费用。TT302 具有两个通道，也就是说有两个测量点，这样可以降低每条通道的费用。

TT302 是 Smar 公司推出的现场总线系统的一部分。现场总线是一个完整的系统，它能够把控制功能分散到现场设备中。利用现场总线系统能够将多个现场设备互连的特点，可以构建规模较大的控制系统。功能模块概念的引入使用户可以很容易地浏览和操作一个复杂的控制系统。另一个优点是提高了灵活性，修改控制命令不需要重新接线或改变任何

图 7.21　TT302 智能式温度变送器的外形

硬件即可完成。TT302 可以在网络中作为主站使用，也可以通过磁性编程工具进行本地调整，这样在一般应用条件下，就不再需要组态器或控制台了。

2. TT302 智能式温度变送器的硬件构成

TT302 智能式温度变送器的硬件构成原理框图如图 7.22 所示，在结构上它由输入板、主电路板和液晶显示器组成。

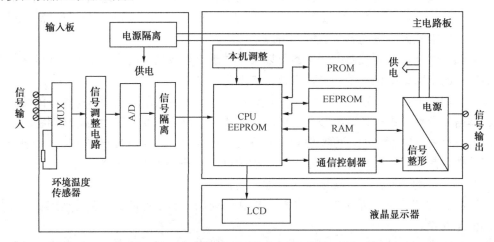

图 7.22　TT302 智能式温度变送器硬件构成原理框图

1）输入板

输入板包括多路转换器、信号调整电路、A/D 转换器和隔离部分，其作用是将输入信号转换为二进制的数字信号，再传送给 CPU，并实现输入板与主电路板的隔离。

由于 TT302 智能式温度变送器可以接收多种输入信号，各种信号将与不同的端子连接，因此由多路转换器根据输入信号的类型，将相应端子连接到信号调整电路，由信号调整电路进行放大，再由 A/D 转换器将其转换为相应的数字量。

隔离部分包括信号隔离和电源隔离。信号隔离采用光电隔离，用于 A/D 转换器与 CPU之间的控制信号和数字信号的隔离；电源隔离采用高频变压器隔离，供电直流电源先调制为高频交流电源，通过高频变压器后整流滤波转换为直流电压，再给输入板上各电路供电。隔离的目的是避免控制系统可能多点接地形成地环电流而引入干扰，保证系统的正常工作。

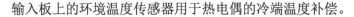

输入板上的环境温度传感器用于热电偶的冷端温度补偿。

2）主电路板

主电路板包括微处理器系统、通信控制器、信号整形电路、本机调整部分和电源部分。

微处理器系统由 CPU 和存储器组成。CPU 控制整个仪表各组成部分协调工作，完成数据传递、运算、处理、通信等功能。存储器有 PROM、RAM 和 EEPROM，PROM 用于存放系统程序；RAM 用于暂时存放运算数据；CPU 芯片外的 EEPROM 用于存放组态参数，即功能模块的参数。在 CPU 内部还有一片 EEPROM，作为 RAM 备份使用，保存标定、组态和辨识等重要数据，以保证变送器停电后来电能继续按原来设定状态进行工作。

通信控制器和信号整形电路与 CPU 一起共同完成数据的通信。通信控制器实现物理层的功能，完成信息帧的编码和解码、帧校验、数据的发送与接收。信号整形电路对发送和接收的信号进行滤波和预处理等。

本机调整部分由两个磁性开关即干簧管组成，用于进行变送器就地组态和调整。其方法是在仪表的外部利用磁棒的接近或离开触发磁性开关动作，进行变送器的组态和调整，而不必打开仪表的端盖。

TT302 智能式温度变送器是由现场总线电源通过通信电缆供电的，供电电压为 9～32 V DC。电源部分将供电电压转换为变送器内部各芯片所需电压，为其供电。变送器输出的数字信号也是通过通信电缆传送的，因此通信电缆同时传送变送器所需的电源和输出信号，这与两线制模拟式变送器类似。

3）液晶显示器

液晶显示器是一个微功耗的显示器，用于接收从 CPU 来的数据并显示。可以显示 4 位半数字和 5 位字母。

3. TT302 智能式温度变送器的软件构成

TT302 智能式温度变送器的软件由系统程序和功能模块两部分构成。系统程序使变送器各部分电路能正常工作并实现规定功能，同时完成各组成部分之间的管理。功能模块提供了各种功能，用户可以按要求的功能选择所需要的功能模块。变送器提供的功能模块主要有以下几种。

（1）资源 RES。该功能模块包含与资源相关的硬件数据。

（2）转换功能 TRD。将输入/输出变量转换成相应的工程数据。

（3）显示转换 DSP。用于组态液晶显示屏上的过程变量。

（4）组态转换 DIAG。提供在线测量功能模块执行时间，检查功能模块与其他程序之间的连接。

（5）模拟输入 AI。此功能模块从转换功能模块获得输入数据，然后对数据进行处理后传送给其他功能模块。AI 模块具有量程转换、过滤、平方根及去掉尾数等功能。

（6）PID 控制功能 PID。此功能模块包含多种功能，如设定值及变化率范围调整、测量值滤波及报警、前馈、输出跟踪等。

（7）增强的 PID 功能 EPID。它除了具有 PID 控制功能模块所有的标准功能，还包括无扰动、强制手动/自动切换等功能。

（8）输入选择器 ISEL。该功能模块具有四路模拟输入，可供输入参数选择，或参照一定标准选择，如最好、最大、最小、中等或平均。

（9）运算功能 ARTH。该功能模块提供预设公式，可进行各种计算。

（10）信号特征描述 CHAR。该功能模块用同一曲线可描述两种信号特征，用反向函数可描述回读变量特征。

（11）分层 SPLT。该功能模块主要用于分层及时序。它接收来自 PID 功能模块的输出，根据所选算法进行处理，产生两路模拟输出。

（12）模拟警报 AALM。该功能模块具有动态和静态报警限位、优先级选择、暂时性报警限位、扩展阶跃设定点和报警限位以及报警检查延迟等功能，可以避免错误报警、重复报警。

（13）设定点斜坡发生器 SPG。该功能模块按事先确定的时间函数产生设定点，主要用于温度控制、批处理等。

（14）计时器 TIME。该功能模块包含四个由组合逻辑产生的离散输入，被选定的计时器可对输入信号进行测量、延迟、扩展等。

（15）超前/滞后 LLAG。该功能模块提供动态变量补偿，通常用于前馈控制。

（16）常量 CT。它提供模拟及离散输出常数。

（17）输出选择/动态限位 OSDL。该功能模块有两种算法：输出选择，实现对离散输入信号的输出选择；动态限位，专门用于燃烧控制的双交叉限位。

操作人员可以通过上位管理计算机或挂接在现场总线通信电缆上的手持式组态器，对变送器进行远程组态，调用或删除功能模块；对于带有液晶显示器的变送器，也可以使用磁性编程工具对变送器进行本地调整。

4. TT302 智能式温度变送器的应用

TT302 智能式温度变送器可以与多种传感器配合使用，并为使用热电偶（TC）和热电阻（RTD）测量温度进行了特殊设计。与热电偶配合时，因热电偶测温须进行冷端温度补偿，故 TT302 智能式温度变送器的传感器接线端子处设有一个温度传感器，要求电偶冷端与 TT302 智能式温度变送器的接线端子之间采用补偿导线，就可自动地实现冷端温度补偿；与热电阻配合时，为消除引线电阻对测量精度的影响，热电阻与 TT302 智能式温度变送器之间应采用三线制或四线制连接，如图 7.23 所示。

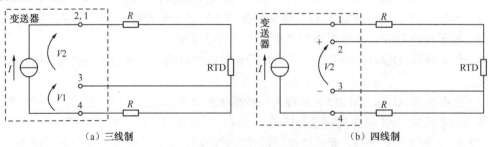

图 7.23　热电阻与 TT302 智能式温度变送器连接

采用三线制接法，端子 3 是一个高阻抗输入端，没有电流通过第 3 条线，因此在它上面

也无电压降。电压 V_2 和 V_1 的公式为

$$V_2 = (RTD + R) \times I \tag{7-1}$$

$$V_1 = R \times I \tag{7-2}$$

$$V_2 - V_1 = (RTD + R) \times I - R \times I = RTD \times I \tag{7-3}$$

由式（8-3）可以看出，此时 TT302 智能式温度变送器的测量输入设置为 V_2 和 V_1 的差，与导线电阻 R 无关，因为导线电阻上的电压被抵消掉了，V_2 和 V_1 的差仅与 RTD 的电阻值有关。

如果采用四线制接法，端子 2 和端子 3 是高阻抗输入端，因此无电流流经此端。由于 V_2 取自 RTD 两端，即

$$V_2 = RTD \times I \tag{7-4}$$

此时 TT302 智能式温度变送器的测量输入设置为 V_2，因此，V_2 与 R 无关，仅与 RTD 的电阻值有关。

5. TT302 智能式温度变送器的校验

在某些情况下，显示器所显示的读数和转换块的读数与所加的信号不同，其可能的原因是：用户的电阻或电压标准与制造厂的标准不同；变送器由于过电压或者长时间的漂移而偏离原始的特性曲线。量程校验 Trim 可以使读数与所加信号相匹配。

因为变送器输入具有自动零点校验特性，所以可以不做零点校验。为了进行量程校验，首先要将标准电阻 RTD 或标准热电偶 TC 或标准 mV 发生器连接到变送器，这些标准信号源的精度应大于 0.02%。运行 SYSCON 软件并选择 TT302 后，就打开了 TT302 窗口，如图 7.24 所示。两个转换块 TRDTT 都是可组态的。

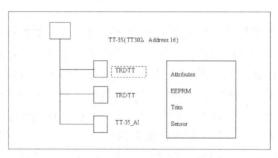

图 7.24　选择校验 Trim

选择 Trim 后就打开了 Trim 对话框，如图 7.25 所示。该对话框中有两个数值显示框，分别用于显示期望值和 TT302 的测量值；还有 5 个按钮，分别是 Close（关闭）、Send（发送）、Retrieve（检索）、Factory（工厂）和 Help（帮助）。

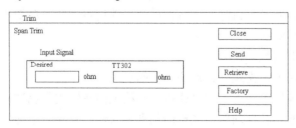

图 7.25　量程校验对话框

从标准信号源中读出数据并用键盘键入到希望值的方框中，单击"Send"按钮后，TT302的测量值变成了新的测量值。若测量值与希望值相等或相差无几，则说明校验已获得成功。注意，在进行量程校验时是不允许用 0 值的。

当选择了"Close"按钮后，量程校验对话框就会关闭。同时一个新的对话框出现了，如图 7.26 所示，该对话框询问是否将量程检验数值从 RAM 中存储到 EEPROM 中。如果检验是正确的，就要存储它，单击"Yes"按钮，反之单击"No"按钮。如果想返回量程检验对话框，则可单击"Cancel"按钮。

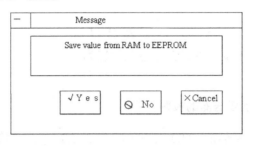

图 7.26　存储量程校验对话框

7.4　智能式电动执行机构和智能式阀门定位器

7.4.1　智能式电动执行机构

智能式电动执行机构的构成原理与第 4 章介绍的模拟式电动执行机构相同，但是智能式电动执行机构采取了新颖的结构部件。伺服放大器中采用了微处理器系统，所有控制功能均可通过编程实现，而且还具有数字通信接口，从而具有 HART 协议或现场总线通信功能，成为现场总线控制系统中的一个节点。有的伺服放大器中还采用了变频技术，可以有效控制伺服电动机的动作。减速器采用新颖的传动结构，运行平稳、传动效率高、无爬行、摩擦小。位置发送器采用了新技术和新方法，有的采用霍尔传感器，直接感应阀杆的纵向或旋转动作，实现了非接触式定位检测；有的采用特殊的电位器，电位器中装有球轴承和特种导电塑料材质做成的电阻薄片；还有的采用磁阻效应的非接触式旋转角度传感器。

智能式电动执行机构通常都有液晶显示器和手动操作按钮，用于显示执行机构的各种状态信息和输入组态数据以及手动操作。因此，与模拟式电动执行机构相比，智能式电动执行机构具有如下一些优点。

（1）定位精度高，并具有瞬时启停特性以及自动调整死区、自动修正功能，长期运行仍能保证可靠地关闭和良好的运行状态等。

（2）推杆行程的非接触式检测。

（3）更快的响应速度，无爬行、超调和振荡现象。

（4）具有通信功能，可通过上位机或执行机构上的按钮进行调试和参数设定。

（5）具有故障诊断和处理功能，能自动判别输入信号开路、电动机过热或堵转、阀门卡死、通信故障、程序出错等，并能自动地切换到阀门安全位置；当供电电源断电后，能自动

地换到备用电池上，使位置信号被保存下来。

7.4.2 智能式阀门定位器

1. 智能式阀门定位器的特点

在石油化工装置自动化控制系统中，控制阀的选用对精度而言至关重要，它的使用情况影响到产品质量，并关系到安全生产。智能式阀门定位器相比普通定位器具有许多优点。

（1）实时信息控制，提高安全性。操作人员可以依靠阀门工作信息有根据地对过程控制进行管理，确保及时控制；可以从现场接线盒、端子板或控制室使用手动操作器、PC 或系统工作站选取信息，将人员危险发生的几率减到最小，并且不必亲临现场，提高了安全性；可以把阀门泄漏检测仪或限位开关接到智能式阀门定位器的辅助端子上，免得额外增加现场布线，若发生超限，则该仪表将会报警。

（2）结构可靠，加快开工准备过程。结构经久耐用，全密封结构阻隔了振动、高温和腐蚀性环境对它的影响，独立的防风雨现场接线盒把现场导线接点和仪表其他部分隔离开；操作人员通过远程方式识别每台仪表，检验它的校准情况，查阅对比以前存储的维修记录及其他信息，达到尽快启动回路的目的。

（3）自诊断与控制能力。智能式阀门定位器可进行下列诊断：①关键阀门使用跟踪参数；②仪表健康状态参数；③预定格式阀门性能阶跃维护测试。关键阀门使用跟踪参数可监控阀杆的总行程（行程累计）及阀杆行程转向（周期）的次数。如果仪表的内存、处理器或检测器有任何问题，则仪表的健康状态参数报警。一旦有问题发生，可确定该仪表将如何对该问题做出反应。例如，当压力检测器有故障时，仪表是否应当关闭？也可选择哪一个元件出故障将引起仪表关闭（问题是否严重，足以引起关闭）。这些参数提示将以报警形式报告。监控性报警可以提供有关有问题的仪表、阀门或过程的瞬间指示。

（4）标准控制与诊断。智能式阀门定位器包含标准的控制与诊断。标准控制包括 AO 与PID 功能模块。标准诊断包括下列诊断测试：①动态误差带；② 驱动信号；③输出信号。动态误差带、驱动信号及输出信号是动态扫描测试的。这些测试在被控制的速度下转变传送器块（伺服机构）的设定点并绘出阀门的操作以确定阀门的动态性能。例如，动态误差带测试是滞后与死区加"回转"。滞后与死区是静态的质量，由于阀门是运动着的，就带来了动态误差和"回转"误差。动态扫描测试给出了较好的提示，即阀门在过程条件下将如何操作，那将是动态的而不是静态的。

本节以 Fisher-Rosemount 公司生产的 FIELDVUE DVC5010 智能式阀门定位器为例，介绍智能式阀门定位器的结构特点和使用方法。

2. FIELDVUE DVC5010 智能式阀门定位器

1）结构特点

（1）该阀门定位器是装有高集成度微处理器的智能式现场仪表，既可安装在直行程执行机构上，又可安装在旋转式执行机构上。

（2）主要组成部分：由压电阀、模拟数字印制电路板、LCD（液晶显示）、供输入组态数据及手动操作的按键、行程检测系统、壳体和接线盒等部分组成。

（3）由替换的功能模板提供两线制 4～20 mA 的阀位反馈信号；通过数字信号指示两个行程极限，两个限定值可独立设置最大值和最小值，用数字显示；在自动运行过程中，当阀位没有达到给定值时能进行报警，微处理器有故障时也能报警，报警时信号中断。这种定位器耗气量极小、安装简单、调试方便、调节品质佳、抗振性强、免维修、不受环境影响。只要按动功能键，就可以调节阀门定位器的动作速度、流量特性、行程和分程控制，并有 LCD 显示。

2）组态说明

在组态方式下，可根据现场需要进行如下的设置。

（1）输入电流范围 0～20 mA 或 4～20 mA；给定上升或下降特性。

（2）定位速度的限定。

（3）分程控制，可调的初值和终值。

（4）阶跃响应，自适应或整定。

（5）作用方向，输出压力随设定值增大的上升、下降特性。

（6）输出压力范围，初始值和终值。

（7）位置限定，最小值和最大值（报警值）。

（8）自动关闭功能。

（9）根据所需的阀特性，可对行程进行纠正并做如下选择：直线，等百分比 1∶25，等百分比 1∶50，其他特性。

3）DVC5010 智能式阀门定位器的装配

（1）在费希尔公司滑杆执行机构上的安装如图 7.27 所示。具体步骤介绍如下。

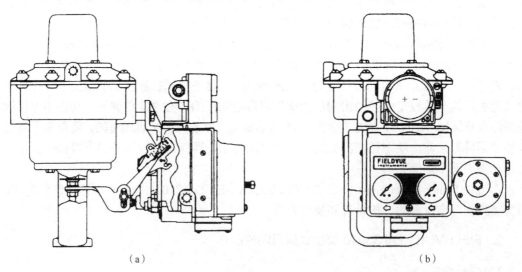

（a） （b）

图 7.27 DVC5010 智能式阀门定位器在执行机构上的安装

把控制阀与工艺管线压力隔开，释放阀体两侧压力并排放阀两侧工艺介质。关断通往执行机构的所有压力管线，释放执行机构的全部压力。采取锁定步骤，确保在设备上工作时上述措施继续有效。

① 对于 513 和 513R 型尺寸 20 的执行机构，松开阀行程指示器盘下面的下锁定螺母，在锁定螺母之间插入连接器臂，然后顶住连接器臂拧紧下锁定螺母。对于 513 和 513R 型尺寸 32 的执行机构，用螺钉把横柱和连接器臂连至阀杆连接器。

② 用螺钉把装配托架连至智能式阀门定位器壳体。

③ 插入带电片的螺钉，穿过装配支架的槽和孔。安装衬垫并拧紧螺钉。

④ 对 513R 型执行机构，用定位销钉贯穿反馈臂上标记为"A"的孔或对 513 型执行机构标记为"B"的槽，使反馈臂在智能式阀门定位器上定位。

⑤ 在调整臂的销柱上涂润滑剂，把销柱置入反馈臂狭槽内，使夹紧弹簧把销柱顶向阀行程标记的一侧。

⑥ 在调整臂上安装外置防松垫片，把调整臂定位在连接器臂的槽内并松动地安装垫片和螺钉。

⑦ 在连接器臂的槽内滑动调整臂销柱，直至销柱对准所要求的阀行程标记数，然后拧紧螺钉。

⑧ 取出定位销钉并把它放回模块基座上邻近 I/P 组件的地方。

⑨ 用两个螺钉连好遮护板。

（2）过滤减压阀的装配。过滤减压阀有以下三种装配方式。

① 一体式装配的减压阀，润滑 O 形环并把它插入智能式阀门定位器上气源连接口周围凹槽。67AF 型过滤减压阀装在智能式阀门定位器的侧面，这是装配过滤减压阀的标准方法。

② 阀架式装配的减压阀，用两个螺钉把过滤减压阀装到执行机构阀架上预先钻好并攻螺纹的螺孔上。把 1/4 英寸的内六角管塞旋入过滤减压阀上不用的出口。

③ 膜头式装配的减压阀，使用与过滤减压阀一同提供的单独的 67AF 型过滤减压阀膜头式装配支架。把装配支架固定在 67AF 型减压阀上，然后把这个组件装到执行机构膜头上。把 1/4 英寸内六角管塞旋入过滤减压阀上不用的出口。

（3）气路连接。气源必须是清洁干燥的空气或非腐蚀性气体，符合 ISA 标准 S7.3-1975（R1981）的要求。工厂装配的智能式阀门定位器，它的输出应配管至执行机构气源口。排气通过功率放大器输出，不断将供气排入控制器盖内的空间。壳体背后的放气口应常开，以防止盖内压力升高。如果需要远程排气，则排气管线必须尽可能短并带有最少量的弯头和弯管。

（4）电气连接。采用 4～20 mA 回路连线。智能式阀门定位器通常由控制系统输出卡供电，使用屏蔽电缆将确保在电气噪声环境下正常运行。智能式阀门定位器连线步骤如下。

① 从端子盒上拆下端子盒盖。

② 将现场导线接入端子盒。在要求应用的地方，使用符合国家电气标准的安装套管。

③ 把正极导线从控制系统输出卡"current output"（电流输出）端连至端子盒内印制电路板/端子条形组件号上的 LOOP＋接线端子。把负极（或返回）导线从控制系统输出卡连至端子盒内 LOOP－接线端子，如图 7.28 所示。

④ 连接安全地和大地接地点。更换并拧紧端子盒上的外罩。当控制回路已经准备好投用时，把电源加到控制系统输出卡上。

（5）测试连接。端子盒内的测试端可用来测量通过 1 Ω电阻的回路电流量。

① 打开端子盒盖。

② 调整测试表测量范围到 0.01～0.1 V。

③ 连接测试表的正测试笔至端子盒内的 TEST＋接线端子，而负测试笔至 TEST－接线端子。

④ 测得回路电流如下：U（测试表读数）×1000 为 mA 数，撤走测试笔，重新盖好端子盒盖。

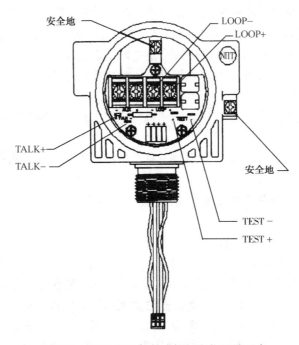

图 7.28　DVC5010 智能式阀门定位器端子盒

（6）通信连接。通过 HART 调制解调器或 475 型 HART 通信器，可将 4～20 mA 回路上的任何接线端点与 DVC5010 智能式阀门定位器连接。

4）DVC5010 智能式阀门定位器的组态

改变仪表设置会引起输出压力或阀行程改变。有两种初始设置方法：Auto Setup（自动设置），根据执行机构类型和尺寸自动选择适当的组态参数；Manual Setup（手动设置），该方法允许对下列组态参数输入数值：Instrument Mode（仪表模式），Control Mode（控制模式），Feedback Char（反馈特征），Inst Supply Pressure（仪表气源压力），Zero Control Signal（零控制信号），Invert Feedback（反相反馈），Travel Cutoff Low（行程低截止点），Turning Set（整定参数组），Auto Calib Travel（自动校准行程）。

（1）Auto Setup（自动设置）：从"Online"菜单中依次选择"Main Menu"→"Initial Setup"→"Auto Setup"→"Setup Wizard"。依照 HART 通信器显示的提示去设置仪表。设置时根据执行机构制造厂商与其确定的型号来决定所要求的设置信息，如果输入其他执行机构厂商及其型号，那么将会提示输入以下参数：执行机构类型（单作用或双作用），反馈特征（旋转轴或滑杆式），阀故障时动作（无气源时阀打开或关闭），行程传感器旋转方向（气信号压力增加使行程传感器轴顺时针或逆时针旋转）。

仪表供气压力范围和整定参数组通过"Setup Wizard"完成设置后，单击"OK"按钮返

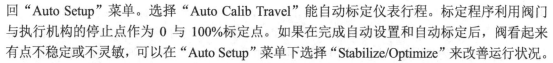

回"Auto Setup"菜单。选择"Auto Calib Travel"能自动标定仪表行程。标定程序利用阀门与执行机构的停止点作为 0 与 100%标定点。如果在完成自动设置和自动标定后，阀看起来有点不稳定或不灵敏，可以在"Auto Setup"菜单下选择"Stabilize/Optimize"来改善运行状况。

（2）手动设置（Manual Setup）：如果给仪表输入初始设置参数，可从"Online"菜单中依次选择"Main Menu"→"Initial Setup"→"Manual Setup"。下面给出在手动设置期间出现的参数。

① Instrument Mode（仪表模式）：此处可以把仪表设成"Out of Service"或"In Service"。为了改变影响控制的组态变量，仪表必须设成"Out of Service"，将"Calibration/Configuration Protection"设成"None"。

② Control Mode（控制模式）：让用户规定仪表读取它的设定值（SP）的地方。选择下列控制模式之一："Analog（RSP）"（模拟）或"Digital"（数字）。

③ 若仪表从 4～20 mA 回路中接受其给定点，则选"Analog（RSP）"，通常仪表控制模式是"Analog（RSP）"。若仪表经 HART 通信链路以数字方式接受其给定点，则选"Digital"。当 HART 通信器需要将阀门移动行程时，如标定或行程输出期间，HART 通信器会自动将仪表切换到该模式。可是，如果在仪表处于 Test 模式运行程序时中止它，仪表仍可停留于 Test 模式中。为使仪表摆脱 Test 模式，先选择"Control Mode"，再选择"Analog（RSP）"或"Digital"。

④ Feedback Char（反馈特征）：选择"Rotary Shaft"（转轴）或"Sliding Stem"（滑杆）。

⑤ Inst Supply Pressure（仪表气源压力）：调整仪表压力传感器的量程。气源压力组态时压力单位为 psi、bar 或 kPa。选择一个气源压力量程，使仪表的气源压力包含在它的范围之内。

⑥ Zero Ctrl Signal（零控制信号）：辨识输入为 0 时，阀门全开或全关。如果对设置这个参数没有把握，可断开通向仪表的电流源。所导致的阀行程即"Zero Control Signal"（配用正作用智能式阀门定位器时，断开电流源的效果与设定输出压力为 0 的作用是一样的）。

⑦ Invert Feedback（反相反馈）：选择"YES"、"NO"或"AUTO SET"。反相反馈的选择是为了建立合理的反馈取向。通过观察行程传感器转轴末端的转动来确定 Invert Feedback 的选择。如果对执行机构增加气压引起转轴顺时针转动，则输入"YES"。如果它引起轴逆时针转动，则输入"NO"。为使仪表确定其 Invert Feedback，也可选择"AUTO SET"。

⑧ Travel Cutoff Low（行程低截止点）：此项定义了行程的低截止点。行程低截止点可用来确保对阀座的关闭力。当行程低于行程低截止点时，具有固体版本 5 的仪表，将使输出设置成零或至供气全压力，这与 Zero Ctrl Signal 的情况有关。对具有固体版本 3 或 4 的仪表，将使行程目标设置成−23%满行程。建议行程低截止点为 0.5%，以保证最大的阀座关闭力。当设置了行程低截止点时，行程低限位便失效了，因为这些参数中只能有一个有效。

⑨ Tuning Set（整定参数组）：有 11 组整定参数组供选择。每个整定参数组针对智能式阀门定位器的增益（gain）和微分（rate）设定提供预选值。Tuning Set C 提供最慢的响应而 M 提供最快的响应。通常仪表采用高性能值。然而一旦压力传感器有故障，该仪表将用标准值继续操作。对具有固体版本 3 与 4 的仪表，始终采用标准值。

5）DVC5010 智能式阀门定位器的校准

（1）自动校准行程。仅当对滑杆阀选择"Auto Calibrate Travel"时，才需要用户响应操作。转角阀不需要用户响应操作。用户响应操作为滑杆阀提供更准确的交点调整，如图 7.29

所示。选择"Auto Calibrate Travel"，然后依照 HART 通信器显示的提示自动地校准阀行程。

选择交点调整的方法：如果选择"Last Value"，则采用当前存于仪表的交点设定值，而无须与自动校准程序做进一步的用户响应操作。如果选择"Default"，则一个交点的近似值被送往仪表，必须与自动校准程序做进一步的用户交互操作。如果选择"Manual"，则要选择调整源，模拟量或数字量均可。

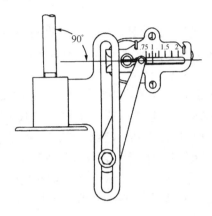

图 7.29　交点调整

校准步骤具体如下。

① 如果选择"Analog"作为交点调整源，则 HART 通信器将提示用户调节电流源，直至反馈臂与执行机构滑杆成 90°。在完成调整之后，单击"OK"按钮，进至第③步。

② 如果选择"Digital"作为交点调整源，则 HART 通信器将显示一个菜单供用户调整交点。选择所需变动的方向和大小，使反馈臂与执行机构滑杆成 90°。选择对交点的大（Large）、中（Medium）、小（Small）调节量，使反馈臂分别做大约 10.0°、1.0° 和 0.1° 的转动。如果需做另一次调整，请重复此步，则选择"Done"，进至下一步。

③ 自动校准程序的余下部分是自动进行的。当菜单出现时，它便完成了。

④ 置仪表于"In Service"状态，然后检验阀行程是否很好地跟踪电流源。

（2）手动校准行程。手动校准行程有 Analog Calibrate Adjust（模拟校准调整）和 Digital Calibrate Adjust（数字校准调整）两种方法。

① 模拟校准调整。依次选择"Main Menu"→"Calibrate"→"Man Calib Travel"→"Analog Calib Adj"，连接可变电流源到仪表端子 LOOP＋和 LOOP－上。电流源应能产生 4～20 mA 电流。依照 HART 通信器显示的提示去校准仪表行程的百分数。

② 数字校准调整。依次选择"Main Menu"→"Calibrate"→"Man Calib Travel"→"Digital Calib Adj"，后续步骤同模拟校准调整。

DVC5010 智能式阀门定位器主要用于一些重要控制点的回路场合，如裂解炉的进料流量阀和乙二醇环氧反应器的进料流量阀的控制。使用手动操作器对其进行组态和校验，其线性度可达 99%，零点、量程及回差均可以被控制在精度要求的范围之内，控制稳定且抗干扰能力特别强，能满足工艺控制的要求。

实训 8 智能式差压变送器校验与组态操作

1. 实训目标

（1）熟悉智能式差压变送器 EJA 的结构。

（2）掌握智能式差压变送器 EJA 的安装、校验方法。

（3）掌握 BT200 的组态操作方法。

2. 实训装置（准备）

实训装置如图 7.30 所示。

（1）校验台 1 台（含电动气压源、精密数字校验仪 HB600F2、精密压力表）、托架 1 个、EJA-110A 1 台、BT200 1 台、三阀组 1 个、防水接头 1 个、L 形支架 1 个、U 形圈 1 个。

（2）万用表 1 台、250 Ω 电阻 1 个，螺钉旋具、内六方、扳手各 1 把。

图 7.30 EJA 校验实训装置

3. 实训内容

（1）EJA 智能式差压变送器的安装。

（2）三阀组的操作。

（3）EJA 智能式差压变送器的校验。

4. 实训步骤

微课：EJA 智能式差压变送器
的认识与安装

（1）EJA 智能式差压变送器的安装。安装托架，U 型圈要求水平安装且牢固。变送器与三阀组连接，螺栓应对角锁紧，不允许一次锁死。下面给出安装过程中的关键手法，如图 7.31 所示。

（2）仪表接线，并正确操作三阀组。

① 装校验仪，启动并清零。

② 变送器接线，检查电缆的通断及绝缘性，区分正、负电源线，被测变送器电流输出端连接到 HB600F2 顶部"电流"红色端子，将测变送器的供电端连接到 HB600F2 顶部"电流"黑色端子；按"功能"键切换到变送器电流测量方式（b 0.000mA）以进入变送器电流测量工作状态。检查连接线并接通，接入 250 Ω 电阻，检查电流，确定为 4 mA。

（a）在L形支架上放镙栓

（b）上紧

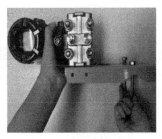
（c）放U形圈

（d）安装U形圈

（e）固定U形圈

（f）装导压管

（g）上紧导压管接头

图7.31　变送器安装过程中的隐性技能"显化"图

③ 接导压管，正确操作三阀组。打开平衡阀，并逐渐打开正压侧切断阀，使差压变送器的正、负压室承受同样压力；再次清零校验仪，关闭平衡阀，开启负压侧切断阀。根据任务要求，通过BT200设置变送器零点、量程等。

（3）操作电动气压源。

① 连接好电源线，按下控制电源开关，通电。

② 设置压力值上限（超量程5%），关闭回检阀和截止阀。按下启动按键，缓慢打开截止阀，当压力达到检定点时关闭截止阀。

微课：EJA智能式差压变送器的组态与校验

③ 待压力稳定后即可进行检测。通过回检阀和微调阀将压力调到准确检定值进行读数。

（4）校验。

① 按照实训要求按正反行程校验0%、25%、50%、75%、100%五点，并将实验数据填入表7.1中。

表7.1　EJA精度校验数据记录表

（对于压力值，小数点后面保留两位数字；对于电流值，小数点后面保留三位数字）

被检点		理论输出值（mA）	实际输出值（mA）		绝对误差（mA）		正反行程差值（绝对值）（mA）
规定被检点（%）	实际输入值（kPa）		正行程	反行程	正行程	反行程	
0							
25							
50							
75							
100							

允许误差：＿＿＿＿（%）；基本误差：＿＿＿＿（%）；允许回差：＿＿＿＿（%）；回差：＿＿＿＿（%）

② 检测完毕后关闭启动开关，缓慢打开回检阀，当压力逐渐回零后，方可取下被测仪表。停电，拆除电缆及相关设备。

（5）实训完毕，将设备整齐摆放回原位。

5. 拓展型实训（3051 差压变送器校验与组态操作）

（1）实训装置如图 7.32 所示。智能终端改用 HART475 手操器。

图 7.32　3051 差压变送器校验实训装置

（2）参照前面的实训步骤完成 3051 差压变送器的安装。

（3）参照图 7.12 完成 3051 差压变送器的回路接线。

（4）使用 HART475 手操器完成仪表位号、零点、量程设置。

（5）参照前面的实训步骤操作电动气压源。

（6）参照前面的实训步骤完成 3051 差压变送器的 5 点校验。

6. 实训报告

（1）填写实训设备规格与型号。

（2）画出实验系统的接线图。

（3）由实验数据分析得出结论。

思　维　导　图

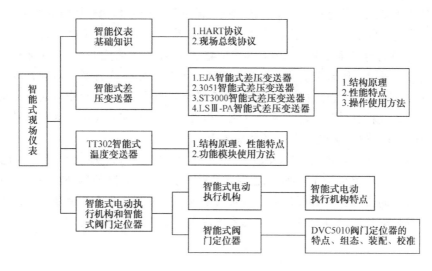

思考与练习题 7

1. 什么是 FSK 信号？
2. HART 协议通信方式是如何实现的？
3. CAN 总线通信方式有哪些技术特点？
4. 试述智能式变送器的构成原理。
5. EJA、3051、ST3000 和 LSⅢ-PA 差压变送器各有什么特点？
6. 智能式温度变送器有哪些特点？简述 TT302 温度变送器的工作原理。
7. 智能式变送器与模拟式变送器相比有哪些特点？
8. DVC5010 智能式阀门定位器如何安装与校准？

思 想 映 射

扎根一线 坚守初心——严新亮

严新亮，2010 年从兰州石化职业技术学院毕业，进入中国石油兰州石化公司电仪事业部工作，目前主要负责乙烯、丁二烯、汽油加氢等装置的仪表技术管理及现场仪表、DCS/ITCC/SIS/GDS 等系统的操作、运用与维护工作。他对待工作勤勤恳恳、兢兢业业，对业务不断钻研、积极进取，多次圆满地完成检维修和技术攻关改造任务，在历练中快速成长为一名技术骨干。

1. 做工作的有心人

在工作中，他从无怨言，面对脏活累活危险的活，他总是冲在最前面，用自己的专业技能排除仪表设备故障。他是大家公认的"干活最多的人""干活最负责的人"。对于自己，他总是严格要求，遇到不懂的问题，他虚心地向同事们请教，反复琢磨，直到自己彻底弄明白才肯罢休；对于干过的工作，他都记在心里，不断进行归纳总结、举一反三，最终建立起自己的作业模式。因为足够用心，他在短短的时间里专业知识和技能水平突飞猛进。

他先后负责、参与完成多项控制系统改造、技改革新、隐患治理等项目及现场仪表 DCS 故障诊断报警功能的实际运用等工作，其中"46 万吨/年乙烯装置 ITCC 控制系统改造"获公司科技进步二等奖。作为主要负责人参与完成了兰州石化公司 A 类一线生产难题乙烯装置 201J 压缩机 GV 阀 EHPC 电液转换器阀位反馈外部测量；参与完成中石油一线生产难题聚丙烯装置挤压造粒机过滤网控制系统优化。2022 年负责兰州石化一线生产难题攻关项目《乙烯厂乙烯装置裂解炉关键仪表预报警系统开发及精准操作优化》。

他先后撰写多篇技术论文，其中《乙烯装置三机控制系统改造》《基于 TRICONEX ITCC 实现的乙烯裂解气压缩机 201J 防喘振控制方案分析》《浙江中控 TCS-900 安全仪表系统在汽油加氢装置中的应用》等 6 篇论文先后在国家级核心期刊上发表，他还参与完成了高职高专国家示范性院校课改教材《过程控制系统应用与维护》的编写。

2．做技艺的传承人

在自己进步的同时，他积极带动身边同事学习，共同进步。2012 年参加工作仅两年的他就获得当年兰州石化公司仪表维修工技能竞赛第二名，2018 年他带领班组获得电仪事业部仪表维修工班组对抗赛第二名，个人成绩也位列第二名。在 2020 年技师等级考试中，他带领班组四人参加考试，有两人顺利通过，另外两人也顺利通过技师实际技能考试，同时所带徒弟在省级技能竞赛中获奖，获得甘肃省技术标兵荣誉。对待同事，他丝毫不吝啬提供帮助，在他看来，能够不留余地地帮助他人是一件幸福的事情。

3．做装置的守护人

2019 年乙烯装置迎来了三年一次的装置大检修，同时要借助检修契机，完成 SIS 系统改造工作。为了保质保量地完成检修任务，他白天忙现场，晚上还要对检修项目、改造任务的完成情况进行核对，对台账和报表进行完善。面对巨大的工作量，他从没向任何人抱怨过，连续五十多天的加班加点，他没有一点想要退缩的念头。这期间他带领班组克服了重重困难，施工单位专业人员少，并且没有专业的仪表施工队伍，技术力量弱，他就同施工单位一起干；原系统机柜中接线混乱、标识不清，查线难度大，他就带着施工人员一点一点地查，最终经过全体成员的共同努力，高质量地完成了此次 SIS 系统改造工作。检修结束后，由他负责的 4 套装置一次开车成功。

这就是严新亮，在每天平凡且充实的工作中始终保持着一颗积极奋进的心，他从没忘记党旗下的誓言，用行动不负组织培养，不负领导信任，不负群众期望。

第8章

过程控制仪表及装置应用系统案例分析

知识目标：

（1）掌握基型控制器的简单工程方案实现方法。

（2）掌握可编程调节器的一般工程方案实现方法。

（3）了解 DCS（CENTUM 系统）复杂系统的应用方案。

（4）掌握 DCS 在联锁保护系统中的应用方法。

（5）掌握用现场总线模块构建控制系统方案。

技能目标：

（1）能运用基型控制器构建简单控制方案。

（2）能运用一种可编程调节器实现一般控制方案。

（3）能应用 DCS 实现系统的联锁保护。

（4）能正确使用现场总线模块。

素质目标：

（1）具有综合运用所学理论知识和专业技能解决工程实际问题的能力。

（2）具有职业发展的学习能力。

（3）具有获取信息、分析数据和实际应用的能力。

　　过程控制仪表及装置是实现过程自动化的基础。基型控制器、可编程调节器、DCS、现场总线仪表作为控制仪表的主体，已广泛应用于电力、石油化工、冶金等行业。本章结合石油化工、电力、冶金等行业的实际对象，介绍应用基型控制器、可编程调节器、DCS、现场总线仪表构成系统的方法。

8.1　基型控制器在安全火花型防爆系统中的应用

8.1.1　温度控制系统原理图

　　某列管式换热器的温度控制系统如图 8.1（a）所示。换热器采用蒸汽作为加热介质，被加热介质的出口温度为（400±5）℃，要求记录温度，并对上限报警，被加热介质无腐蚀性。

现采用电动Ⅲ型仪表，并组成本质安全型防爆控制系统。图 8.1（b）为温度控制系统框图。图中 WZP-210 为一次测温元件铂热电阻，分度号为 Pt100，碳钢保护套管；DBW-4230 为温度变送器，测温范围为 0～500℃；DXJ-1010S 为单笔记录仪，输入为 1～5 V DC，标尺为 0～500℃；DTZ-2100 为电动指示控制器，采用 PID 调节规律；DFA-3100 为检测端安全栅（温度变送器在现场）；DFA-3300 为操作端安全栅；ZPD-1111 为电气阀门定位器；DGJ-1100 为报警给定器，用于上限报警设定；XXS-01 为闪光报警器；最下方为气动薄膜控制阀。

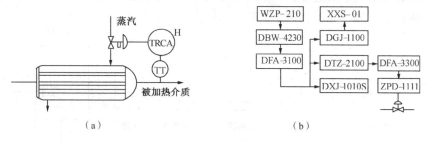

图 8.1　某列管式换热器温度控制系统及其框图

8.1.2　温度控制系统接线图

该温度控制系统的接线如图 8.2 所示。图中共有三个信号回路：① 热电阻和温度变送器 DBW-4230 输入端的信号回路；② 控制器的输入回路，温度变送器 DBW-4230（其信号为 4～20 mA DC）经检测端安全栅 DFA-3100 转换为 1～5 V DC 信号，送到报警单元 XXS-01、记录仪表 DXJ-1010S 和控制器 DTZ-2100 输入端，采用并联连接法；③ 控制器的输出回路，控制器 DTZ-2100 输出经操作端安全栅 DFA-3300 送到阀门定位器 ZPD-1111，转换为 0.02～0.1 MPa 的输出，推动气动薄膜控制阀动作。

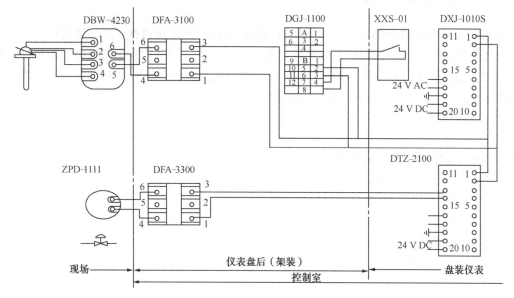

图 8.2　温度控制系统的接线

8.2　SLPC 可编程调节器在压缩机防喘振控制中的应用

8.2.1　工艺流程及控制要求

空气压缩站用于将大气中的空气进行过滤除尘，送到压缩机进行多级压缩，被压缩的空气经过冷却被送往干燥车间进行吸附干燥或冷凝干燥，送出来的干燥、清洁的空气作为生产需要的仪表风和工业风，其流程简图如图 8.3 所示。

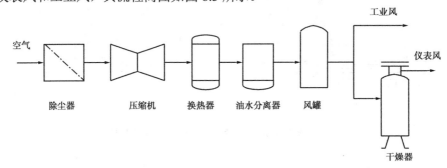

图 8.3　空气压缩站流程简图

压缩机是空气压缩站的关键设备。在压缩机工作过程中，当一些操作的变化使压缩机在运行过程中吸入流量减小到一定值时，将出现一种不稳定的工作现象，其吸入流量和出口压力会周期性地低频率大幅波动，并引起设备的强烈振动，这种现象被称为压缩机的喘振。为了防止喘振现象发生，必须改变操作，增加压缩机的入口流量，或者降低出口流体的阻力，应用专门的控制技术及时开启喘振阀。典型离心式压缩机防喘振控制方案如图 8.4 所示。

8.2.2　防喘振方案分析

要想防止压缩机喘振的发生，就要知道压缩机运行时其喘振点在哪里，进而确定一个合适的喘振控制裕度，再根据喘振发生的特点通过一些特定的控制方案来防止喘振的发生，保证机组安全稳定地运行。采用压缩比 P_2/P_1 和入口流量变送器的差压值 h 为坐标轴，画图得到的喘振线在工作点附近基本为直线，如图 8.5 所示。

流量与差压的关系为：

$$Q^2 = Ch/\rho \tag{8-1}$$

式中，Q——压缩机入口处的流量；

$\quad\quad C$——常数（由孔板尺寸决定）；

$\quad\quad h$——孔板差压；

$\quad\quad \rho$——密度。

该机组喘振线方程为：

$$P_2/P_1 = a + b \times h \tag{8-2}$$

式中，P_2——出口绝对压力；

$\quad\quad P_1$——入口绝对压力；

a、b——喘振线系数，由机组特性决定。

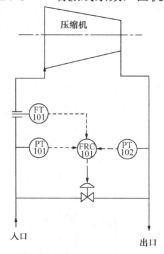

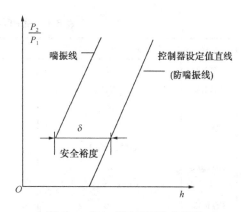

图 8.4　典型离心式压缩机防喘振控制方案　　　　图 8.5　离心式压缩机防喘振线

实际使用时，根据厂家提供的压缩机预期性能图和数据表确定 a、b 的值，得到压缩机喘振线，然后向右移动 δ（1%～10%）的裕量，即为压缩机的防喘振设定线，其控制器设定值方程式为：

$$h_{SP}=（P_2/P_1-a）/b+\delta \qquad\qquad (8-3)$$

式中：h_{SP}——差压设定值（百分数）；

　　　δ——安全裕度（百分数）。

8.2.3　用 SLPC 实现防喘振方案

1. 功能分配

设 PT101 和 PT102 绝对压力变送器的量程为 P_{1max} 和 P_{2max}，FT101 流量差压变送器的量程为 H_{max}，流量防喘振控制器的设定值为：

$$h_{SP}=\left(\frac{P_2}{P_1}\times\frac{P_{2max}}{P_{1max}}-a\right)\times\frac{1}{b}+\delta \qquad\qquad (8-4)$$

则 SLPC 功能分配如图 8.6 所示。

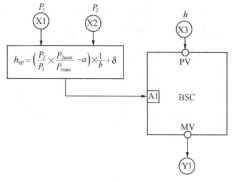

图 8.6　SLPC 功能分配

2. SLPC 控制程序

SLPC 的控制程序如表 8.1 所示。

表 8.1　SLPC 的控制程序

步序	程序	S1	S2	S3	说　明
1	LD X2	X2			读取出口压力信号
2	LD X1	X1	X2		读取入口压力信号
3	÷	X2/X1			除法运算
4	LD K01	K01	X2/X1		$K01=P_{2max}/P_{1max}$
5	*	K01X2/X1			
6	LD K02	a	K01X2/X1		$K02=a$
7	−	K01X2/X1−a			
8	LD K03	1/b	K01X2/X1−a		$K03=1/b$
9	*	（K01X2/X1−a）/b			
10	LD K04	δ	（K01X2/X1−a）/b		$K04=\delta$
11	+	δ＋（K01X2/X1−a）/b			
12	ST A1	δ＋（K01X2/X1−a）/b			
13	LD X3	X3	δ＋（K01X2/X1−a）/b		读取入口差压信号
14	BSC				进行基本控制运算
15	ST Y1				将操作量送到 Y1
16	END				程序结束

需要说明的是，本程序运行时，要求 MODE2＝1；FL10＝1；FL11＝1。

8.3　KMM 可编程调节器在加热炉温度控制中的应用

8.3.1　控制方案分析

加热炉是工业生产中常用的设备之一，工艺要求被加热物料的温度为某一定值，采用以物料出炉温度为被控参数、以燃料量为控制参数的单回路控制方式，虽然理论上可以克服各种干扰的影响，但实际上并不能满足工艺的要求。由于炉膛温度是影响物料出炉温度的直接因素，因此人们选取物料出炉温度为主被控参数，以炉膛温度为副被控参数，把物料出炉温度调节器的输出作为炉膛温度调节器的给定值，从而构成加热炉串级控制系统。考虑到燃料流量的变化会影响炉膛温度的变化，最终必然引起物料出炉温度的改变，故采取超前控制策略（前馈控制），进一步提高系统的控制精度。其控制流程图如图 8.7 所示。

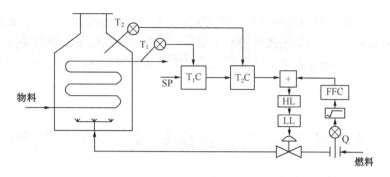

图 8.7　加热炉串级控制流程图

8.3.2　用 KMM 实现前馈-串级控制方案

在图 8.7 中，T$_1$C 和 T$_2$C 两个温度控制器组成串级控制系统，FFC 是针对燃料流量变化采取的前馈控制。整个控制系统组态图如图 8.8 所示。

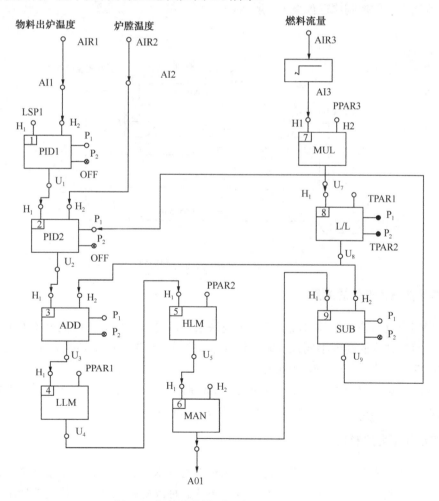

图 8.8　加热炉前馈-串级控制系统组态图

由图 8.8 可知，燃料流量先被进行开平方处理，然后由乘法模块 MUL 和超前滞后模块进行动态前馈补偿运算后，和串级控制的输出信号一起经高、低值限幅和手动操作模块去控制燃料的流量；减法模块的作用是从调节器的输出中减去前馈作用，以实现运行方式之间的无扰动切换。

8.4　用 DCS 实现结晶器钢水液位的控制

某炼钢厂大板坯连铸机的自控制装置采用 YOKOGAWA 的 CENTUM 大规模集散控制系统。在该系统中，结晶器钢水液位的控制是板坯连铸生成过程的重要环节，它的控制效果直接影响板坯连铸的质量和安全运行。本节介绍如何用 DCS 实现典型的间隙过程工业自动化。

8.4.1　结晶器钢水液位控制系统原理

结晶器钢水液位控制原理如图 8.9 所示。

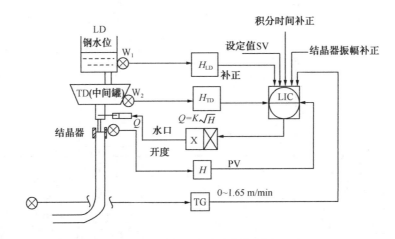

图 8.9　结晶器钢水液位控制原理

1. 结晶器浇铸液位的测量

测量浇铸液位是控制结晶器液位的一个先决条件。这里采用的是电涡流式液位计，它根据钢水液位距测试头的高度不同来反映涡流大小，并经转换单元统一转换为 4～20 mA DC 信号，它对应的测量范围是－150～0 mm。

结晶器液位距液位计测试头在（100±5）mm 时液位控制才能由手动方式切换为自动方式。在投入自动方式后，其液位控制的稳定度为±2 mm。

2. 钢水静压力的影响

盛钢桶液位在浇铸时不断下降，因而钢水对中间罐水口的静压力也不断下降。控制系统要考虑到回路放大系数的下降。当熔池温度下降或品种改变时也会出现相同的情况。另外，流进和流出中间罐的钢水的动力、液位变化时钢水的惯性力都会给液位的测量增加困难，为此在系统中又增加了积分时间补偿。

3. 液位控制回路的相互关系及其他干扰参数

控制结晶器液位和中间罐液位是紧密关联的。中间罐液位的调节参数是从盛钢桶中流出的钢水量 Q_{LD}，从中间罐流进结晶器中的钢水量分别为 Q_1 和 Q_2，因此累加量为 $Q_{LD}-(Q_1+Q_2)$。因为参数 Q_1 和 Q_2 在两个结晶器液位调节系统中也是调节参数，因此这三个参数是相互关联的。

对其他干扰参数的要求如下。

（1）对于结晶器振动，采用结晶器振幅补偿。

（2）对于拉坯速度的改变，采用速度反馈补偿。

（3）当发生"铸坯停动"的故障时，调节功能的适应性。

由结晶器钢水液位控制系统原理图及上述分析可以归纳出对控制的要求如下。

（1）保持设定的液位，要求准确度为几毫米。

（2）迅速地排除浇铸过程中产生的故障。

（3）稳定地控制浇铸过程。

（4）在调节系统中，为避免失误要有冗余装置。

（5）在发生故障时要能及时改变拉坯速度。

对于上述这些要求，采用常规的控制仪表是难以实现的，而采用 DCS 分散控制装置能满足这些要求。

8.4.2　结晶器钢水液位控制方案

1. 自动浇铸的条件

可以自动浇铸的条件如图 8.10 所示。

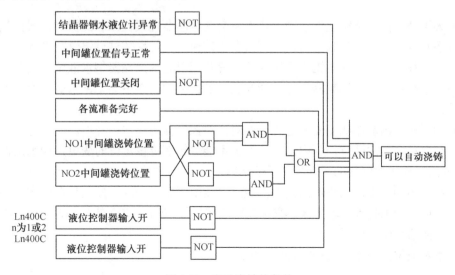

图 8.10　自动浇铸的条件

2. 结晶器钢水液位控制框图

结晶器钢水液位控制框图如图 8.11 所示。

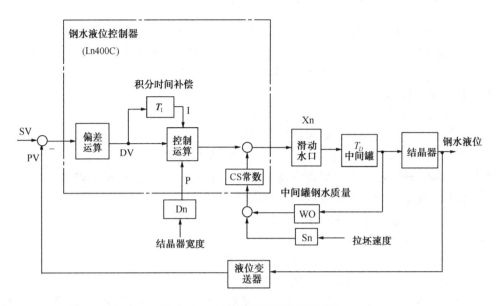

图 8.11　结晶器钢水液位控制框图

3. 结晶器内钢水液位控制的自动方式

（1）可以自动浇铸时，通过操作员投入自动方式，开始钢水液位控制。此时，液位计（Ln400C）自动地投入 CAS 方式。

（2）中间罐滑动水口的位置信号被变换成开度。

（3）液位控制器进行间歇 PID 控制的条件：|PV－SV|≤2%，此时可平缓地进行非线性间歇控制。

（4）为了补偿由于浇铸速度急剧变化而引起的结晶器内液位控制的扰动，根据拉坯的速度对液位控制器进行前馈控制。前馈控制只在浇铸速度变化率超过设定值时进行。

（5）为了补偿由于中间罐钢水质量的急剧变化而引起的结晶器钢水液位控制的扰动，根据中间罐钢水质量对液位控制器进行前馈控制。前馈控制只在中间罐钢水质量变化率超过设定值时进行。

（6）为了修正结晶器宽度变更过程，要对液位控制器进行增益补偿。

（7）在自动方式的液位控制中，操作人员不能进行液位设定值的变更，钢水液位控制器为 CAS 方式。液位控制器的手动方式不能运转。

（8）在前述的可以自动浇铸的条件不成立，或中间罐滑动水口控制盘自动方式关闭时，液位控制计可自动地投入手动方式。在中间罐浇铸位置 NO1、NO2 信号都打开时，中间罐滑动水口全封闭信号便会出现。

（9）钢水液位控制用高速扫描进行（0.2 s）。

4. 结晶器钢水液位控制的手动方式

（1）在中间罐滑动水口控制盘上，使中间罐滑动水口以自动方式关闭，再用悬吊式按钮进行手动方式操作，使液位控制器的设定值和测量值一致，输出值和中间罐滑动水口的位置指示值一致。此时用液位控制器手动方式不能进行操作。

（2）在中间罐滑动水口打开事故封闭信号时，液位控制器投入手动方式，进行全封闭输出。

5. 液位报警位置

（1）当钢水液位高于 H_1 时，对报警盘进行重故障显示；当钢水液位低于 L_1 或液位计异常时进行报警指示。

（2）当偏差异常时，向上位机发出信息程序；当偏差恢复正常时，亦发出信息程序。

8.4.3　用 DCS 实现结晶器钢水液位控制方案

钢水液位控制系统如图 8.12 所示。

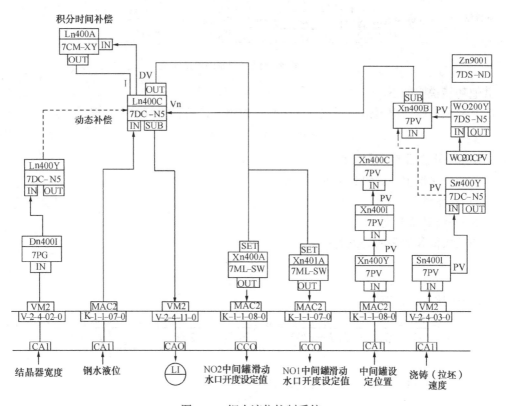

图 8.12　钢水液位控制系统

现就图 8.12 中用到的 CENTUM 系统的插件和功能模块进行简要说明。

（1）信号变换器插件。CA1：用于将 4～20 mA DC 电流信号转换为 1～5 V DC 电压信号；CAO：用于将 1～5 V DC 电压信号转换为 4～20 mA DC 电流信号；CCO：用于控制输出隔离。

（2）输入/输出插件。MAC2（多路控制用模拟输入/输出插件）：8 路控制用隔离输入/输出，输入 1～5 V DC，输出 4～20 mA DC。VM2（多路模拟输入/输出插件）：8 路 1～5 V DC 隔离输入，8 路 1～5 V DC 非隔离输出。

（3）功能模块。7PV：输入指示单元。7DC-N5：带低增益区的 PID 控制单元。7ML-SW：附输出切换开关的手动操作单元。7CM-XY：不等分折线函数单元。7DS-ND：常数设定单元。7PG：程序设定单元。

下面仅以钢水液位控制器（Ln400C）功能实现为例，说明内部功能的动作。钢水液位控制器（Ln400C）的内部功能如图 8.13 所示。

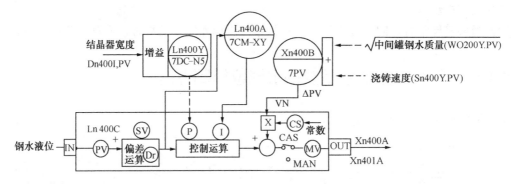

图 8.13　钢水液位控制器的内部功能

其他功能说明如下。

（1）放大补偿。根据结晶器宽度的信息，对钢水液位计进行放大补偿。

$$G=G_{o}\left[1+k\left(d-1200\right)\right] \tag{8-5}$$

式中，G——补偿后的放大系数；

　　G_{o}——基准值（$d=1200$ mm 宽度）；

　　k——补偿系数；

　　d——结晶器宽度。

增益放大值和比例的关系为：

$$G=\frac{100}{P} \tag{8-6}$$

式中，P——比例带，有：

$$P=\frac{100}{G}=\frac{100}{G_{o}}\times\frac{1}{1+k\left(d-1200\right)}=P_{o}\times\frac{1}{1+k\left(d-1200\right)}=P_{o}\times\frac{1}{1+k'\left(\dfrac{d-1200}{3250}\right)} \tag{8-7}$$

式中，P_{o} 为 $d=1200$ mm 时的比例带，即 $P_{o}=\dfrac{100}{G_{o}}$。

当 d 在 900～1550 mm 区间变化时，$\dfrac{d-1200}{3250}$ 变化区间为 -0.092～0.108，放大补偿的范围设定值如表 8.2 所示。

表 8.2　放大补偿的范围设定值

d	Ln400Y.PV	900～1550 mm
k'	Ln400Y.CS	0.000～1.000，可变
P_0	Ln400Y.P	6.3～999.9，可变
P	Ln400I.P	6.3～999.9，根据上述计算求出

（2）非线性间歇控制。非线性间歇控制如图 8.14 所示，在间歇宽度 2（Ln400CBS）内，使等值偏差放大从 0、0.25、0.5 中选择。

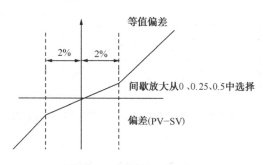

图 8.14　非线性间歇控制

（3）前馈补偿作用。

①当中间罐钢水质量（$\sqrt{\text{中间罐钢水质量}}$）的变化率超过设定值时，要进行液位控制器输出值的前馈补偿。当（$\sqrt{W_{m-1}}-\sqrt{W_m}$）$\geqslant W_r$（在 1 s 内的变化量）时，其补偿值为 $k_1(\sqrt{W_{m-1}}-\sqrt{W_m})$；当（$\sqrt{W_{m-1}}-\sqrt{W_m}$）$< W_T$（在 1 s 内的变化量）时，其补偿值为 0。数据设定如表 8.3 所示。

表 8.3　前馈补偿数据的设定值

$\sqrt{W_m}$	W0200Y・PV（1ST）	$\sqrt{\text{中间罐钢水质量}}$：$0.0\sim8.37(=\sqrt{70})$
	W0200Y・PV（2ST）	
k_1	W0200Y・CS（1ST）	补偿系数：$-1.000\sim1.000$
	W0200Y・CS（2ST）	
W_T	W0200Y・VL（1ST）	变化率的设定值：$0.00\sim8.370$
	W0200Y・VL（2ST）	

注：PV——测量值；CS——控制信号；VL——变化率设定值。

② 当浇铸速度的变化率超过设定值时，要进行液位控制器输出值的前馈补偿（即要超前调节）。

其补偿值为 $k_2(V_m-V_{m-1})$（在 200 ms 内的变化量），数据设定如表 8.4 所示。

表8.4　前馈补偿数据的设定值

V_m	W0200Y・PV（1ST）	浇铸速度：0.0~1.8 m/min
	W0200Y・PV（2ST）	
k_2	W0200Y・CS（1ST）	补偿系数：−1.000~1.000
	W0200Y・CS（2ST）	
V_T	W0200Y・VL（1ST）	变化率设定值：0.00~1.8
	W0200Y・VL（2ST）	

（4）积分时间补偿。为了克服钢水静压力引起液位扰动的因素，根据偏差变更积分时间 T_I（变化率为10折线形式），积分时间补偿如图8.15所示。

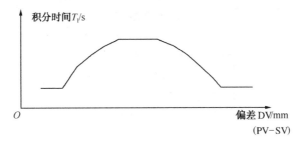

图8.15　积分时间补偿

（5）中间罐滑动水口开度。中间罐滑动水口开度如图8.16所示。

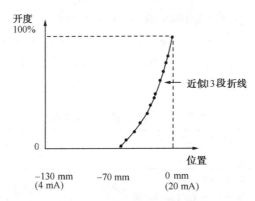

图8.16　中间罐滑动水口开度

位置和开度对照表如表8.5所示。

表8.5　位置和开度对照表

位置/mm	−130	−70	−64.2	−58.3	−52.5	−46.7	−40.8	−35.0	−29.2	−23.3	−17.5	−11.7	−5.8	0.0
开度/（%）	0.00	0.00	2.85	7.96	14.43	21.91	30.19	39.10	48.53	58.36	68.50	78.88	89.40	100.0

8.5　用 DCS 实现发电机组热电阻的故障检测

8.5.1　概述

发电厂燃煤汽轮发电机组需采用大量的热电阻测量温度。由于给水泵转速高、出口压力大，因而振动较大、噪声较大，再加上其他人为的、不可预测的原因，众多的测温元件如遇断阻、信号虚接等情况，都会引起保护装置误操作。图 8.17 给出了给水泵电动机轴承温度保护曲线，运行时水泵的温升应服从正常曲线，它的突变有以下两种可能。

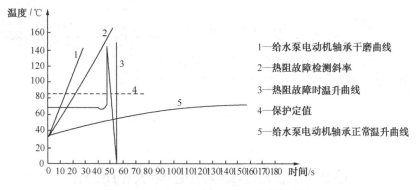

图 8.17　给水泵电动机轴承温度保护曲线

（1）电动机轴承因缺油或干磨温升极快，需要保护装置及时动作，以免烧毁轴瓦，这属于正常保护范围。曲线显示，其温升斜率很大。

（2）信号线发生虚接或热阻故障时，理论上的温升速度将趋近于无穷大。这类假信号会引起给水泵跳闸。

8.5.2　测温元件加装断路（断阻）保护

根据这些特点，在保护回路中加装了"温升微分速率"回路 D_1、D_2 来鉴别热电阻是否工作在正常状态。同时，对它发出的错误信息加以屏蔽。

图 8.18 是用 N-90 DCS 实现的热电阻故障检测逻辑图。可以看出，当 A、B 通道温度信号正常时，S_{K1} 闭合，信号送至后续回路，微分回路同时检测温升速率（即图 8.17 中的"热阻故障检测斜率"）是否超限。当温升速率<15℃/s 时，S_{K1}、S_{K2} 闭合；假设 A 通道温升的速率>15℃/s，即检测元件有问题时，G_1 发出信号，使触发器 R_1 置"1"，S_{K1} 随之打开，A 通道被取消。这样，保护回路只保留 B 通道作为检测手段，反之亦然。当 A、B 通道都测得通道斜率>15℃/s 时，G_1、G_2 相继发出信号，使 R_1、R_2 均被置"1"，指令通过 A_0 向 A、B 通道发出跳闸信号。这样，当单通道的元件或控制电缆出现问题时，只发出报警信号而不跳闸；当两个通道都出现上述问题，或者轴瓦缺油干磨时，保护装置立即动作，使给水泵尽早得到保护。

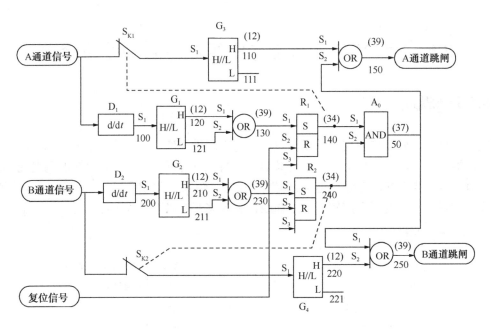

图 8.18　热电阻故障检测逻辑图

8.6　现场总线功能模块的应用

8.6.1　概述

现场总线技术有三大特点：信号传输数字化、控制功能分散化、开放与可互操作性。基金会现场总线（FF）标准在通常的开放系统互连（OSI）的七层模型外又增加了"使用层"，其主要内容是指定标准的"功能块"。FF 标准已不单是信号标准或通信标准，它是新一代控制系统（现场控制系统 FCS）标准。

FF 目前已指定了标准功能模块，一般的功能模块有：模拟输入——AI；开关量输出——DO；手动——ML；偏值/增益——BG；控制选择——CS；开关量输入——DI；模拟输出——AO；比率——RA；P、PD 控制——PD；PID、PI、I 控制——PID。

先进的功能模块有：脉冲输入；复杂模拟量输出；复杂开关量输出；算术运算分离器；超前滞后补偿；死区；步进输出；设备控制；模拟报警；开关量报警；设定值程序发生；计算；积算；信号特征；模拟接口；选择；定时；开关量接口。

功能模块可以理解为"软件集成电路"，使用者不必十分清楚其内部构造细节，只要理解其外特性就可以了。用简单的基本功能模块还可以构成复杂的功能模块。FF 功能模块支持可编程控制器编程标准 IEC 1131-3。

功能模块的典型结构是有一系列输入和输出，内部有一套算法，还有一套对功能模块进行控制管理的信息。这些输入和输出及控制管理的信息被称为"参数"。

下面以 Smar 公司的 302 现场总线系统仪表为例，介绍如何用功能模块构建系统的控制方案。Smar 功能模块如表 8.6 所示，功能模块在现场总线仪表中的分布如表 8.7 所示。

表 8.6　Smar 功能模块

AI	模拟输入	SPLT	分程输出选择
PID	PID 控制	SPG	设定值程序发生器
AO	模拟输出	CIDD	通信输入数字数据
ISS	模拟输入选择	CODD	通信输出数字数据
AALM	模拟报警	CIAD	通信输入模拟数据
CHAR	特征曲线	COAD	通信输出模拟数据
INT	积分器	ABR	模拟桥
ARTH	计算	DENS	密度
DBR	数字桥		

表 8.7　功能模块在现场总线仪表中的分布

现场总线压力差压变送器	LD302	AI，PID，CHAR，ARTH，ISS，INT
现场总线温度变送器	TT302	AI*2，PID，ISS，CHAR，ARTH，SPG
现场总线电流接口	FI302	AO*3，PID，ARTH，ISS，SPLT
电流现场总线接口	IF302	AI*3，CHAR，ARTH，ISS，INT
现场总线阀位输出器	FP302	AO，PID，ISS，SPLT，ARTH
现场总线阀门定位器	FY302	AO，PID，ISS，SPLT，ARTH
现场总线过程接口卡	PIC	PID*16，ARTH*16，SPG*16，TOT*24，DENS*24，CHAR*16，AALM*24，DBR*16，ABR*16
带现场总线接口 PLC	LC700	COAD，CIAD，CODD，CIDD

8.6.2　温压补正流量测量（FF-H1 协议）

温压补正流量测量系统连接示意图如图 8.19 所示。

参数设定：

AI 功能块（LD302-1）　　　　　　　　ARTH 功能块（LD302-3）

TAG＝PT-100　　　　　　　　　　　　TAG＝FY-100

MODE-BLK.TARGET＝AUTOLOCAL　　MODE-BLK.TARGET＝AUTOCAS

L-TYPE＝DIRECT　　　　　　　　　　PV-UNIT＝GAL/min

OUT-SCALE.UNIT＝Pa　　　　　　　　OUT-UNIT＝GAL/min

A-TYPE＝0

AI 功能块（LD302-2）　　　　　　　　K1＝1

TAG＝FT-100A　　　　　　　　　　　K2＝K3＝K4＝K6＝0

MODE-BLK.TARGET＝AUTOLOCAL

PV-SCALE＝0～20inH₂O

OUT-SCALE＝0～156CUFT/min

L-TYPE＝SQR ROOT

AI 功能块（LD302-3）

TAG＝FT-100B

MODE-BLK.TARGET＝AUTOLOCAL

PV-SCALE＝0～200

OUT-SCALE＝0～495CUFT/min

L-TYPE＝SQR ROOT

K6＝0.01726

RANGE-LO＝400

RANGE-H1＝600

INT 功能块（LD302-3）

TAG＝FQ-100

MODE-BLK.TARGET＝AUTOCAS

OUT-UNIT＝GAL/min

in HO

AI 功能块（TT302）

TAG＝TT-100

MODE-BLK.TARGET＝AUTOLOCAL

OUT-SCALE.UNIT＝K

　　说明：气体压力信号 PT-100、温度信号 TT-100、流量信号 FT-100A 被送进变送器 LD302-2，而流量信号 FT-100B 被送进变送器 LD302-3，用变送器 LD302-3 中计算功能模块 ARTH 计算温压补正后的气体质量流量，同时积算其累计量。ARTH 所选择的公式为 $Q＝Q×\sqrt{P/TZ}$ 。

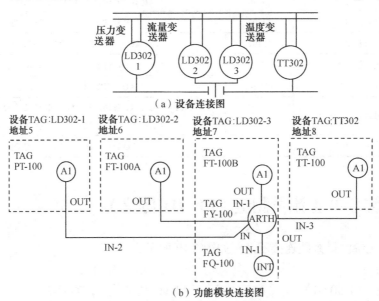

图 8.19　温压补正流量测量系统连接示意图

8.6.3　串级控制系统

串级控制系统示意图如图 8.20 所示。

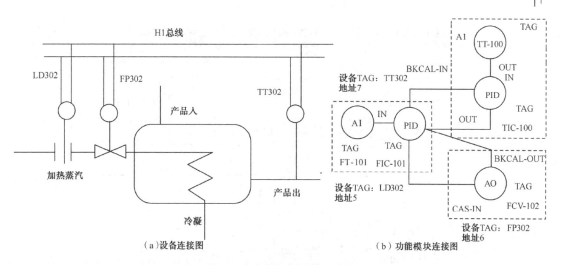

（a）设备连接图　　　　　　　　　　　　　　（b）功能模块连接图

图 8.20　串级控制系统示意图

参数设定略。

8.6.4　锅炉三冲量水位控制系统

锅炉三冲量水位控制系统示意图如图 8.21 所示。

参数设定略。

通过以上例子可以形象地理解现场控制系统是如何把基本控制功能彻底分散到现场设备中去的。这种高度分散与自治的结构模式彻底解决了 DCS 控制站中仍然存在的风险集中问题，减少了设备层次与数量，加入自诊断功能，由控制室监控管理计算机与现场设备直接通信，提高了可靠性，降低了系统成本。可以想象分布在现场的智能设备要完成控制运算、通信、网络管理、系统管理，其技术是十分复杂的。不过这些都在后台，而面对用户的则是友好的界面。

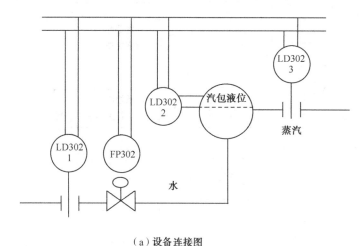

（a）设备连接图

图 8.21　锅炉三冲量水位控制系统示意图

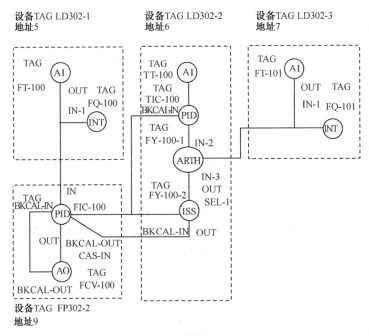

（b）功能模块连接图

图 8.21　锅炉三冲量水位控制系统示意图

思 维 导 图

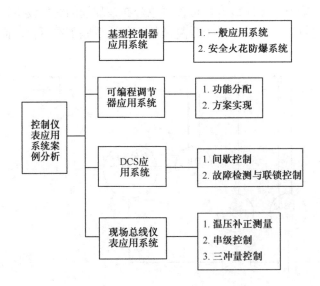

思考与练习题 8

1. TT302 的功能是什么？
2. FI302 的功能是什么？
3. IF302 的功能是什么？
4. FP302 的功能是什么？
5. FY302 的功能是什么？

思 想 映 射

心里有谱的人——张肇宏

张肇宏，福建联合石油化工有限公司仪表控制模块协调员，全国劳动模范。很多人都说"阿宏爱摆谱"，那他摆的究竟是什么谱呢？

2008 年，一次项目生产线上的供货设备故障，倒逼张肇宏研发出了"自制匹配调节阀配件"。

那时，他担任新建 70 万吨芳烃联合装置仪表维修班长。价值数亿的化工项目投产在即，前面的事情都顺风顺水，但此时仪表设备却出现了故障—18 台进口小口径调节阀不受控。就是说，提供阀门和定位器的两个厂家的产品安装后"牛头撞上马嘴"了。如果此时申请退换货，不仅要多花 40 多万元，还要等待两个多月才能到货，算下来就是几千万的损失。而此时距离计划开工没剩几天了。

就在大家都没谱的时候，张肇宏扛下了自制阀门的军令状。此后的几天，他总是在大家面前晃一下就不见了人影。他躲在工具间里，反复琢磨两家设备，当他搞清楚了两个设备不匹配的原因时，兴奋地用手锤铁门喊来工友们："有门道了！有门道了！"原来这时候，他脑子里的那个"自制调节阀配件"已经成形。

最终，这个"没谱"的死结，在张肇宏连续几天没日没夜的技术测试、图纸修改中解开了，公司新建的化工装置按时顺利投产。

有一次值夜班，张肇宏遇到一个突发事件，工艺人员反映公司催化裂化反应器的一根耐磨热电偶漏油，高达 500℃的高温油气不断从套管处渗漏。

张肇宏意识到这是一场事故的前兆，这套装置是公司的"心脏"，如果不采取紧急措施，接下来必将是一场大火灾。现场除消防队员在做降温掩护，大家都束手无策。当时跟他配班的是职业大专班新来的阿刘，他神色惊慌地看着师傅张肇宏。此时他看到张师傅神色淡定，迅速戴上防烫手套，敏捷地关上紧急切断阀。一场突发事故就这样戛然而止，心有余悸的阿刘问师傅："耐磨热电偶漏油，有多个原因，你为什么能断定渗漏是套管磨穿？"

张肇宏说："我心里有个谱。""谱，是什么谱？"张肇宏看着认真的阿刘说："我会给你一本应急套路。"

果然，不久后，张肇宏编出了《事故排解应急指南》和《安全操作指导》。

张肇宏认为，遇到啥事心里都得有谱，有谱的人，能将重活干成轻活，将绝活干成平常活，将看似没招的僵局给破解了。只要心中有谱，就没有死局。

附录A HART475

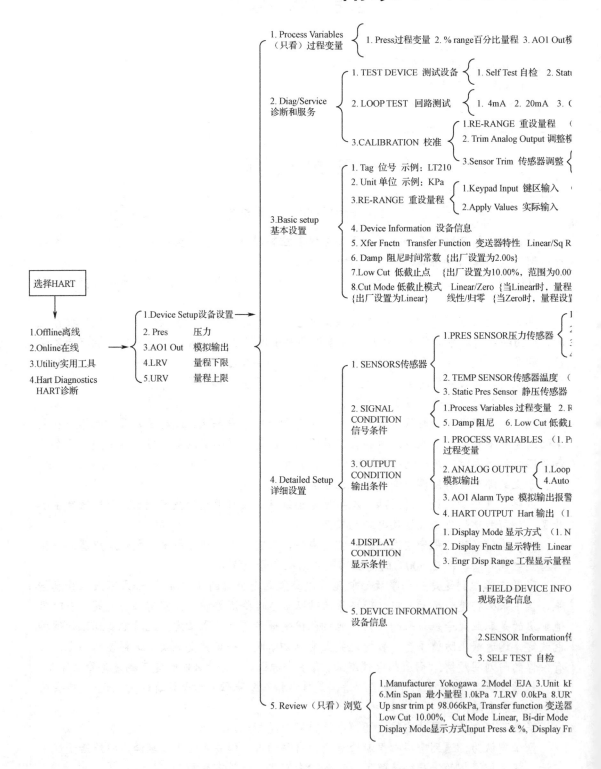

选择HART

1.Offline离线
2.Online在线
3.Utility实用工具
4.Hart Diagnostics
  HART诊断

1.Device Setup设备设置
2. Pres   压力
3.AO1 Out   模拟输出
4.LRV   量程下限
5.URV   量程上限

1. Process Variables（只看）过程变量
  1. Press过程变量 2. % range百分比量程 3. AO1 Out榜

2. Diag/Service 诊断和服务
  1. TEST DEVICE 测试设备
    1. Self Test 自检 2. Statu
  2. LOOP TEST 回路测试
    1. 4mA 2. 20mA 3. (
  3.CALIBRATION 校准
    1.RE-RANGE 重设量程
    2. Trim Analog Output 调整模
    3.Sensor Trim 传感器调整

3.Basic setup 基本设置
  1. Tag 位号 示例：LT210
  2. Unit 单位 示例：KPa
  3.RE-RANGE 重设量程
    1.Keypad Input 键区输入
    2.Apply Values 实际输入
  4. Device Information 设备信息
  5. Xfer Fnctn Transfer Function 变送器特性 Linear/Sq R
  6. Damp 阻尼时间常数 {出厂设置为2.00s}
  7.Low Cut 低截止点 {出厂设置为10.00%，范围为0.00
  8.Cut Mode 低截止模式 Linear/Zero {当Linear时，量程
    {出厂设置为Linear} 线性/归零 {当Zero时，量程设置

4. Detailed Setup 详细设置
  1. SENSORS传感器
    1.PRES SENSOR压力传感器
    2. TEMP SENSOR传感器温度 (
    3. Static Pres Sensor 静压传感器
  2. SIGNAL CONDITION 信号条件
    1.Process Variables 过程变量 2. R
    5. Damp 阻尼 6. Low Cut 低截止
  3. OUTPUT CONDITION 输出条件
    1. PROCESS VARIABLES （1. Pi 过程变量
    2. ANALOG OUTPUT 模拟输出
      1.Loop 4.Auto
    3. AO1 Alarm Type 模拟输出报警
    4. HART OUTPUT Hart 输出 (1.
  4.DISPLAY CONDITION 显示条件
    1. Display Mode 显示方式 (1. N
    2. Display Fnctn 显示特性 Linear
    3. Engr Disp Range 工程显示量程
  5. DEVICE INFORMATION 设备信息
    1. FIELD DEVICE INFO 现场设备信息
    2.SENSOR Information传
    3. SELF TEST 自检

5. Review（只看）浏览
  1.Manufacturer Yokogawa 2.Model EJA 3.Unit kF
  6.Min Span 最小量程 1.0kPa 7.LRV 0.0kPa 8.UR'
  Up snsr trim pt 98.066kPa, Transfer function 变送器
  Low Cut 10.00%, Cut Mode Linear, Bi-dir Mode
  Display Mode显示方式Input Press & %, Display Fn

操作菜单（EJA110A EM）

拟输出 4. Senser Temp传感器温度 5. Static Pres 静压 6. Engr Unit 工程单位 7. Engr Disp 工程单位显示 0.0

us 状态

Other（输出任意电流） 4. END

（1.Keypad Input 键区输入 2.Apply Values 实际输入）

拟输出 （1.D/A Trim 数/模调整 2. Scaled D/A Trim数/模刻度调整）

1. Zero Trim 零点微调（大气调零） 2. Press过程变量 3. Lower Sensor Trim传感器下限微调（零点/下限调整）
4. Upper Sensor Trim传感器上限微调（量程/上限调整） 5. Sensor Trim Points传感器微调点 6. Clear Senser Trim清空传感器微调

（示例：1. LRV 0kPa 2. URV 100kPa 3. Unit kPa 4. LSL -98.066kPa 5. USL 98.066kPa 6. Min Span最小量程 1kPa ）

（示例：1. 4mA 2. 20mA 3. Exit ）

oot线性/开方 （输出电流及表头百分比）

% ~ 20.00%} 推荐0.00%
设置为25~90kPa，泄压为0kPa时，表头报错Er.07（输出超出上、下限值），是因为此时压力为0kPa，低于下限压力20kPa。}
置为25~90kPa，泄压为0kPa时，表头不报错。}
1. % range百分比量程
2. Press过程变量
3. Unit 单位
4. Sensor Trim传感器调整 ⎰ 1. Zero Trim 零点微调 2. Press过程变量 3. Lower Sensor Trim传感器下限微调
　　　　　　　　　　　⎱ 4. Upper Sensor Trim传感器上限微调 5. Sensor Trim Points传感器微调点 6.Clear Senser Trim清空传感器微调

1.Sensor Temp 传感器温度 2. Amp Temp 3.Snsr Temp Unit传感器温度单位）

（1.Static Pres 静压 16kPa 2.Static Pres Unit 静压单位 kPa ）

RE-RANGE 重选量程 3. Unit 单位 4. Xfer Fnctn Transfer Function 变送器特性 Linear/Sq Root线性/开方 （输出电流及表头百分比）
上点 7. Cut Mode 截止模式 8.Bi-dir Mode 正、反方式（输出方向） 9.H2O Unit Select 水单位选择

ress过程变量 2. % range百分比量程 3. AO1 Out模拟输出 4. Snsr Temp传感器温度 5. Static Pres 6.Engr Unit 7.Engr Disp ）

Test回路测试（4mA 20mA Other END） 2. D/A Trim 数/模调整 3. Scaled D/A Trim数/模刻度调整（1.Proceed 2.Change ）
Recover On 5.AO Lower Limit % -5.00% 6.AO Upper Limit % 110.00%

类型
.Poll Address轮询地址 2.Number Request Preambles请求开始序号 3. Burst Mode突发模式 Off 4.Burst Option突发选项 ）

ormal % 2. User Set 3. User Set & % 4. Input Press 5. Input Press & %)

/Square Root线性/开方 （仅表头百分比）

（1. Engr Unit 工程单位 2. Engr Disp LRV 工程显示下限 0.0 3. Engr Disp URV 工程显示上限 100.0 4. Engr Disp Point 工程显示小数点 ）

⎰1.Tag位号 2.Date日期 3.Description描述 4.Message信息 5.Model型号 EJA110A-EM 6.Write Protect写保护 NO
⎱7.Ext SW Mode 外部开关模式 （ENABLE允许 Inhibit禁止） 8.Revision 9.Final Asmbly Num 0, Device ID 0, Distributor Yokogawa

传感器信息 ⎰1.Isolator Material 隔离器材质 2. Fill fluid 法兰类型
　　　　　　 3.Gasket Matl 4. Proc. Conn. Materiae 过程连接材质
　　　　　　 5.Drain/Vent Material 排液/排气材质 6. Process Conn Type过程连接类型
　　　　　　 7.RS Isoltr Matl 8. Process Conn Size 9.Num Remote Seal, RS fill fluid, RS type

Pa 4.LSL -98.066kPa 5, USL 98.066kPa
V 100kPa 9.Lo snsr trim pt 0.0kPa
特性 Linear, Damping 2.00s,
Off, AO1 Alrm Type Hi, H2O Unit Select @4C, Write Protect No, Ext SW Mode Enable,
ctn显示特性Linear, Engr Unit, Engr Disp LRV 0, Engr Disp URV 100, Engr Disp Point 1, Serial NO. S4PC20366

附录 B 压力变送器 HART 菜单树

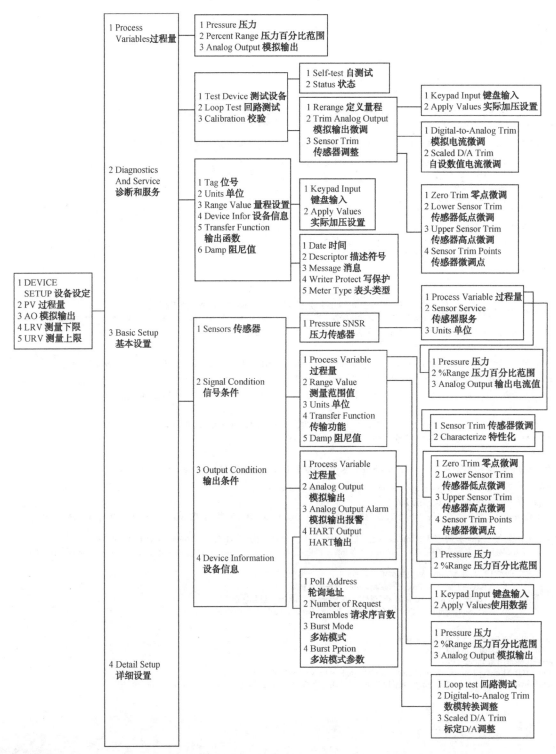

附录 C　Hart475 操作菜单（3051C）

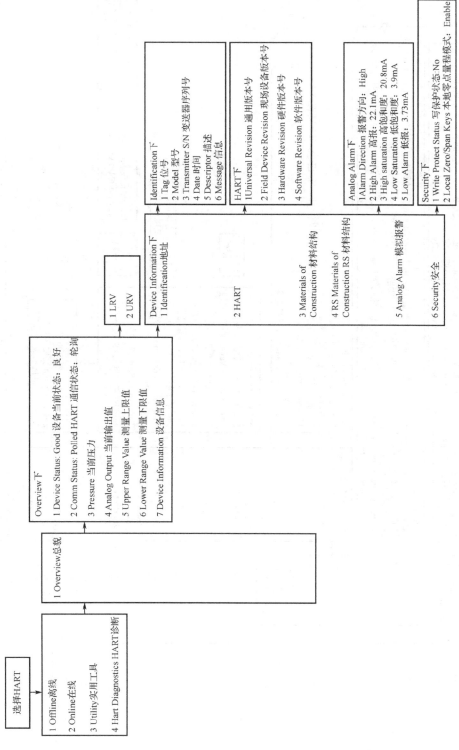

选择HART
1 Offline离线
2 Online在线
3 Utility实用工具
4 Hart Diagnostics HART诊断

1 Overview总貌

Overview下
1 Device Status: Good 设备当前状态：良好
2 Comm Status: Polled HART 通信状态：轮询
3 Pressure 当前压力
4 Analog Output 当前输出值
5 Upper Range Value 测量上限值
6 Lower Range Value 测量下限值
7 Device Information 设备信息

1 LRV
2 URV

Device Information下
1 Identification地址

2 HART

3 Materials of Construction 材料结构

4 RS Materials of Construction RS 材料结构

5 Analog Alarm 模拟报警

6 Security安全

Identification下
1 Tag 位号
2 Model 型号
3 Transmitter S/N 变送器序列号
4 Date 时间
5 Descriptor 描述
6 Message 信息

HART下
1Universal Revision 通用版本号
2 Field Device Revision 现场设备版本号
3 Hardware Revision 硬件版本号
4 Software Revision 软件版本号

Analog Alarm下
1Alarm Direction 报警方向：High
2 High Alarm 高报：22.1mA
3 High saturation 高饱和度：20.8mA
4 Low Saturation 低饱和度：3.9mA
5 Low Alarm 低报：3.73mA

Security下
1 Write Protect Status 写保护状态:No
2 Local Zero/Span Keys 本地零点量程模式：Enable

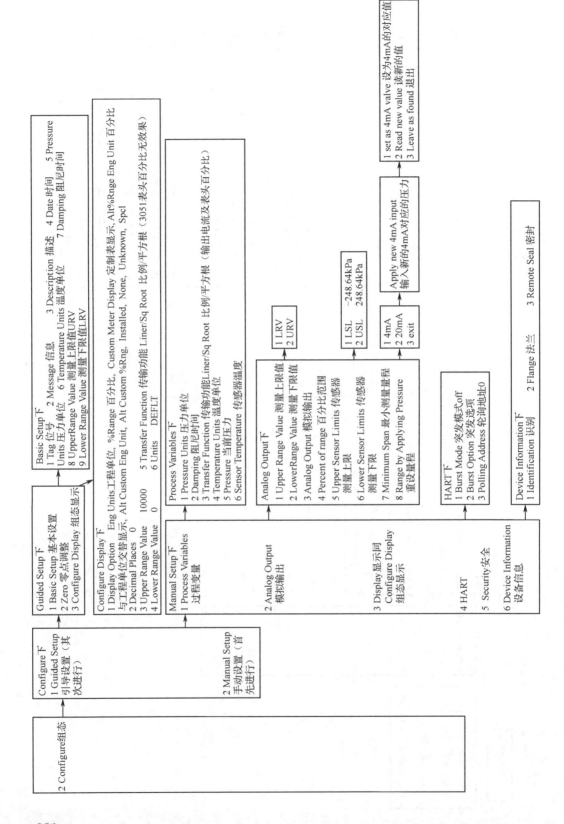

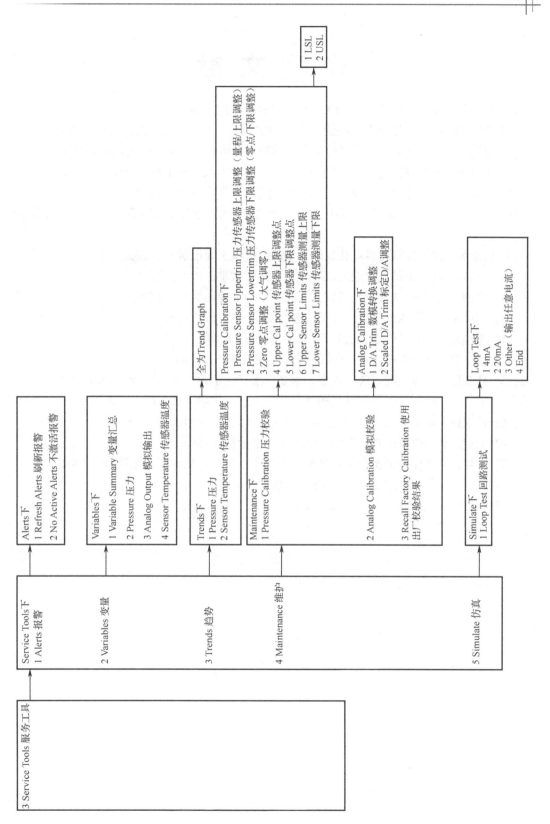

Service Tools 下
1 Alerts 报警

3 Service Tools 服务工具

Alerts 下
1 Refresh Alerts 刷新报警
2 No Active Alerts 不激活报警

Variables 下
1 Variable Summary 变量汇总
2 Pressure 压力
3 Analog Output 模拟输出
4 Sensor Temperature 传感器温度

2 Variables 变量

Trends 下
1 Pressure 压力
2 Sensor Temperature 传感器温度

3 Trends 趋势

全为Trend Graph

Pressure Calibration下
1 Pressure Sensor Uppertrim 压力传感器上限调整（量程/上限调整）
2 Pressure Sensor Lowertrim 压力传感器下限调整（零点/下限调整）
3 Zero 零点调整（大气调零）
4 Upper Cal point 传感器上限调整点
5 Lower Cal point 传感器下限调整点
6 Upper Sensor Limits 传感器测量上限
7 Lower Sensor Limits 传感器测量下限

1 LSL
2 USL

Maintenance 下
1 Pressure Calibration 压力校验
2 Analog Calibration 模拟校验
3 Recall Factory Calibration 使用出厂校验结果

4 Maintenance 维护

Analog Calibration下
1 D/A Trim 数模转换调整
2 Scaled D/A Trim 标定D/A调整

Simulate 下
1 Loop Test 回路测试

5 Simulate 仿真

Loop Test下
1 4mA
2 20mA
3 Other（输出任意电流）
4 End

参 考 文 献

[1] 曹润生. 过程控制仪表. 杭州：浙江大学出版社，1987.

[2] 胡广书. 数字信号处理（理论、算法与实现）. 北京：清华大出版社，1997.

[3] 刘宝琴. ALTERA 可编程逻辑器件及其应用. 北京：清华大学出版社，1995.

[4] 阳宪惠. 工业数据通信与控制网络. 北京：清华大学出版社，2003.

[5] 阳宪惠. 现场总线技术及应用. 北京：清华大学出版社，1999.

[6] 刘和平. TMS320LF240X DSP 结构、原理及应用. 北京：北京航空航天大学出版社，2002.

[7] 侯志林. 过程控制与自动化仪表. 北京：机械工业出版社，2002.

[8] 邵裕森. 过程控制及仪表. 上海：上海交通大学出版社，1995.

[9] 吴勤勤. 电动控制仪表及装置. 北京：化学工业出版社，1990.

[10] 刘巨良. 过程控制仪表. 北京：化学工业出版社，1998.

[11] 周建元. 新型过程控制仪表. 北京：中国石化出版社，1993.

[12] 张永德. 过程控制装置. 北京：化学工业出版社，2000.

[13] 林锦国. 过程控制系统、仪表、装置. 南京：东南大学出版社，2001.

[14] 周泽魁. 控制仪表与计算机控制装置. 北京：化学工业出版社，2002.

[15] 钟汉武. 化工仪表及自动化实验. 北京：化学工业出版社，1991.

[16] 刘琨. 电动调节仪表. 北京：中国石化出版社，1996.

[17] 丁炜. 可编程控制器在工业控制中的应用. 北京：化学工业出版社，2004.

[18] 费希尔—罗斯蒙特公司产品操作与维修手册

[19] 和利时公司产品操作与维修手册

反侵权盗版声明

　　电子工业出版社依法对本作品享有专有出版权。任何未经权利人书面许可，复制、销售或通过信息网络传播本作品的行为，歪曲、篡改、剽窃本作品的行为，均违反《中华人民共和国著作权法》，其行为人应承担相应的民事责任和行政责任，构成犯罪的，将被依法追究刑事责任。

　　为了维护市场秩序，保护权利人的合法权益，我社将依法查处和打击侵权盗版的单位和个人。欢迎社会各界人士积极举报侵权盗版行为，本社将奖励举报有功人员，并保证举报人的信息不被泄露。

举报电话：（010）88254396；（010）88258888

传　　真：（010）88254397

E-mail：　dbqq@phei.com.cn

通信地址：北京市海淀区万寿路 173 信箱
　　　　　电子工业出版社总编办公室

邮　　编：100036